地质灾害防治技术

王念秦　马建全　尚　慧　刘晓玲　编著

国家自然科学基金项目（41572287、41602359、41702377、41907255）
西安科技大学“矿山地质环境灾害防治”科技创新团队建设项目　资助

科学出版社
北　京

内 容 简 介

本书阐述了地质灾害的内涵及其防治工作的原则、程序和要求；论述了崩塌、滑坡、泥石流、地面沉降、地面塌陷和地裂缝六种地质灾害的概念、分类、成因、机理分析、预防措施、治理措施以及防治工程设计；以甘肃省天水市椒树湾滑坡和卓尼县上卓沟泥石流防治工程为例，从概况、地质环境背景条件、勘查、成因分析、稳定性（危害程度）评价、发展趋势、防治方案、防治效果分析等方面进行了详细论述。

本书可作为大专院校地质工程、土木工程、资源勘查工程、勘查技术与工程等专业的教材，也可供从事地质灾害防治工作的研究者及设计人员参考。

图书在版编目(CIP)数据

地质灾害防治技术／王念秦等编著. —北京：科学出版社，2019.10

ISBN 978-7-03-062601-1

Ⅰ.①地… Ⅱ.①王… Ⅲ.①地质灾害-灾害防治 Ⅳ.①P694

中国版本图书馆 CIP 数据核字（2019）第 225289 号

责任编辑：王 运 柴良木／责任校对：樊雅琼
责任印制：吴兆东／封面设计：铭轩堂

科学出版社 出版
北京东黄城根北街 16 号
邮政编码：100717
http://www.sciencep.com

北京九州迅驰传媒文化有限公司印刷
科学出版社发行 各地新华书店经销

*

2019 年 10 月第 一 版 开本：787×1092 1/16
2023 年 4 月第五次印刷 印张：14 3/4
字数：350 000

定价：118.00 元

（如有印装质量问题，我社负责调换）

前　言

人类社会跨越了漫漫历史长河，人类活动在地球表面烙印斑驳。人地关系面临着严峻挑战——1983 年洒勒山滑坡吞噬 200 多条生命；1985 年新滩滑坡将整个新滩镇带入长江，所幸无人员伤亡；2010 年舟曲泥石流造成超过 1500 人丧生……

这是地球在呻吟，这是地球在怒吼，这是地球在以地质灾害的名义向人类诉说……

为贯彻落实《国家中长期教育改革和发展规划纲要（2010—2020 年）》及《教育部关于全面提高高等教育质量的若干意见》精神，为适应当前地质灾害领域人才需求，提高地质工程等专业高等教育质量，培育高素质、高水平的应用型专业技术人才，进一步发挥高等教育在行业人力资源建设中的作用，西安科技大学批准在 2012 版地质工程专业、地下水科学与工程专业本科培养方案中设立“地质灾害防治技术”课程，希望能够以统一教材的形式，在地质工程专业高等教育以及行业人力资源建设中发挥作用。

本书共 8 章。第 1 章阐述了地质灾害的内涵及其防治意义、中国地质灾害的基本情况，以及地质灾害防治工作的原则、程序和要求；第 2 ~ 7 章分述了崩塌、滑坡、泥石流、地面沉降、地面塌陷和地裂缝等地质灾害的分类、形成条件、预防措施及其适用性分析、治理措施，以及防治工程设计原则、依据与标准，主要防治工程设计；第 8 章为滑坡、泥石流灾害防治案例分析。全书分别从概念、特征、成因及防治的系统知识等方面阐述了六种地质灾害，力求概念清晰、简单明了、方法简单、适用、易学。

西安科技大学王念秦教授负责本书结构制定、组织编写工作，西安科技大学马建全讲师、尚慧讲师，以及陕西能源职业技术学院刘晓玲讲师参与编写。具体分工为：第 1 章、第 4 章、第 8 章由王念秦编写；第 2 章、第 3 章由马建全、王念秦编写；第 5 章、第 6 章由尚慧、刘晓玲编写；第 7 章由刘晓玲、尚慧编写。全书由王念秦统稿，并最终定稿。

编写过程中，作者在总结多年科研经验、教学经验、生产实践经验的基础上，全面收集并参阅国家及地方地质灾害相关规范条例，力求做到内容浅显、易懂，体系结构严谨、合理，概念清楚、明确。书中引用了大量前人的工作成果和现行的相关标准规范，引用了部分参考书及学术论文，作者向上述专家学者表示衷心的感谢。西安科技大学硕士研究生庞琦、曹红丽、王庆涛、杨盼盼、汤廉超、余政等对本书部分文字、图表、电子教案、多媒体课件制作等文件整理工作付出了辛勤的汗水，谨此致谢。

由于作者水平所限，加之编写时间仓促，书中难免有不足之处，恳请读者批评指正，以便再版时修正。

作　者

2019 年 6 月

目　　录

第1章 绪 论

1.1 地质灾害的内涵及其防治意义

"灾害"一词源远流长，寓意深长。它既指自然因素作用对人类造成的伤害（"天灾"），又指人类自身原因对自身或其他人类群体造成的损害（"人祸"）。古代社会人们对灾害的认识充满了唯物论与唯心论、科学观与非科学观的矛盾与对立。典型的非科学灾害观，如"天谴论""阴余论"，认为各种自然灾害是神或天对人类的警告与惩罚，从而有"天象示警"之说。《左传·成公十六年》："是以神降之福，时无灾害。"《史记·秦始皇本纪》："阐并天下，甾害绝息，永偃戎兵。"《春秋繁露》："天地之物，有不常之变者，谓之异，小者谓之灾。灾常先至而异乃随之。灾者，天之谴也，异者，天之威也。"《汉书》："地动，阴有余；天裂，阳不足。"

与"天谴论""阴余论"相对应的观点是"人定胜天论"。战国时期的荀况对"人定胜天"思想有比较明确的论说："天行有常，不为尧存，不为桀亡。应之以治则吉，应之以乱则凶。强本而节用，则天不能贫；养备而动时，则天不能病；修道而不贰，则天不能祸。"东汉时期的哲学家王充在其名著《论衡》中对天人感应、天谴等灾变学说进行了全面的讨论与反驳，充分肯定自然界的灾变是可以认识的。随着生产技术水平的不断提高和古代地理学、水文学、天文学、气象学等科学的兴起与发展，科学灾害观不断形成和发展，对古代社会的防灾减灾发挥了重要作用。

关于灾害的定义，目前尚不统一。1984 年联合国减灾署（United Nation Disaster Reduction Organization，UNDRO）给灾害下的定义是：一次在时间和空间上较为集中的事故，事故发生期间当地的人类群体及其财产遭到严重威胁并造成巨大损失，以至家庭结构和社会结构也受到不可忽视的影响。联合国灾害管理培训教材把灾害明确地定义为：自然或人为环境中，对人类生命、财产和活动等社会功能的严重破坏，引起广泛的生命、物质或环境损失，这些损失超出了受影响社会靠自身资源进行抵御的能力。

简而言之，灾害是由自然因素或人为因素引起的不幸事件或过程，它对人类的生命财产及人类赖以生存和发展的资源与环境造成危害和破坏。灾害的类型很多，按发生地域可分为陆地灾害和海洋灾害；按成因可分为自然灾害（如洪、旱、蝗、雹、地震、海啸等）和人为灾害（如战争、矿震、人为火灾、水库诱发地震等）；按活动特点可分为突变型灾害和缓变型灾害等。

本书仅讨论地质灾害，而且仅讨论 2003 年国务院公布的《地质灾害防治条例》中崩塌、滑坡、泥石流、地面沉降、地面塌陷和地裂缝六种地质灾害。

1.1.1　地质灾害的内涵

地质灾害是指自然因素或者人为活动引发的危害人民生命和财产安全的山体崩塌、滑坡、泥石流、地面沉降、地面塌陷和地裂缝等与地质作用有关的灾害。

这一概念是《地质灾害防治条例》对地质灾害的法律界定。这一概念既强调了中国政府在新形势下对地质灾害管理的要求，又兼顾了学术界对地质灾害定义尚存在认识不统一的现状。通过深刻思考，还应该从以下五个方面理解这一概念的内涵。

（1）这里所阐述的地质灾害强调了“地质作用”决定性，与地质作用无关的火灾、冰冻、瘟疫等自然灾害不属于这一概念范畴。

（2）这里的“地质作用”包括自然地质作用（内外动力地质作用）和人为地质作用，界定了地质灾害的成因。

（3）这里所阐述的地质灾害强调了人群环境决定性，发生在人烟稀少地区，未对人民生命和财产安全造成危害或潜在威胁的地质环境异变，不属于这一概念范畴。

（4）这一概念界定了其管理范畴，山体崩塌、滑坡、泥石流、地面沉降、地面塌陷和地裂缝六种地质灾害，与学术界地质灾害类型划分略有差异。

（5）这一概念强调了“人为地质作用”的重要性，深化了地质灾害成因上自然演化和人为诱发的双重性，表明了地质灾害的社会属性。换句话说，“规范人类活动”可以有效防止地质灾害。

1.1.2　地质灾害防治意义

地质灾害广布于世界各地，与人类社会息息相关。各类地质灾害以不同的方式摧毁城镇建筑，堵塞交通道路，毁坏工厂、矿山、农田、水利设施，并可能造成人员伤亡，严重威胁着人民生命、财产安全，还有可能带来巨大损失。

1981年7月27～28日，辽宁复县（现瓦房店市）、盖县（现盖州市）、新金县（现普兰店市）交界地带暴发泥石流，16.36万人受灾，造成664人死亡，5058人受伤。

1983年3月7日，甘肃东乡洒勒山发生黄土滑坡，3100万m^3黄土飞越约1km，压埋四个村庄，摧毁3300亩①农田，致227人死亡。

1992年5～6月，宝成线桑树梁段连续发生大规模滑塌，累计中断行车28天，直接经济损失达数千万元。

2010年8月7日22时，甘肃舟曲县突发强降雨，县城北面的罗家峪、三眼峪泥石流造成沿河房屋被冲毁，泥石流阻断白龙江形成堰塞湖。据舟曲灾区指挥部消息，截至9月7日，舟曲“8·7”特大泥石流灾害中遇难1557人，失踪284人，累计门诊人数2315人。

① 1亩≈666.67m^2。

2011 年 9 月 17 日 14 时许，因连续多日强降雨，西安市灞桥区席王街道白鹿塬北坡发生山体滑坡，导致西安瑞丰空心砖厂和陕西奇安雁塔陶瓷有限公司部分车间被埋，造成 32 人死亡。

截至 2010 年，仅中国就有 400 多个市、县、区、镇受到崩塌、滑坡、泥石流的严重侵害，其中频受滑坡、崩塌侵扰的市、镇有 60 余座，频受泥石流侵扰的市、镇有 50 余座。每年地质灾害造成的经济损失为 90 亿～110 亿元，相当于自然灾害总损失的 1/16 或 6%，数量可观。

为此，“加大力度研究地质灾害规律”“探索地质灾害治理途径”“进行地质灾害有效防治”等方面的工作十分必要和迫切，而且意义重大，可将其概括为以下三个方面。

（1）加强认识，探索规律，强化防灾减灾意识。以认识论为指导，深化认识地质灾害的基本特征、发生发展特点、危害方式等，并以多种形式加强宣传、讲解，对强化提高地质灾害多发区人民的防灾减灾意识，具有重要的社会现实意义。

（2）掌握规律，形成理论，指导人类工程活动。采用多学科的理论和方法，探索地质灾害孕灾机理、发育规律，可以有效指导人类工程活动，其具有重要的学术理论和防灾减灾意义。

（3）根治灾害，消除威胁，确保经济社会的可持续发展。针对地质灾害特征、成因和机理，采取行之有效的防治措施，不仅可以控制灾害发展，而且可以避免不必要的损失，具有重要的战略经济意义。

1.2 中国地质灾害的基本情况

1.2.1 地质灾害的分类与分级

分类研究是一切事物认知的基础。一种常见表述如“地质灾害种类多，类型全”，表明专业技术人员对中国地质灾害的基本认识，也反映了中国地质灾害的基本情况。为了使这种认识通俗化，从不同的目的和角度出发，选择不同的分类指标得到了多种不同的分类方案。这里将具有代表性的分类标准和分类方案归纳如表 1.1 所示。

表 1.1 地质灾害分类表

分类指标	分类方案		备注
	类型	亚类	
空间分布	陆地型	地面地质灾害、地下地质灾害	2 种
	海洋型	海底地质灾害、水体地质灾害	2 种
形成原因	自然动力型	内动力、外动力	2 种
	人为动力型	道路工程、水利水电工程、矿山工程、城镇建设、农林牧活动、海岸港口工程	6 种
	混合动力型	内外动力复合、内动力-人为复合、外动力-人为复合	3 种

续表

分类指标	分类方案		备注
	类型	亚类	
灾害过程快慢	突变型	地震灾害、火山灾害、崩塌灾害、滑坡灾害、泥石流灾害、地面塌陷灾害、地裂缝灾害、矿井突水灾害、冲击地压灾害、瓦斯突出灾害、围岩岩爆及大变形灾害、河岸坍塌灾害、管涌灾害、河堤溃决灾害、海啸灾害、风暴潮灾害、海面异常升降灾害、黄土湿陷灾害、沙土液化灾害	19 种
	缓变型	地面沉降灾害、煤层自燃灾害、矿井热害、河湖港口淤积灾害、水质恶化灾害、海水入侵灾害、海岸侵蚀灾害、海岸淤进灾害、软土触变灾害、膨胀土胀缩灾害、冻土冻融灾害、土地沙漠化灾害、土地盐渍化灾害、土地沼泽化灾害、水土流失灾害	15 种

分级研究则是对事物认知的进一步深入。地质灾害分级反映其规模、活动频次以及其对人类和环境的危害程度。其分级方案有以下几点。

（1）灾变分级：对地质灾害活动强度、规模和频次的等级划分。

（2）灾度分级：对灾害事件发生后所造成的破坏和损失程度的等级划分。

（3）风险分级：对潜在灾害的认知，并基于灾害活动概率分析求取期望损失的级别划分。

张梁等（1998）根据地质灾害活动规模，对崩塌（危岩）、滑坡、泥石流、岩溶塌陷、地裂缝、地面沉降、海水入侵、膨胀土等灾害进行了较详细的灾变等级划分（表 1.2）。

表 1.2 地质灾害灾变等级划分表（据张梁等，1998，略有修改）

灾种	指标	灾变等级			
		特大型	大型	中型	小型
崩塌（危岩）	体积/($10^4 m^3$)	≥100	≥10 ~ <100	≥1 ~ <10	<1
滑坡	体积/($10^4 m^3$)	≥1000	≥100 ~ <1000	≥10 ~ <100	<10
泥石流	堆积物体积/($10^4 m^3$)	≥50	≥20 ~ <50	≥1 ~ <20	<1
岩溶塌陷	影响范围/km^2	≥20	≥10 ~ <20	≥1 ~ <10	<1
地裂缝	影响范围/km^2	≥10	≥5 ~ <10	≥1 ~ <5	<1
地面沉降*	沉降面积/km^2	≥500	≥100 ~ <500	≥10 ~ <100	<10
	累计沉降量/m	≥2.0	≥1.0 ~ <2.0	≥0.5 ~ <1.0	<0.5
海水入侵	入侵范围/km^2	≥500	≥100 ~ <500	≥10 ~ <100	<10
膨胀土	分布面积/km^2	≥100	≥10 ~ <100	≥1 ~ <10	<1

* 地面沉降灾变等级的两个指标不在同一级次时，按从高原则确定灾变等级。

根据一次灾害事件所造成的死亡人数和直接经济损失额，地质灾害的灾度等级可划分为特大灾害、大灾害、中灾害和小灾害四级（表 1.3）；而风险等级可划分为高度风险、中度风险、轻度风险和微度风险（零风险）（表 1.4）。

表 1.3　地质灾害灾度等级划分表（据张梁等，1998，略有修改）

灾度等级*	死亡人数/人	直接经济损失/万元
特大灾害	≥100	≥1000
大灾害	≥10 ~ <100	≥100 ~ <1000
中灾害	≥1 ~ <10	≥10 ~ <100
小灾害	0	<10

*灾度的两项指标不在一个级次时，按从高原则确定灾度等级。

表 1.4　地质灾害风险等级划分表（据张梁等，1998）

期望损失	风险等级			
	高度风险	中度风险	轻度风险	微度风险（零风险）
年均死亡人数/人	≥10	≥1 ~ <10	0	0
直接经济损失/(万元/a)	≥100	≥10 ~ <100	≥1 ~ <10	<1

1.2.2　中国地质灾害的发育状况及分布特征

1.2.2.1　中国地质灾害发育状况

中国是世界上地质灾害最严重的国家之一，灾害类型多、发生频率高、分布地域广、灾害损失大。1949 年以来，中国因地震死亡 50 多万人，伤残近百万人，倒塌房屋 1000 多万间。其中，1976 年唐山发生 7.8 级强震，造成 24.2 万人死亡、16.4 万人伤残。据不完全统计，截至 2014 年，全国共圈定矿山采空塌陷 1887 处，其中特大型、大型、中型和小型塌陷分别为 29 处、77 处、264 处和 1517 处（杨金中等，2017）。采空地面塌陷损毁土地面积达 9000km^2，其中采煤塌陷土地面积为 8420km^2（中国地质调查局，2016）。

全国已有上海、天津、江苏、浙江、陕西等 16 个省（区、市）的 46 个城市出现地面沉降问题。陕西、山西、河北、山东、广东、河南等 17 个省（区、市），共有地裂缝 400 多处 1000 多条（段永侯等，1993）。

随着国民经济持续高速发展、生产规模扩大和社会财富的积累，同时由于减灾措施不能满足经济快速发展的需要，灾害损失呈上升趋势。按 1990 年不变价格计算，20 世纪我国自然灾害造成的年均直接经济损失：50 年代为 480 亿元，60 年代为 570 亿元，70 年代为 590 亿元，80 年代为 690 亿元（潘懋和李铁峰，2002）。进入 20 世纪 90 年代以后，年均已经超过 1000 亿元（中国国际减灾十年委员会，1998）。例如，1998 年仅洪涝灾害一项就造成直接经济损失 2550.9 亿元（王振耀，1999）。2008 年汶川大地震造成 69227 人罹难，374643 人受伤，直接经济损失达 8452.15 亿元（陈运泰，2018）。

1.2.2.2　中国地质灾害的空间分布规律

中国地域辽阔，经度和纬度跨度大，自然地理条件复杂，构造运动强烈，自然地质灾害种类繁多、灾情十分严重。同时，中国又是一个发展中国家，经济发展对资源开发的依赖程度相对较高，大规模的资源开发和工程建设，以及对地质环境保护重视不够，人为地诱发了很多地质灾害，使我国成为世界上地质灾害最为严重的国家之一。

地质灾害是在地球各圈层发展演化过程中，因各种地质作用而形成的灾害性事件。地质环境是地质灾害形成与发展的基础和条件。地质灾害的空间分布及其危害程度与地形地貌、地质构造格局、新构造运动的方式与强度、岩土体工程地质类型、水文地质条件、气象水文及植被条件、人类工程活动的类型等有着极为密切的关系。受上述诸因素制约，我国地质灾害的区域分布具有“南北分区、东西分带”的特点，如华北、东北、西北地区，荒漠化作用强烈；西南山区降水多而集中，崩塌、滑坡、泥石流灾害频繁发生；东部平原区地面沉降、地裂缝广泛发育；沿海地区，海水入侵、海岸侵蚀等强烈发育。

中国陆地地势变化很大，总体是西高东低，大地貌区划分为三级地势阶梯。第一级阶梯，平均海拔4000m以上，为高寒气候，寒冻作用普遍，冻胀、融沉、泥流、雪崩等发育。第二级阶梯，海拔1000～2000m，在第一、第二级阶梯过渡带，地形切割强烈，崩塌、滑坡、泥石流、水土流失等分布广泛，灾度等级也高。东部广大平原、盆地区属于第三级阶梯，地势最低，地形平缓，人口稠密，城市化程度高，用水量大，过量开采地下水造成地面沉降和海水入侵；矿山区，矿床开采、疏干排水、注水等活动造成矿区地面塌陷、岩溶塌陷等；兴修水利水电工程等诱发地震灾害；河流上游不合理的开荒垦地造成水土流失，进而引发河、湖、水库、港口等淤积灾害。因此，中国东部地区地质灾害的类型及其空间分布主要与人类大规模经济活动密切相关。

根据地质灾害宏观类别，结合地质、地理、气候及人类活动等环境因素，可将中国地质灾害划分为四大区域（葛中远，1991）。

1. 平原、丘陵地面沉降与塌陷为主的地质灾害大区

该区位于山海关以南，太行山、武当山、大娄山一线以东，包括中国东部和东南部的广大地区。该区地处华北断块东南部、华南断块、台湾断块的主体部位；在地势上属于第三级阶梯，以平原、丘陵地貌为主；该区南部为热带和亚热带气候区，温暖湿润，中北部以温带为主，气候温凉、半湿润至半干旱，降水充沛至较充沛；平原区发育较厚第四系冲、洪、湖、海积松散堆积层，丘陵山区分布有古生代、中生代碳酸盐岩、碎屑岩和岩浆岩；新构造活动比较强烈，发育有著名的郯城—庐江深大断裂带，以及南海、黄海北东向地震构造带，除台湾、福建沿海及华北地区地震活动强烈至较强烈外，其他地区较弱；区内矿产资源较丰富，采矿业发达，大中城市分布密集，人口稠密，沿海开放城市工业发达，人类工程活动规模大、强度高，诱发了严重的城市地面沉降、矿山地面塌陷、岩溶塌陷、水库地震、土地荒漠化以及港口、水库、河道淤积等灾害，丘陵山区人为活动诱发的崩塌、滑坡、泥石流灾害较发育。总之，该区是主要由人类工程活动造成的地质灾害组合类型大区。

2. 山地斜坡变形破坏为主的地质灾害大区

该区包括长白山南段、阴山东段，长城以南，阿尼玛卿山、横断山北段一线以东，雅鲁藏布江以南的广大地区，属于中国中部地区及青藏高原南部、东北部分地区。

该区地处青藏断块、华南断块与华北断块结合部位，地势上属于第二级阶梯，以山

地和高原为主要地貌类型，地形切割强烈，相对高差大。气候跨越东部季风区、西北干旱半干旱区；西南地区降水较丰沛，年均降水量800～1200mm，西北黄土高原年均降水量300～700mm，多以暴雨形式出现；分布地层主要为不同时代的各类坚硬、半坚硬岩类和松散堆积；新构造运动强烈，活断层发育，如鲜水河、小江、安宁河、龙门山、六盘山等，构成"中国南北构造带"，区内地震活跃，强度大、频度高，仅20世纪发生的7级以上强震就达23次，地震灾害严重；区内矿产、水力、森林、土地等资源丰富，是我国新兴工业区，人口密度较大，资源开发和农牧活动等活跃，由于不合理开发利用山地斜坡、森林植被等资源，地质环境日趋恶化，崩塌、滑坡、泥石流、水土流失等灾害频发。区内，由内动力和外动力地质作用引起的突发性地质灾害最为发育，以自然动力和人类活动相互叠加而形成的山地地质灾害广泛分布。

3. 内陆高原、盆地干旱、半干旱风沙为主的地质灾害大区

该区地处秦岭—昆仑山一线以北，在大地构造上属于新疆断块并横跨华北断块及东北断块区，地势上属于第二级阶梯，由高原、沙漠、戈壁及高大山系、盆地、平原等地貌类型组成。西部山系一般海拔1000～3000m，东部平原、盆地一般海拔在500m以下；属内陆干旱、半干旱至温带气候，降水稀少，年均降水量差异较大，一般为50～800mm。该区西部，活动性断裂发育、地震活动强烈，其余地区地震活动相对较弱。内陆高原、荒漠地区气候恶劣，风力吹扬作用强烈，沙质荒漠化灾害日趋严重。河套平原等地区土地盐碱化较发育；新疆、宁夏、内蒙古等地的煤田自燃灾害比较严重；天山、昆仑山山地则主要发育雪崩、滑坡、崩塌等地质灾害。总之，中国北部地区是以自然地质营力为主并叠加人为地质作用形成的复合型地质灾害大区。

4. 青藏高原及大、小兴安岭北段地区冻融为主的地质灾害大区

该区位于青藏高原中北部及大、小兴安岭北段地区，大地构造上属于青藏断块和东北断块区。青藏高原属于第一级地势阶梯，平均海拔达5000m以上，为高海拔冻土区；大兴安岭、小兴安岭北段处于欧亚大陆高纬度冻土带的南缘，是我国高纬度多年冻土地区。在青藏高原和大、小兴安岭地区广泛发育有连续多年冻土和岛状多年冻土，岛状冻土区由于气候季节变化和日温差变化，冰丘冻胀、融沉、融冻泥流、冰湖溃决泥流等地质灾害较为发育。

青藏高原地壳抬升强烈，为印度洋板块和欧亚板块之间的碰撞结合带，活动性深大断裂发育，地震活动强烈，20世纪以来发生7级以上强烈地震达10次之多（潘懋和李铁锋，2012）。

总之，该区主要是由自然地质营力形成的以冻融、地震灾害为主的地质灾害大区。

1.3 地质灾害防治工作的原则、程序和要求

1.3.1 地质灾害防治工作的原则

在中国，地质灾害防治是一项长期而艰巨的工作。这不仅仅是因为地质灾害类型多、

数量大，更重要的是地质灾害机理复杂。也可以说，至今学术界仍不能全面、正确地描述所有地质灾害的机制过程。另外，中国是一个人口大国，经济基础也要求中国的地质灾害防治工作需要遵循一定的原则。这些原则至少应该包括以下三个方面。

（1）正确认识地质灾害的原则。善于发现，善于认识地质灾害十分重要，常常会起到事半功倍的效果，但前提是“正确认识”。正确认识地质灾害的性质、类型、范围、规模、机理、运动特征、稳定状态等，并能正确预测其危害及发展趋势是地质灾害防治工作的基础。

（2）预防为主，一次根治不留后患的原则。鉴于地质灾害的复杂性，工程建设选址时应充分重视地质工作，尽量避开地质灾害地段以及工程建设后可能产生地质灾害的地段。但是，如果工程建设（如公路、铁路、水利等）因技术和经济需要，无法避开所有的地质灾害或可能产生地质灾害的地段，需要采取治理工程，此时，应在详细的地质工作基础上，一次根治，彻底消除灾害。

（3）全面规划、综合治理、技术可行、经济合理的原则。地质灾害治理在考虑技术可行的同时，应该统筹考虑建设工程与治理工程、治理工程与环境等的协调性，既要根除地质灾害，保障建设工程正常运营，又要保证建设工程、治理工程与环境之间的协调、美化。同时，应针对地质灾害特征、成因，优化治理工程，进行多套治理方案比选，争取做到经济合理。

1.3.2　地质灾害防治工作的程序和要求

结合大量地质灾害防治工作实际，完整的地质灾害防治工作应遵循的程序如图 1.1 所示。

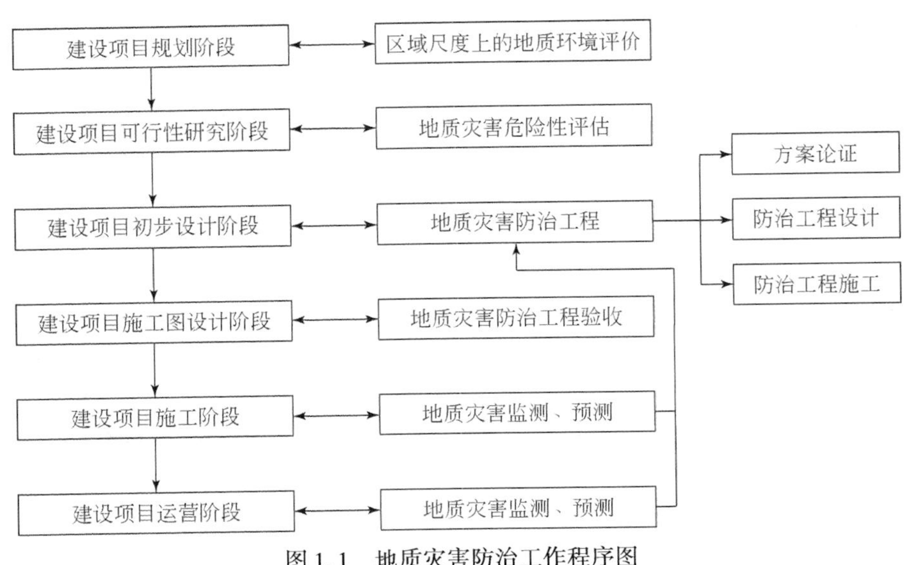

图 1.1　地质灾害防治工作程序图

1.3.2.1 区域尺度上的地质环境评价要求

人类的工程建设需要选址（建筑场地）、选线（线形工程），然而，除了工程自身功能技术要求外，地质环境评价是非常重要的环节，这是因为人类的工程活动几乎不能离开地质环境、地质体。那么，如何进行区域尺度上的地质环境评价?

实践经验表明，优良的地质环境条件有利于人类的工程建设，不良的地质环境条件常常会形成不良地质作用，危害人类的工程建设。因此，在工程项目前期阶段应该进行项目区地质环境质量评价，具体要求如下。

（1）充分认识地质环境因素的特征与变化规律。这些因素主要包括：①气象植被——气温、降水、蒸发、霜冻等特征及时空分布规律，植被种类、覆盖率、退化状况等。②地形地貌——地形、地貌形态及分布特征。③地层岩性——岩土体类型、组分、结构、工程地质特征。④地质构造——构造形态、分布、特征、组合形式和地壳稳定性。⑤水文地质——地表、地下水类型、分布特征、补径排条件及其变化规律。

（2）判明综合地质环境条件各因素的复杂程度（表1.5），对评估区地质环境条件的复杂程度做出总体和分区段划分。

（3）分析地质环境因素与人类工程建设的关系，得出确切的结论。

表1.5 地质环境条件复杂程度分类表

条件	类别		
	复杂	中等	简单
区域地质背景	区域地质构造条件复杂，建设场地有全新世活动断裂，地震基本烈度大于Ⅶ度，地震动峰值加速度大于0.20g	区域地质构造条件较复杂，建设场地附近有全新世活动断裂，地震基本烈度Ⅶ度至Ⅷ度，地震动峰值加速度为0.10g～0.20g	区域地质构造条件简单，建设场地附近无全新世活动断裂，地震基本烈度小于或等于Ⅵ度，地震动峰值加速度小于0.10g
地形地貌	地形复杂，相对高差大于200m，地面坡度以大于25°为主，地貌类型多样	地形较简单，相对高差50～200m，地面坡度以8°～25°为主，地貌类型较简单	地形简单，相对高差小于50m，地面坡度小于8°，地貌类型单一
地层岩性和岩土工程地质性质	岩性岩相复杂多样，岩土体结构复杂，工程地质性质差	岩性岩相变化较大，岩土体结构较复杂，工程地质性质较差	岩性岩相变化小，岩土体结构较简单，工程地质性质良好
地质构造	地质构造复杂，褶皱断裂发育，岩体破碎	地质构造较复杂，有褶皱、断裂分布，岩体较破碎	地质构造较简单，无褶皱、断裂，裂隙发育
水文地质条件	具多层含水层，水位年际变化大于20m，水文地质条件不良	有2～3层含水层，水位年际变化5～20m，水文地质条件较差	单层含水层，水位年际变化小于5m，水文地质条件良好
地质灾害及不良地质现象	发育强烈，危害较大	发育中等，危害中等	发育弱或不发育，危害小

续表

条件	类别		
	复杂	中等	简单
人类活动对地质环境的影响	人类活动强烈，对地质环境的影响、破坏严重	人类活动较强烈，对地质环境的影响、破坏较严重	人类活动一般，对地质环境的影响、破坏小

注：据《地质灾害危险性评估规范》（DZ/T 0286—2015）；每类条件中，地质环境条件复杂程度按“就高不就低”的原则，有一条符合条件者即该类复杂类型；g 为重力加速度。

1.3.2.2 地质灾害危险性评估要求

地质灾害危险性评估工作已经受到广泛关注。城市建设、有可能导致地质灾害发生的工程项目建设和在地质灾害易发区内进行工程建设，在申请建设用地之前必须进行地质灾害危险性评估。具体要求参见2004年国土资源部文件《国土资源部关于加强地质灾害危险性评估工作的通知》和《地质灾害危险性评估规范》（DZ/T 0286—2015）。这里仅强调以下几点。

（1）对评估对象。《地质灾害防治条例》第二十一条规定：“在地质灾害易发区内进行工程建设应当在可行性研究阶段进行地质灾害危险性评估，并将评估结果作为可行性研究报告的组成部分；可行性研究报告未包含地质灾害危险性评估结果的，不得批准其可行性研究报告。”“编制地质灾害易发区内的城市总体规划、村庄和集镇规划时，应当对规划区进行地质灾害危险性评估。”

（2）对评估范围。依据建设场地的大小和存在地质灾害的范围及其影响范围确定。

（3）对现状评估。是对已有地质灾害的危险性评估，根据其地质灾害的类型、规模、分布、稳定状态、危害对象等进行危险性评价；对稳定性或危险性起决定性作用的因素做较深入的分析，判定其性质、变化、危害对象和损失情况。

（4）对预测评估。是对拟建工程可能遭受、加剧、引发的地质灾害的危险性评估，根据其项目类型、规模、工程特征，预测项目在建设与运行过程中对地质环境的改变及影响，评价是否会引发地质灾害以及灾害的范围、可能造成的危害损失等。

（5）对综合评估。是根据现状和预测评估的结果，采用定性或半定量、定量的方法，综合评价地质灾害的危险性程度，对场地的适宜性做出评估。并提出防止诱发地质灾害或另选场地的建议。

（6）对防治措施建议。根据综合评估结果，对拟建设项目提出防治地质灾害的措施建议，能避让的则避让；能预防的则事前预防；实在避免不了的，则采取技术上可行、工程上可靠、经济上合理的治理方案对其进行必要的治理，以确保工程的安全。

1.3.2.3 地质灾害防治工程要求

对于防治工程应达到的安全标准，应根据所欲保护的受灾对象的重要性及可撤离程度，国家的财力水平和有关的工程规范合理确定。关键是适度，既不能标准过低、治而无效，又不能过分追求高标准，浪费国家资金。但对一个防治对象的不同部位或不同影响方面，也可以区别对待。

地质灾害防治工程等级应根据致灾地质体危害对象的重要性和成灾后可能造成的损失大小按表1.6进行划分。

表1.6　地质灾害防治工程分级

成灾损失	危害对象重要性		
	重要	较重要	一般
大	一级	一级	二级
中	一级	二级	三级
小	二级	三级	三级

注：1. 致灾地质体危害对象重要性的划分应符合下列规定，①重要，县级以上城市主体、人口密集区及重要建设项目；②较重要，乡镇集镇及较重要建设项目；③一般，村社居民点及一般建设项目。建设项目重要性可按《地质灾害危险性评估规范》（DZ/T 0286—2015）的规定确定。2. 致灾地质体成灾后可能造成的损失大小的划分应符合下列规定，①损失大，威胁人数多于300人或预估经济损失大于10000万元；②损失中等，威胁人数为50～300人或预估经济损失为5000万～10000万元；③损失小，威胁人数少于50人且预估经济损失小于5000万元。

1.3.2.4　地质灾害防治工程验收要求

目前，地质灾害防治工程验收要求已经有一些规范、标准，如《地质灾害治理工程质量验收规范》（DB/T 1358—2017）、《贵州省地质灾害防治工程施工质量验收技术要求（试行）》、《湖北省地质灾害治理工程竣工验收实施细则（试行）》等，但尚不统一。以下基本要求应该明确。

（1）地质灾害防治工程必须选择有相应资质的施工单位进行施工。

（2）地质灾害防治工程，无论投资大小，都必须选择有相应资质的监理单位进行监理。

（3）地质灾害防治工程的施工过程必须严格执行自查和监理抽查相结合的质量控制制度。

（4）地质灾害防治工程竣工文件必须符合相关技术要求，如陕西省《地质灾害治理工程竣工报告编制格式及资料要求（试行）》。

1.3.2.5　地质灾害监测、预测要求

地质灾害本身的孕育、发展、发生（治理前），需要借助于监测手段才能较准确地把握、预测、预警；地质灾害防治工程（治理后）的效果也需要借助于监测对比才能有效掌握。因此，重视和加强地质灾害监测工作十分必要，它应该贯穿于地质灾害防治工作的始终。

地质灾害监测的内容因灾害类型、监测目的而各不相同；地质灾害监测的设施（设备）因监测内容、精度不同而丰富多彩；地质灾害监测的方法手段因预测、预警要求而多种多样。但如果想要准确掌握地质灾害动态，及时预测、预警，地质灾害监测工作需要满足以下技术要求。

（1）监测工作应贯彻专业队伍与群众相结合，技术业务与行政管理并重的综合方针，建立群测群防体系，建设由社会各界共同参与的防灾网络。

(2) 监测内容要根据监测目的（灾害动态、防治工程效果等）、灾害类型、预测和预警需求认真筛选，不必过多，但要有代表性。

(3) 监测网、点的布设，必须充分考虑灾害类型、变形破坏方式，以期监测结果真实反映灾害动态。

(4) 监测过程需要安排责任心强、态度端正的技术人员，真实反映动态，切忌伪造数据。

(5) 注意监测结果时效性，及时获取数据、及时分析、及时上报。

1.4 本书的主要内容和学习要求

本书通过对崩塌、滑坡、泥石流、地面塌陷、地面沉降和地裂缝六种地质灾害的概念、类型、成因、机理分析、预防措施、治理措施以及其防治工程设计与施工等方面的讨论，使学生了解实际工作中各种地质灾害防治的全过程，掌握地质灾害防治工程方案比选、设计、施工等方面的基本方法、基本做法。

本书的目的是以六种地质灾害为例，使学生了解各种地质灾害的基本特征、预防、治理措施，以及典型治理工程措施的设计方法与施工注意事项。以期在未来的生产实践中，技术人员能够快速判别地质灾害类型特征、形成条件，以及需要采取的正确防治方案，进行地质灾害治理。实践表明，地质灾害的成功防治涉及“灾害发现、灾害认识、灾害治理”的各个环节，任何环节的失误，都将事倍功半，甚至功败垂成。为此，地质灾害防治技术人员应该学会“理论联系实践，从实践中来，到实践中去”，学会具体问题具体分析，不要死搬硬套。

由于地质灾害防治技术是一门实践性、应用性很强的课程，学生在学习过程中要争取做到以下几点。

(1) 强化地质灾害识别能力。以工程地质条件为主线，系统把握工程地质条件与各种地质灾害间的成生关系，即地质灾害的内在联系，力求从工程地质条件的变化出发，正确判断地质灾害的类型、特征、危害，了解其发展、演化趋势，预测其对人类工程活动的影响，为工程建设服务。

(2) 提高地质灾害防治的理性决策能力。在地质灾害识别能力、防治措施应用能力培养的基础上，学生要能充分把握地质灾害活动及防治工程的特点、类型、作用方式，以及两者之间的相互作用关系，提出有效的防治方案，并能够通过理性决策比选正确、合理、经济的防治方案（防治措施的有机组合）。

(3) 初步掌握典型地质灾害防治工程设计与施工要点。对选用的防治方案，要进一步理解、消化，针对方案中的具体工程措施，考虑其工程作用、与地质灾害体间作用关系、抵御地质灾害的能力以及环境融合性等，进行工程设计，编写设计说明、编绘设计图纸，为地质灾害防治工程施工提供正确依据。

(4) 培养独立思考、实践应用能力。人类工程活动的类型、方式很多，地质灾害的类型、表现各异。在生产实践中，两者之间的协调关系贯穿于地质灾害防治的始末，换句话说，地质灾害防治是针对人类活动而言的，与人类无关的地质灾害没有防治依据。为此，地质灾害的防治工作制约因素更多、更复杂，这也就要求学生做到独立思考、独立分析、独立解决问题，以及在本书抛砖引玉的基础上，不断博览群书，深化认识，并深入实践，举一反三。

复习思考题

1. 简述地质灾害的内涵及其防治意义。
2. 简述中国地质灾害的基本情况。
3. 简述地质灾害防治工作的原则、程序和要求。

第2章 崩塌灾害防治技术

2.1 崩塌灾害防治概述

崩塌是指陡峭斜（边）坡上的岩土体，受内外动力地质作用、人为地质作用影响而脱离母体，产生以突然的垂直下落运动为主的表生物理地质现象与过程（图2.1）。

图2.1 崩塌示意图（据 Cruden and Varnes，1996）

崩塌的过程：岩（土）块体顺坡猛烈翻滚、跳跃，相互撞击，堆积于坡脚，形成倒石锥（崩塌体）。

崩塌的主要特征：①发生突然；②脱离母体而运动、下落速度快；③下落过程中崩塌体自身的整体性遭到破坏；④垂直位移大于水平位移。

崩塌产生的危害很大，常使斜坡下的农田、厂房、水利水电设施及其他建筑物受到损害，有时还造成人员伤亡。铁路、公路沿线的崩塌则阻塞交通、毁坏车辆，造成行车事故和人身伤亡。例如，嘉陵江温塘峡南岸重庆市北温泉景区的前身是温泉寺，始建于公元423年，13世纪时，寺庙毁于岩体垮塌；公元1426年重建新殿，1927年辟为公园，1974年7月14日发生岩崩，崩塌体体积约3500m^3。崩塌前1h可见坡顶土层中裂缝迅速加宽到40～50cm，坡肩明显向坡外倾斜，一声巨响后，巨大块石从山崖飞出顺坡而下，堵塞了坡脚的公路，使交通中断几十天。崩塌还砸坏了公园内的房屋和游泳池，滚入江中的块石击起几米高的巨浪，掀翻航行中的木船。这次崩塌造成5人死亡、多人受伤，直接经济损失达50万～60万元。

1980年6月3日5时35分，湖北省远安县盐池河磷矿发生崩塌，16s内摧毁矿务局机关全部建筑物和坑口设施，致死284人，经济损失2500万元。崩塌发生在由震旦系石灰岩组成的高差达400m的陡壁部位，磷矿即在石灰岩层之下。崩塌块石堆积于V形河谷中，形成体积130万m^3、最大厚度40m的堆积体。9个地震台记录到崩塌产生的地震，震级M_S为1.4级。山体压力、采空区悬臂变形效应使上覆山体发生张裂和剪裂是崩塌的主要原因。崩塌前最大裂缝长180m，最宽达0.8m，深160m。崩塌时，前缘块体率先滑出倾倒，产生气垫浮托效应；高压作用下产生的高速气流使地表建筑物高速自下而上撞击对面陡壁后产生回弹。崩塌块石以此运动形式越过山脊，毁灭了河谷下游的所谓“安全区”，大部分人员在此遇难。

鉴于崩塌灾害的严重性，为了保证人身安全、交通畅通和财产不受损失，对具有崩塌危险的危岩体进行治理是必要的、有意义的。

2.1.1　崩塌灾害分类

1960 年苏联的尼·米·罗依尼什维里就按崩塌发生的地貌部位将崩塌分为山坡崩塌和岸边崩塌；1963 年北京地质学院《工程地质学》一书中按崩塌发生的原因将其分为断层崩塌、节理裂隙崩塌、风化碎石崩塌和软硬岩接触带崩塌四类；1997 年刘广润院士按动力成因，把崩塌分为自然动力型（降雨型、冲蚀型、风化剥蚀型、地震型、堆积加载型）、人工动力型（明挖型、洞掘型、爆破型、水库型、渗漏型、人工加载型）。至此，崩塌的分类研究已经比较深入，以下将一些典型的和有代表性的崩塌分类、分级内容简要阐述，以便形成全貌认识（表 2.1～表 2.4）。

表 2.1　崩塌物质组成分类

类型名称	简要描述
崩积物崩塌	山坡上已有的崩塌岩屑和沙土等物质，由于它们的质地很松散，当有雨水浸湿或受地震震动时，可再一次形成崩塌
表层风化物崩塌	在地下水沿风化层下部的基岩面流动时，风化层沿基岩面崩塌
沉积物崩塌	有些由厚层的冰积物、冲击物或火山碎屑物组成的陡坡，由于结构舒散，形成崩塌
基岩崩塌	在基岩山坡面上，常沿节理面、地层面或断层面等发生崩塌

表 2.2　崩塌规模等级分类

崩塌规模	巨型	特大型	大型	中型	小型
体积 $V/(10^4\ m^3)$	$V \geqslant 1000$	$100 \leqslant V<1000$	$10 \leqslant V<100$	$1 \leqslant V<10$	$0<V<1$

注：据《滑坡崩塌泥石流灾害调查规范（1∶50000）》（DZ/T 0261—2014）。

表 2.3　崩塌体移动形式分类

类型名称	简要描述
散落型崩塌	在节理或断层发育的陡坡，或是软硬岩层相间的陡坡，或是由松散沉积物组成的陡坡，常形成散落型崩塌
滑动型崩塌	沿某一滑动面发生崩塌，有时崩塌体保持了整体形态，和滑坡很相似，但垂直移动距离往往大于水平移动距离
流动型崩塌	松散岩屑、砂、黏土受水浸湿后产生流动崩塌。这种类型的崩塌和泥石流很相似，称为崩塌型泥石流

表 2.4 崩塌发展模式分类（据胡厚田，1989，略修改）

类型	岩性	结构面	地貌形态	崩塌体形状	受力状态	失稳主要因素
倾倒式崩塌	黄土、灰岩等直立岩层	垂直节理、柱状节理、直立岩层面	峡谷、直立岸坡	板状、长柱状	主要受倾覆力矩作用	静动水压力、地震力、重力
滑移式崩塌	多为软硬相间的岩层	有倾向临空面的结构面（平面、楔形或弧形）	陡坡通常大于55°	板状、楔形、圆柱状	滑移面主要受剪切力	重力、静动水压力、地震力
错断式崩塌	坚硬岩石或黄土	垂直裂隙发育，通常无倾向临空面的结构面	陡坡大于45°	多为板状、长柱状	自重引起的剪切力	重力
拉裂式崩塌	多见于软硬相间的岩层	多为风化裂隙和重力拉张裂隙	突出的悬崖	上部的硬岩层以悬臂梁形式突出	拉张	重力
鼓胀（塑流）式崩塌	直立的黄土、黏土或坚硬岩石下较厚软岩层	上部为垂直节理、柱状节理，下部为近水平的结构面	陡坡	岩体高大	下部软岩受垂直挤压	重力、水的软化作用

2.1.2 崩塌灾害形成条件

崩塌是在特定自然、人工环境条件下形成的。这些条件可分为内在条件和外在条件，内在条件主要包括崩塌区的地形地貌、地层岩性、地质构造、地下水作用等；外在条件则指诱发或促发崩塌形成的表水冲刷、浪蚀作用、异常降水、震（振）动以及不合理的人类活动等。

2.1.2.1 内在条件

1. 地形地貌

地形地貌主要表现在斜坡坡度上。从区域地貌条件看，崩塌形成于山地、高原地区；从局部地形看，崩塌多发生在高陡斜坡处，如峡谷陡坡、重构岸坡、深切河谷的凹岸地带。崩塌的形成要有适宜的斜坡坡度、高度和形态，以及有利于岩土体崩落的临空面。这些地形地貌条件对崩塌的形成具有最为直接的作用。据我国西南地区宝成线凤州工务段辖区 57 个崩塌落石点的统计数据（表 2.5），75.4% 的崩塌落石发生在坡度大于 45°的陡坡上，坡度小于 45°的 14 次均为落石，而且这 14 次落石的局部坡度亦大于 45°，个别地方还有倒悬坡情况。

表 2.5 崩塌落石与边坡坡度关系的统计（据蒋爵光，1991）

边坡坡度	<45°	≥45° ~ <50°	≥50° ~ <60°	≥60° ~ <70°	≥70° ~ <80°	≥80° ~ ≤90°	总计
崩塌次数/次	14	11	7	17	6	2	57
百分率/%	24.6	19.3	12.3	29.8	10.5	3.5	100

2. 地层岩性

岩、土体是产生崩塌的物质基础（条件）。一般来讲，各类岩、土都可以形成崩塌，但不同岩、土类型，所形成崩塌的规模大小不同。通常，岩性坚硬的各类岩浆岩、变质岩及沉积岩的碳酸盐岩、石英砂岩、砂砾岩、初具成岩性的石质黄土、结构密实的黄土等形成规模较大的崩塌，页岩、泥灰岩等互层岩石及松散土层往往以小型坠落和剥落为主。

沉积岩斜（边）坡会不会发生崩塌与岩体的软硬程度密切相关。若软岩在下、硬岩在上，下部软岩风化剥蚀后，上部坚硬岩体常发生大规模的倾倒式崩塌；含有软弱结构面的厚层坚硬岩石组成的斜（边）坡，若软弱结构面的倾向与坡向相同，易发生大规模的崩塌。页岩、泥岩组成的斜（边）坡不易发生崩塌，但易产生剥落。

岩浆岩斜（边）坡一般不易发生大规模崩塌。但当垂直节理（如柱状节理）发育，并存在顺坡向的节理或构造破裂面时，易产生大型崩塌；岩脉或岩墙与围岩之间的不规则接触面也可能为崩塌落石提供有利条件。

变质岩中结构面较为发育，常把岩体切割成大小不等的岩块，所以经常发生规模不等的崩塌落石。片岩、板岩和千枚岩等变质岩组成的边坡常发育褶曲构造，当岩层倾向与坡向相同时，多发生沿弧形结构面的滑移式崩塌。

土质斜（边）坡的破坏类型有溜塌、滑塌和堆塌，统称坍塌。按土质类型，稳定性大小顺序为碎石土>砂土>粉土>黏性土；按土体密实程度，稳定性大小顺序为密实土>中密土>松散土。

3. 地质构造

1）断裂构造对崩塌的控制作用

以区域性断裂构造为主，其对崩塌的控制作用表现为：①当陡峭的斜坡走向与区域性断裂平行时，沿该斜坡发生的崩塌较多；②在几组断裂交汇的峡谷区，往往是大型崩塌的潜在发生地；③断层密集分布区岩层较破碎，坡度较陡的斜坡常发生崩塌或落石。

2）褶皱构造对崩塌的控制作用

褶皱不同部位的岩层遭受破坏的程度各异，因而发生崩塌的情况也不一样。其表现为：①褶皱核部岩层变形强烈，常形成大量垂直层面的张节理，在多次构造作用和风化作用的影响下，破碎岩体往往产生一定的位移，从而成为潜在崩塌体（危岩体），如果危岩体受到震动、水压等外力作用，就可能产生各种类型的崩塌落石；②褶皱轴向垂直于坡面方向时，一般产生落石和小型崩塌；③褶皱轴向与坡面平行时，高陡边坡就可能产生规模较大的崩塌；④在褶皱两翼，当岩层倾向与坡面相同时，易产生滑移式崩塌，特别是当岩层构造节理发育且有软弱夹层存在时，可以形成大型滑移式崩塌。

4. 地下水对崩塌的影响

地下水对崩塌的影响主要表现为：①充满裂隙的地下水及其流动对潜在崩塌体产生静水压力和动水压力；②裂隙充满物在水的软化作用下抗剪强度大大降低；③充满裂隙的地下水对潜在崩落体产生浮托力；④地下水降低了潜在崩塌体与稳定岩体之间的抗拉强度。斜（边）坡岩体中的地下水多数在雨季可以直接得到大气降水的补给，在这种情况下，地下水和雨水的联合作用使边坡上的潜在崩塌体更易于失稳。

2.1.2.2　外在条件

1. 地表水冲刷、浪蚀作用对崩塌的影响

河流、湖泊等地表水体不断地冲刷、浪蚀坡脚或浸泡坡脚、削弱坡体支撑或软化岩、土体，降低坡体强度，可能诱发崩塌。

2. 异常降水对崩塌的影响

降雨特别是大雨、暴雨和长时间的连续降雨，使地表水渗入坡体，软化岩、土体及其中软弱面，产生孔隙水压力等，从而诱发崩塌。

3. 震（振）动对崩塌的影响

地震、人工爆破和列车行进时产生的震动可能诱发崩塌。地震时，地壳的强烈震动可使边坡岩体中各种结构面的强度降低，甚至改变整个边坡的稳定性，从而导致崩塌的产生。因此，在硬质岩层构成的陡峻斜坡地带，地震更易诱发崩塌。一般烈度大于Ⅶ度的地震都会诱发大量崩塌。

列车行进产生的震动诱发崩塌落石的现象在铁路沿线时有发生。例如，1981 年 8 月 16 日 812 次货物列车经过宝成线 K293+365m 处时，突然发生 720m^3 岩块崩落，将电力机车砸入嘉陵江中，并造成 7 节货车车厢颠覆。

4. 不合理人类活动对崩塌的影响

修建铁路或公路、开挖坡脚、地下采空、露天开矿、水库蓄水或泄水等改变坡体原始平衡状态的人类活动，都常使自然边坡的坡度变陡，从而诱发崩塌。如果工程设计不合理或施工措施不当，更易产生崩塌，开挖施工中采用大爆破的方法使边坡岩体因受到震动破坏而发生崩塌的事例屡见不鲜。宝成线宝鸡至洛阳段因采用大爆破引起的崩塌落石有 7 处，其中一处是在大爆破后 3 小时产生的，崩塌体体积约为 20 万 m^3。1994 年 4 月 30 日，发生于重庆市武隆县境内乌江鸡冠岭的山体崩塌，虽然是多种因素综合作用的结果，但在乌江岸边修路爆破和在山坡中段开采煤矿等人类活动是主要的诱发因素。

2.2　崩塌灾害防治措施

2.2.1　预防措施及其适用性分析

地质灾害预防是在经济能力限制条件下减少灾害损失的有效方法。崩塌灾害的预防方法可概括为预判避灾法和简易工程防灾法两类。预判避灾法是指对规划阶段建设工程或古老建设工程范围内，进行必要的地质工作，采取一定的预防措施，达到防灾避灾目的的一种方法；简易工程防灾法是指对潜在地质灾害隐患，采取一定的工程预防措施，达到改变地质灾害体性状而使其趋于稳定，为根治灾害争取时间的一种方法。

工程实践表明，崩塌灾害的预防方法与措施可概括为表 2.6。

表2.6　崩塌灾害的预防方法与措施一览表

预防方法	预防措施	适用对象
预判避灾法	地质灾害危险性评估	崩塌堆积体、危险岩（土）体
	监测预警、预报	崩塌堆积体、危险岩（土）体、变形体
	搬迁避让	受害体（人员、设备等）
简易工程防灾法	清理危险体	危险岩（土）体
	削坡减重	危险岩（土）体
	挡墙（防崩墙）等工程	崩塌堆积体、危险岩（土）体
	简易排水工程	崩塌堆积体、危险岩（土）体

下面对崩塌灾害各种预防措施的适用条件进行简要分析，以方便应用。

1. 地质灾害危险性评估

依据国家规定，所有在地质灾害易发区进行建设的工程项目，都必须进行此项工作。

2. 监测预警、预报

对于正在进行治理的崩塌灾害，此项工作应贯穿于治理工作的前、中、后。对于可能危及人类活动和财产安全的性质不明的崩塌灾害应该实施此项措施。注意，应编制详细、可行、有效的监测预警、预报方案。

3. 搬迁避让

对于性质不明、规模巨大、短期内又难以查明的崩塌灾害，经多方论证后，确认治理费用较大或难以治理者，应坚决采取搬迁避让措施，但应编制切实可行的搬迁避让方案和实施计划。

4. 清理危险体

对于附于坡面或悬于坡顶、规模不大且施工条件许可的危险岩（土）体，可以考虑此防治措施。

5. 削坡减重

对于性质清楚、规模不大且施工条件许可的危险岩（土）体，可以考虑此防治措施。但应根据其具体情况设计清除工艺。宜采用控制爆破或静态爆破，避免爆破造成伤亡和损失。清除后针对危险岩（土）体后部山体具体情况，采取必要的、进一步的措施。

6. 挡墙（防崩墙）等工程

对于开挖（或流水冲刷）崩塌体应采用挡墙补偿工程，确保崩塌体稳定。对于有一定避险距离的崩塌灾害可以采用防崩墙措施避灾。但应注意计算崩塌时落石的方式、轨迹等，以免措施失效。

7. 简易排水工程

对于性质清楚、规模较大且需要治理的崩塌灾害，应考虑简易排水工程措施。排水工程应结合崩塌灾害特征、性质考虑地表排水和地下排水，也可以选择单一形式。注意，排水工程布设应能够消除或减少水对崩塌灾害的不利影响，为根治工程实施争取时间。

2.2.2　治理措施及其适用性分析

在崩塌灾害治理工作中，可采用的治理措施有很多，按治理工程措施作用方式，可分为直接治理、间接治理两大类（表2.7）。实际治理工作中，采用一种或多种工程措施构成综合治理方案，效果更好。但要注意，治理方案应根据灾害体的特征、性质、成因、危险性、发展趋势和受灾范围、对象、经济承受能力等具体情况综合确定。

表2.7　崩塌灾害治理措施一览表

治理方法	治理措施	适用对象
直接治理	主动防护网（SNS*、注浆等）	危险岩（土）体
	锚固工程（框架锚索、喷锚等）	危险岩（土）体
	支挡工程（挡墙、格栅等）	崩塌堆积体、危险岩（土）体
	支撑工程（支撑墙、支撑柱等）	危险岩（土）体
间接治理	被动防护网	危险岩（土）体
	拦挡工程（防崩墙、落石槽等）	危险岩（土）体
	遮挡工程（棚洞、明洞等）	危险岩（土）体
	系统排水工程（截水沟、排水沟、平孔等）	崩塌堆积体、危险岩（土）体

*柔性网系统（soft net system，SNS）。

下面对各种治理措施的适用条件做简要分析。

1. 主动防护网

对于存在变形、规模不大，但清除困难（或可能引发其他灾害隐患）、具备实施主动防护网工程条件的危险岩（土）体，可以采用注浆、SNS主动防护网等措施进行加固治理。但要注意进行注浆压力、防护网格大小、锚杆长度专项设计。

2. 锚固工程

对于规模较大、危害严重、必须治理的崩塌灾害，应该采用锚固工程。可以采用框架锚索、单墩锚索、地梁锚索等结构类型，主要依据崩塌岩（土）体的强度、完整性、规模、变形方式、结构面特征、稳定状态等，进行专项设计。

3. 支挡工程

对于规模较大、可能发生滑移式破坏的崩塌堆积体、危险岩（土）体，可以采用挡墙、格栅、抗滑桩等措施。

4. 支撑工程

对于规模不大、底部悬空、可能发生错落式破坏的危险岩（土）体，可以采用支撑墙、支撑柱等措施，主要依据危险岩（土）体位置、强度、完整性、规模、结构面特征等，具体问题，具体分析。

5. 被动防护网

对于难以采用主动防护网，或者造价太大不能选用主动防护网的危险岩（土）体，可以采用此结构类型，但要注意结合危险岩（土）体的具体特征，如破坏方式、危害范围、破坏力等，设计合适布网位置、布网形式等。

6. 拦挡工程

对于规模不大，以坠石、落石为主的危险岩（土）体，可以采用落石槽（拦石沟）、落石平台、拦石桩、拦石墙、拦石网等将崩落过程中的岩土体消能拦挡，隔离崩塌体与受灾体。具体布设位置、结构类型及强度等，应依据危险岩（土）体块度、可能运行轨迹、距离、冲击力等，必要时应进行专项设计。

7. 遮挡工程

对于危险岩（土）体下方有交通线路和其他建筑物时，可采用明洞、棚洞等遮挡工程，避免人员、设施受灾。具体布设范围、结构强度等，应依据危险岩（土）体块度、可能运行轨迹、冲击力等，必要时应进行专项设计。

8. 系统排水工程

该措施几乎适用于所有的崩塌灾害治理，换句话说，所有崩塌灾害治理都应该考虑排水问题。该措施也许不能根除灾害，但其稳定效果不能忽视。具体应依据崩塌堆积体、危险岩（土）体自身特征和周围环境、地表（下）水补给、径流、排泄，以及其对崩塌灾害的影响方式等进行专门设计。

2.3 崩塌防治工程设计

2.3.1 设计原则

结合经验，崩塌灾害防治工程设计应该遵循以下原则。

（1）因害设防，具体问题，具体分析的原则。充分认识崩塌灾害基本特征、形成条件、成灾因素、危害特征等，充分进行治理措施选择、论证，结合实际拟定可行、可靠的防治方案。

（2）综合防治，一次根治，不留后患的原则。地质灾害防治应是综合性的，应立足整体考虑，综合治理。对于充分论证，必须治理的崩塌灾害，应该进行细致的勘查工作，力争做到一次根治，不留后患。

（3）方案优化，技术可行，经济合理的原则。防治方案可以很多，但最优方案具有排他性和唯一性。这一方案必须尊重技术上的可行性，即技术措施具备针对性、效果显著、施工方便等；也必须考虑经济上的合理性，一般投（资）效（益）比应考虑1∶20~1∶10（政治因素除外）。

（4）环境协调、美化原则。治理工程应该充分考虑周边环境，使工程融于环境，协调一致，进而可以采取一定的生物措施、环境措施，美化环境。

2.3.2 设计依据与设计标准

2.3.2.1 设计依据

设计依据主要包括三个方面：政策法规依据、技术规范依据和其他依据。

政策法规依据是指与政府战略、规划、导向等有关的、针对地质灾害领域的总方针、总指导文件。主要包括：

（1）《地质灾害防治条例》（国务院令第394号，2003年11月24日）；

（2）《国土资源部关于加强地质灾害危险性评估工作的通知》（国土资发〔2004〕69号）；

（3）《建设用地审查报批管理办法》（国土资源部令第69号，2016年11月29日）；

（4）各类国家、地方法律、法规文件。

技术规范依据是指能够保障地质灾害防治工程正确、合理、保质保量实施的指导性、监督性、强制性文件。主要包括：

（1）《地质灾害危险性评估规范》（DZ/T 0286—2015）；

（2）《岩土工程勘察规范》（2009年版）（GB 50021—2001）；

（3）《地质灾害防治工程勘查规范》（DB 50/T 143—2018）；

（4）《建筑边坡支护技术规范》（DB 50/5018—2001）；

（5）《崩塌、滑坡、泥石流监测规范》（DZ/T 0221—2006）；

（6）《地质灾害防治工程监理规范》（DZ/T 0222—2006）；

（7）《岩土锚杆与喷射混凝土支护工程技术规范》（GB 50086—2015）；

（8）《混凝土结构设计规范》（2015年版）（GB 50010—2010）；

（9）各类行业、地区技术要求、标准文件。

其他依据是指能够具体确保地质灾害防治工程进行的阶段性文件。主要包括：

（1）建设项目批复文件；

（2）崩塌灾害防治可行性研究、勘查、设计、施工的合同书、委托书；

（3）崩塌灾害防治可行性研究、勘查、设计、施工的分阶段审查、验收文件；

（4）已有区域地质、水文地质、工程地质成果资料。

2.3.2.2 设计标准

设计标准是针对当前社会经济能力、技术能力以及保护对象的重要性等，以明确的参数指导地质灾害防治工程设计的规范性、技术性依据。具体包括设计工况、技术参数、安全等级及安全系数等，其确定方法简述如下。

1. 设计工况确定

设计计算时，设计人员可能会考虑很多工况，如“自重+孔隙水压力（天然状态）”“自重+孔隙水压力（暴雨条件）”“自重+孔隙水压力（天然状态）+地震力”等。这里要注意，安全设计需要具体问题具体分析，建议考虑最不利工况。

2. 技术参数确定

不同类型的地质灾害，治理措施不同，所需要的技术参数也不尽相同。针对崩塌灾害，以下参数应精确确定。

（1）危岩体重度取试验标准值（或平均值），荷载分项系数取1.0。

（2）危岩体孔隙水压力计算，参照《地质灾害防治工程勘查规范》进行，如果危岩体已脱离母岩则不考虑孔隙水影响。

（3）地震系数、地震动峰值加速度等，参考相关规范，依据抗震设防烈度取值。

3. 防治工程安全等级与安全系数确定

地质灾害防治工程安全等级，参照《地质灾害防治工程勘查规范》根据致灾地质体危害对象的重要性和成灾后可能造成的损失按表1.6进行划分。

崩塌防治工程安全系数应参照《地质灾害防治工程勘查规范》根据危岩崩塌防治工程等级和危岩类型按表2.8确定。

表2.8　崩塌防治工程安全系数

崩塌（危岩）类型	崩塌（危岩）防治工程等级					
	一级		二级		三级	
	非校核工况	校核工况	非校核工况	校核工况	非校核工况	校核工况
滑移式	1.40	1.15	1.30	1.10	1.20	1.05
倾倒式	1.50	1.20	1.40	1.15	1.30	1.10
坠落式	1.60	1.25	1.50	1.20	1.40	1.15

2.3.3　主要防治工程设计与施工

以下对崩塌灾害常见的防治工程设计与施工注意事项进行叙述。

2.3.3.1　削坡减重工程设计

1. 削坡减重工程布设

削坡减重工程对崩塌灾害防治十分有效，常被采用。它的实施相对容易，可用于应急工程，也可用于永久工程，其布设位置应注意以下几点。

（1）削坡减重工程位置应布置在崩塌灾害体的顶部、后部。

（2）清理浮石、危石要有针对性，不能诱发后部岩（土）体新灾害。

（3）削坡减重设计应保持坡体整体稳定和排水畅通。

2. 削坡减重工程设计计算（检算）

削坡减重设计前必须查清崩塌成因和性质，查明控制崩塌体的结构面位置、性质及可能发展范围，根据稳定要求进行设计计算，确定削坡减重范围。计算时应注意以下几点。

（1）对于小型崩塌可全部清除，不进行设计计算和检算。

（2）对于块状结构、整体稳定仅局部危石的坡体，可不进行计算和检算。

（3）对于存在优势结构面、软弱面，可能产生较大规模的崩塌灾害，削坡减重工程设计计算和检算可同时进行，即计算稳定系数需大于安全系数。

具体计算方法可根据崩塌灾害可能破坏模式，如滑移式、倾倒式、坠落式等，采用极限平衡法，如 Sarma 法、楔形体稳定评价法和 Goodman-Bray 法等。

3. 施工注意事项

（1）削坡减重范围应正确放线，并遵循“由上至下”的施工顺序。

（2）施工过程需采取监测、棚护等有效防御措施，避免造成对其前方居民及建筑物的毁损。宜采用人工配合机械切割方法及“静态破碎”法进行。

（3）爆破宜采用小药量光面爆破技术，严禁放“大”炮，引发灾害。

（4）削坡减重的弃石弃土，不能随意地堆放，应按设计堆放位置合理堆放。

（5）削坡减重后的坡面宜平整、顺畅，确保排水顺畅。必要时可进行坡面美化。

2.3.3.2　地表排水工程设计

地表排水工程布设、设计计算及施工注意事项详见第 3 章。

2.3.3.3　地下排水工程设计

地下排水工程布设、设计计算及施工注意事项详见第 3 章。

2.3.3.4　防护工程设计

1. 防护工程布设

防护工程包括落石平台、落石槽、拦石堤或拦石墙、拦石栅和防护林等，可参照表 2.9 进行布设。

2. 防护工程设计计算（检算）

目前，防护工程设计仍靠经验，如拦石墙高度宜为 1/20 ~ 1/10 的陡崖高度，且不小于 3.0m；拦石墙至陡崖脚的水平距离宜为 1/2 ~ 2/3 的陡崖高度。

表 2.9　崩塌灾害防护工程（据林宗元，1996，略修改）

类型	示意图	适用条件及说明
落石平台		适于设在不太高的边坡坡脚，当建筑物与坡脚间有足够的宽度，或者在不影响边坡稳定性的条件下，扩大开挖半路堑以修筑落石平台。当落石平台标高与建筑物地面标高大致相同时，宜在建筑物侧沟外修拦石墙和落石平台联合拦截崩塌落石 落石平台宽度可依据经验确定，平台上可设置一定厚度的缓冲层

续表

类型	示意图	适用条件及说明
落石槽	边坡 单层铺砌	在建筑物距坡脚有一定距离时，且建筑物地面标高高出坡脚标高较大（大于2.5m）时，宜在坡脚修筑落石槽 落石槽的形状尺寸可据经验确定，底部可设置一定厚度的缓冲层
拦石堤和拦石墙		当陡峻山坡下部有小于30°的缓坡地带而且有较厚的松散堆积层，以及落石高度不超过60m时，在高出路基不超过20m处修筑带落石槽的拦石堤是适宜的。一般用当地土筑成，梯形断面，顶宽2～3m，若山坡坡度大于30°，落石高度超过60m，则以修筑带落石槽的拦石墙为宜，中国多采用拦石墙
拦石栅栏	—	拦石栅栏用浆砌片石或混凝土作基础，用废钢轨、钢筋混凝土作立柱、横杆。立柱一般高3～5m，间隔3～4m，基础深1～1.5m。横杆间距一般为0.6m左右。立柱、横杆用直径20mm的螺栓连接。栅栏背后留有宽度不小于3.0m的落石沟或落石平台 优点是造价低、省工、省料，缺点是强度低，落石超过2m^{3}时，立柱、横杆常被打断、打弯、打倾斜，此时可用双层栅栏

3. 防护工程施工注意事项

按设计图及相关规范进行。

2.3.3.5　加固工程设计

1. 加固工程布设

加固工程包括嵌补、锚索或锚杆加固、钢轨插别、灌浆封闭等。可参照表2.10进行布设。

2. 加固工程设计计算（检算）

目前，加固工程设计多采用经验法近似计算。

1）坠落式崩塌（危岩）加固工程设计计算

坠落式崩塌（危岩）在进行加固工程设计时，一般考虑“自重+孔隙水压力（天然状态）”工况和“自重+孔隙水压力（天然状态）+地震力”工况。

a. 稳定性计算

坠落式崩塌（危岩）稳定性计算模型如图2.2所示。

表 2.10　防崩塌的加固工程（据林宗元，1996，略修改）

类型	示意图	适用条件及说明
嵌补	浆砌片石嵌补	边坡上的岩体因岩性不同，抵抗风化的能力也不同，往往在边坡上形成深浅不同的凹陷。凹陷较深的岩体就形成上部突出的危岩，这种情况可采用浆砌片石或混凝土嵌补加固
锚索或锚杆加固	锚杆	在陡坡危岩之下如果有完整的岩体，可以用锚杆把危岩和完整岩体串联起来，达到加固的目的。对陡坡上的巨大危岩可用锚索加固，锚杆、锚索的长度、根数、间距以及截面尺寸等根据具体情况计算确定
钢轨插别	对陡坡上的分散危岩可用钢轨插别加固。钢轨插别的长度 l、根数，可据危岩的体积大小、边坡坡度、节理密度、结构面产状等近似计算确定。一般钢轨外露长度不宜小于危岩厚度的 2/3，埋入完整基岩的深度不得小于（0.4～0.5）l，外露部分为（0.5～0.6）l，插别的钢轨必须保持与危岩密贴，钢轨不能扭曲，应将钢轨四周的空隙和危岩的裂隙用水泥砂浆灌注捣实，勾缝封闭	
灌浆封闭	危岩体后部裂缝宜采用 C20 混凝土或 M30 水泥砂浆灌注处理，注浆压力宜在 50～100kPa。砂浆中宜掺入适量的混凝剂。采用普通硅酸盐水泥，强度不宜小于 32.5MPa。灌浆孔直径 60～110mm，沿着危岩体后部拉张裂缝前后一定宽度按照梅花桩型钻孔，钻孔尽可能穿越主要结构面和卸荷带。危岩体后部卸荷带采用 C15 混凝土封闭，厚度 10～15cm。封闭过程中清除地表腐殖土。灌浆孔间距 1.5m 左右。围岩顶所有外露裂隙均灌填封闭	

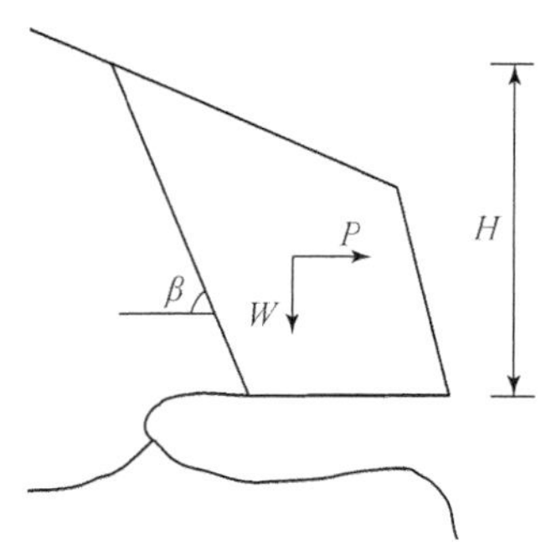

图 2.2　坠落式崩塌（危岩）稳定性计算模型

考虑“自重+孔隙水压力（天然状态）”工况时，其稳定性按下式计算：

$$K_{\mathrm{f}}=\frac{W\cos\beta\tan\varphi+c\dfrac{H}{\sin\beta}}{W\sin\beta} \tag{2.1}$$

考虑“自重+孔隙水压力（天然状态）+地震力”工况时，其稳定性按下式计算：

$$K_{\mathrm{f}}=\frac{(W\cos\beta-P\sin\beta)\ \tan\varphi+c\dfrac{H}{\sin\beta}}{W\sin\beta+P\cos\beta} \tag{2.2}$$

式中，K_{f}为崩塌（危岩）体稳定系数；W为崩塌（危岩）体自重（kN/m）；β为后缘裂隙倾角（°）；P为地震力（kN/m）；c为后缘裂隙黏聚力（kPa）；φ为后缘裂隙内摩擦角（°）；H为后缘裂隙垂直高度（m）。

b. 锚固计算

坠落式崩塌（危岩）锚固计算模型如图2.3所示。

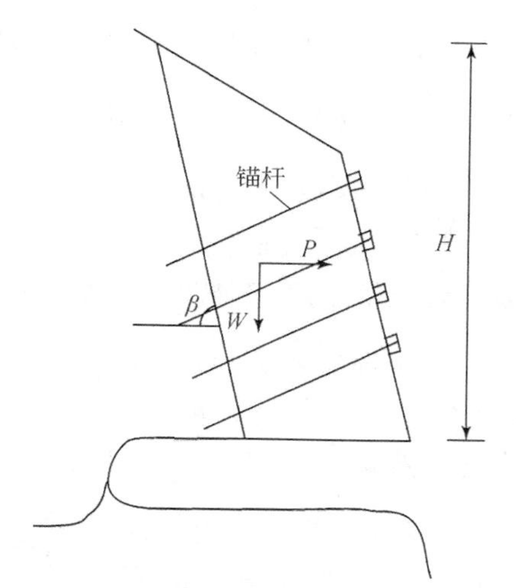

图2.3　坠落式崩塌（危岩）锚固计算模型

考虑“自重+孔隙水压力（天然状态）”工况时，其对锚杆的拔力按下式计算：

$$P_0=K_{\mathrm{s}}W\sin\beta-\left(W\cos\beta\tan\varphi+c\frac{H}{\sin\beta}\right) \tag{2.3}$$

考虑“自重+孔隙水压力（天然状态）+地震力”工况时，其对锚杆的拔力按下式计算：

$$P_0=K_{\mathrm{s}}(W\sin\beta+P\cos\beta)-\left[(W\cos\beta-P\sin\beta)\tan\varphi+c\frac{H}{\sin\beta}\right] \tag{2.4}$$

式中，P_0为崩塌（危岩）体对锚杆的拔力（kN/m）；K_{s}为安全系数；其他符号意义同前。

根据崩塌（危岩）体对锚杆的拔力可进行锚杆设计。

2）滑移式崩塌（危岩）加固工程设计计算

滑移式崩塌（危岩）在进行加固工程设计时，一般考虑“自重+孔隙水压力（天然状态）”工况、“自重+孔隙水压力（暴雨条件）”工况和“自重+孔隙水压力（天然状态）+

地震力”工况。

a. 稳定性计算

滑移式崩塌（危岩）稳定性计算模型如图 2.4 所示。

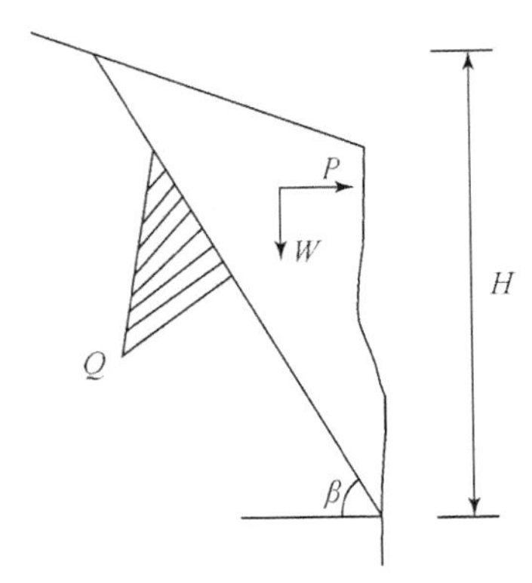

图 2.4　滑移式崩塌（危岩）稳定性计算模型

考虑“自重+孔隙水压力（天然状态）”工况时，其稳定性按下式计算：

$$K_f=\frac{(W\cos\beta-Q)\tan\varphi+c\dfrac{H}{\sin\beta}}{W\sin\beta} \tag{2.5}$$

考虑“自重+孔隙水压力（暴雨条件）”工况时，其稳定性按下式计算：

$$K_f=\frac{(W\cos\beta-Q)\tan\varphi+c\dfrac{H}{\sin\beta}}{W\sin\beta} \tag{2.6}$$

考虑“自重+孔隙水压力（天然状态）+地震力”工况时，其稳定性按下式计算：

$$K_f=\frac{(W\cos\beta-P\sin\beta-Q)\tan\varphi+c\dfrac{H}{\sin\beta}}{W\sin\beta+P\cos\beta} \tag{2.7}$$

式中，Q 为裂隙水压力（kN/m），裂隙充水高度在自然状态下取裂隙深度的 1/3，在暴雨时取裂隙深度的 2/3；其他符号意义同前。

b. 锚固计算

滑移式崩塌（危岩）锚固计算模型如图 2.5 所示。

考虑“自重+孔隙水压力（天然状态）”工况时，其对锚杆的拔力按下式计算：

$$P_0=K_s W\sin\beta-\left(W\cos\beta\tan\varphi+c\frac{H}{\sin\beta}\right) \tag{2.8}$$

考虑“自重+孔隙水压力（暴雨条件）”工况时，其对锚杆的拔力按下式计算：

$$P_0=K_s W\sin\beta-\left(W\cos\beta\tan\varphi+c\frac{H}{\sin\beta}\right) \tag{2.9}$$

考虑“自重+孔隙水压力（天然状态）+地震力”工况时，其对锚杆的拔力按下式计算：

$$P_0=K_s(W\sin\beta+P\cos\beta)-\left[(W\cos\beta-P\sin\beta)\tan\varphi+c\frac{H}{\sin\beta}\right] \tag{2.10}$$

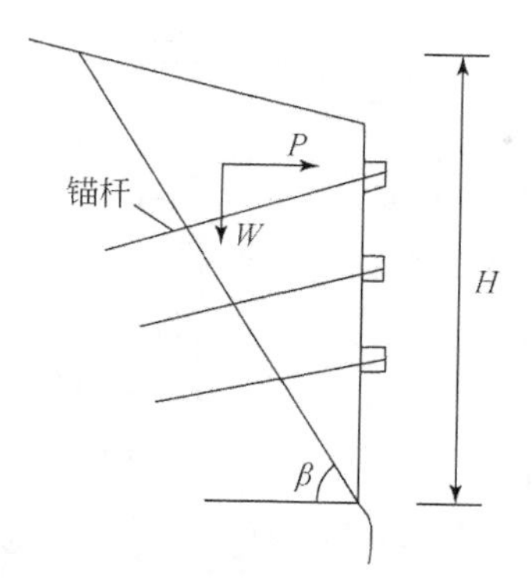

图2.5　滑移式崩塌（危岩）锚固计算模型

根据崩塌（危岩）体对锚杆的拔力可进行锚杆设计。

3）倾倒式崩塌（危岩）加固工程设计计算

倾倒式崩塌（危岩）在进行加固工程设计时，一般考虑“自重+孔隙水压力（暴雨条件）”工况和“自重+孔隙水压力（天然状态）+地震力”工况。

a. 稳定性计算

倾倒式崩塌（危岩）稳定性计算模型如图2.6所示。

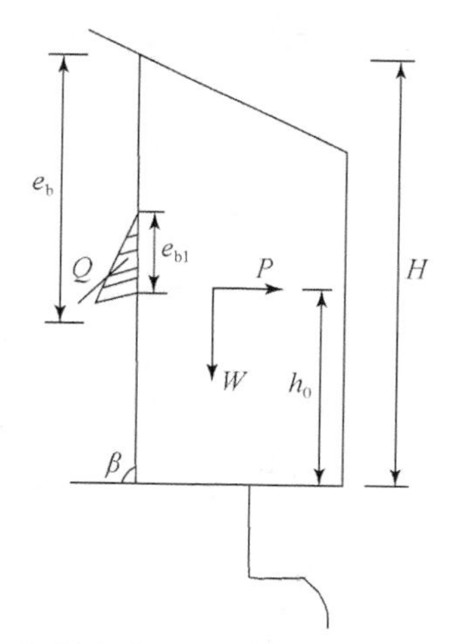

图2.6　倾倒式崩塌（危岩）稳定性计算模型

考虑“自重+孔隙水压力（暴雨条件）”工况时，当崩塌（危岩）体的重心位于倾覆点（取基座岩层中风化外缘点）外侧时，倾倒式崩塌（危岩）稳定性按下式计算：

$$K_f=\frac{\frac{1}{2}\left[\sigma_t\right]\frac{(H-e_b)^2}{\sin^2\beta}}{Wa_b+Q\left(\frac{1}{3}\frac{e_{b1}}{\sin\beta}+\frac{H-e_b}{\sin\beta}\right)} \tag{2.11}$$

考虑“自重+孔隙水压力（暴雨条件）”工况时，当崩塌（危岩）体的重心位于倾覆点内侧时，倾倒式崩塌（危岩）稳定性按下式计算：

$$K_{\mathrm{f}}=\frac{\frac{1}{2}\left[\sigma_{\mathrm{t}}\right]\frac{(H-e_{\mathrm{b}})^{2}}{\sin^{2}\beta}}{Q\left(\frac{1}{3}\frac{e_{\mathrm{b1}}}{\sin\beta}+\frac{H-e_{\mathrm{b}}}{\sin\beta}\right)} \tag{2.12}$$

考虑“自重+孔隙水压力（天然状态）+地震力”工况时，当崩塌（危岩）体的重心位于倾覆点外侧时，倾倒式崩塌（危岩）稳定性按下式计算：

$$K_{\mathrm{f}}=\frac{\frac{1}{2}\left[\sigma_{\mathrm{t}}\right]\frac{(H-e_{\mathrm{b}})^{2}}{\sin^{2}\beta}}{Wa_{\mathrm{b}}+Ph_{0}+Q\left(\frac{1}{3}\frac{e_{\mathrm{b1}}}{\sin\beta}+\frac{H-e_{\mathrm{b}}}{\sin\beta}\right)} \tag{2.13}$$

考虑“自重+孔隙水压力（天然状态）+地震力”工况时，当崩塌（危岩）体的重心位于倾覆点内侧时，倾倒式崩塌（危岩）稳定性按下式计算：

$$K_{\mathrm{f}}=\frac{\frac{1}{2}\left[\sigma_{\mathrm{t}}\right]\frac{(H-e_{\mathrm{b}})^{2}}{\sin^{2}\beta}}{Ph_{0}+Q\left(\frac{1}{3}\frac{e_{\mathrm{b1}}}{\sin\beta}+\frac{H-e_{\mathrm{b}}}{\sin\beta}\right)} \tag{2.14}$$

式中，e_{b} 为裂隙深度（m）；e_{b1} 为裂隙充水深度（m）；a_{b} 为崩塌（危岩）体重心作用点距倾覆点的水平距离（m）；h_0 为地震力距倾覆点的垂直距离（m）；$[\sigma_{\mathrm{t}}]$ 为崩塌（危岩）体抗拉强度（kPa），取岩石抗拉强度标准值的0.7倍；其他符号意义同前。

b. 锚固计算

倾倒式崩塌（危岩）锚固计算模型如图2.7所示，不考虑裂隙水压力。

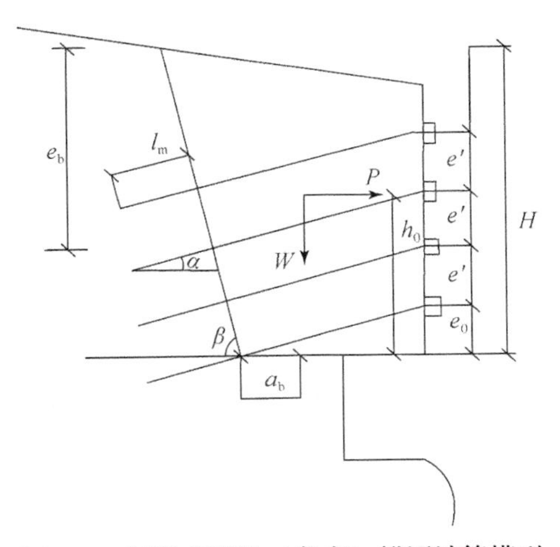

图2.7　倾倒式崩塌（危岩）锚固计算模型

考虑“自重+孔隙水压力（暴雨条件）”工况时，当崩塌（危岩）体的重心位于倾覆点外侧时，治理单位长度崩塌（危岩）体所需的锚杆数按下式计算：

$$n_0\geqslant\frac{\left(\frac{1}{2}e'-e_0\right)+\sqrt{2e'A+\left(e_0-\frac{1}{2}e'\right)^{2}}}{e'} \tag{2.15}$$

$$A=\frac{1.5W\times a_b-\frac{1}{2}\left[\sigma_t\right]\frac{(H-e_b)^2}{\sin^2\beta}}{\pi dl_m\tau_0\sin\left(\alpha+\beta\right)} \tag{2.16}$$

考虑“自重+孔隙水压力（暴雨条件）”工况时，当崩塌（危岩）体的重心位于倾覆点内侧时，如无裂隙水压力，则崩塌（危岩）体处于稳定状态。

考虑“自重+孔隙水压力（天然状态）+地震力”工况时，当崩塌（危岩）体的重心位于倾覆点外侧时，治理单位长度崩塌（危岩）体所需的锚杆数由式（2.15）计算得到，其中的参数A由下式计算：

$$A=\frac{\frac{3}{2}\left(Wa_b+Ph_0\right)-\frac{1}{2}\left[\sigma_t\right]\frac{(H-e_b)^2}{\sin^2\beta}}{\pi dl_m\tau_0\sin\left(\alpha+\beta\right)} \tag{2.17}$$

考虑“自重+孔隙水压力（天然状态）+地震力”工况时，当崩塌（危岩）体的重心位于倾覆点内侧时，治理单位长度崩塌（危岩）体所需的锚杆数由式（2.15）计算得到，其中的参数A由下式计算：

$$A=\frac{\frac{3}{2}Ph_0-Wa_b-\frac{1}{2}\left[\sigma_t\right]\frac{(H-e_b)^2}{\sin^2\beta}}{\pi dl_m\tau_0\sin\left(\alpha+\beta\right)} \tag{2.18}$$

式中，l_m为锚杆的锚固长度（m）；α为锚杆倾角（°）；d为锚杆直径（m）；τ_0为锚杆砂浆与围岩的黏结强度（kPa）；n_0为崩塌（危岩）体单位长度上所需的锚杆数（根）；e_0为倾覆点至最近一根锚杆的垂直距离（m）；e'为锚杆间距（m）；其他符号意义同前。

3. 加固工程施工注意事项

按设计图及相关规范进行。

2.3.3.6　支撑工程设计

1. 支撑工程布设

支撑工程包括支撑墙（柱）、支撑挡土墙、支护墙等，可参照表2.11进行布设。

表2.11　防崩塌支撑工程（据林宗元，1996，略修改）

类型	示意图	适用条件及说明
支撑墙（柱）	混凝土 浆砌片石	适用于支撑高陡山坡上的悬岩崩塌，设计时考虑可能崩落岩体的质量和支撑墙本身的质量对基础的压力，经常是地基承载力控制支撑墙的高度。支撑墙需与山坡密贴，在相当高度时，结合断面加横条，形成整体圬工，并用钢筋与山坡岩体锚固，以承担悬岩下坠时的水平推力，使墙身与山体构成一体，可增大支托能力，支撑墙结构及材料视具体情况而定

续表

类型	示意图	适用条件及说明
支撑挡土墙		适用于高陡边坡上部为较坚硬有危岩的节理岩体，下部是易坍塌的软质岩。支撑挡土墙通常由“墙 1”和“墙 2”组成。“墙 1”支撑上部危岩防止崩落；“墙 1”不仅支撑住“墙 2”，同时还挡住下部易风化坍塌的软岩，从而保证了边坡的稳定
支护墙		适用于上部有危岩，又不宜清除的风化严重的高陡边坡。支护墙的主要作用是防止边坡岩体继续风化，同时兼有对上部危岩的支撑作用。要求墙身必须和边坡岩体密贴

2. 支撑工程设计计算（检算）

目前，支撑工程设计多采用经验法近似计算。

崩塌（危岩）体支撑计算模型如图 2.8 所示。

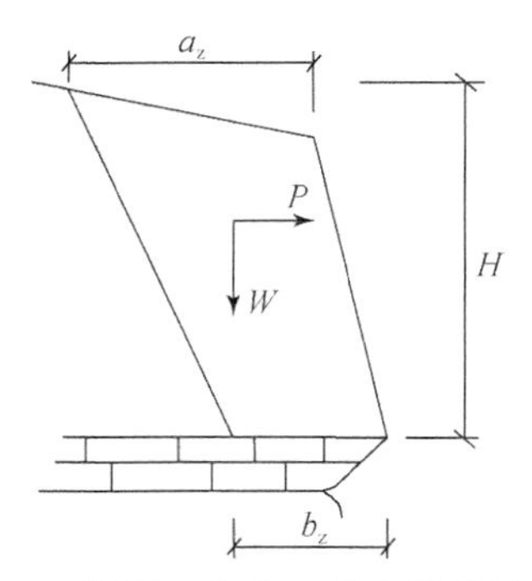

图 2.8　崩塌（危岩）体支撑计算模型

支撑体顶部的最大应力 $\sigma_{\max}$ 按下式计算：

$$\sigma_{\max}=\frac{W}{b_z}\left[1+\frac{2\xi\ (2a_z+b_z)\ H}{b_z\ (a_z+b_z)}\right] \tag{2.19}$$

支撑体强度应满足下式：

$$\frac{\sigma_{\max}}{[R_c]} \leqslant 1.3 \tag{2.20}$$

式中，a_z 为崩塌（危岩）体顶宽（m）；b_z 为崩塌（危岩）体底宽（m）；ξ 为水平地震系数；$[R_c]$ 为支撑体容许承载力（kPa），C15 混凝土取 7000kPa，C20 混凝土取 10500kPa。

3. 支撑工程施工注意事项

按设计图及相关规范进行。

2.3.3.7　遮挡工程设计

1. 遮挡工程布设

遮挡工程包括明洞、棚洞等，棚洞又可分为板式、悬臂式，可参照表 2.12 进行布设。

表 2.12　防崩塌遮挡建筑物（据林宗元，1996，略修改）

类型	示意图	适用条件及说明
拱形明洞		是一种广泛使用的明洞形式，它由拱圈和两侧边墙构成，其结构较坚固，可以抵抗较大的崩塌推力，适用于路堑、半路堑及隧道出口处不宜修隧道的情况。洞顶填土压力经拱圈传于两侧边墙，两侧边墙均需承受拱脚传来的水平推力、垂直压力和力矩。其中外边墙承受的压力更大，要求明洞外侧有良好的地基和较宽阔的地势，以便砌筑截面较大的外边墙。一般情况下，采用钢筋混凝土的拱圈和浆砌片石边墙。但在大型崩塌地段或山体压力较大处，拱圈和内外边墙宜采用钢筋混凝土
板式棚洞		板式棚洞由钢筋混凝土顶板和两侧边墙构成。顶部填土及山体侧压力全部由内边墙承受，外边墙只承受由顶板传来的垂直压力，故墙体较薄。适于地形较陡的半路堑地段。由于侧压力全部由内边墙承受，强度有限，故不适用于山体侧压力较大之处。它只能抵抗内边墙以上的中小型崩塌，通常使内边墙紧贴岩层砌筑，有时在内边墙和良好岩层之间加设锚固钢筋
悬臂式棚洞		结构类型与板式棚洞相似，只因外侧地形狭窄，没有可靠的基础支撑，故将顶板改为悬臂式。它的结构由悬臂顶板和内边墙组成，内边墙承担全部洞顶填土压力及全部侧压力，其应力较大。适用于外侧没有基础，内侧有稳固不产生侧压力的岩层。其优点是结构简单，施工方便，缺点是稳定性较差，不宜用来整治大型崩塌

2. 遮挡工程设计计算（检算）

目前，遮挡工程设计多采用经验法近似计算，目前尚不统一，不做细述。

3. 遮挡工程施工注意事项

按设计图及相关规范进行。

复习思考题

1. 崩塌与危岩体的概念与区别。
2. 崩塌的类型有哪些？
3. 崩塌的诱发因素有哪些？
4. 崩塌防治的主要工程措施有哪些？

第3章　滑坡灾害防治技术

3.1　滑坡灾害防治概述

在中国，很早就有“山崩堵江”“移山湮谷”“地移掩村”等记载，这里的“移山”“地移”指的就是滑坡，但滑坡的确切定义在国内外尚不统一。国外把斜坡岩土体顺坡而下的一切运动现象统称为滑坡；国内以铁路部门的定义为代表，即滑坡是一定自然条件下的斜坡，由于河流冲刷、人工切坡、地下水活动或地震等因素的影响，部分岩土体在重力作用下，沿一定的软弱面或带，发生的整体、缓慢、间歇或突变的、以水平位移为主的变形现象。

这一概念反映了滑坡的总体特征：①斜坡是滑坡形成的物质基础；②滑坡主要是在重力作用下发生的，同时需要一定的触发因素；③滑坡具有“整体性”，并依附一定的软弱面（带）活动；④滑坡运动速度快慢不等，水平位移大于垂直位移。

滑坡是广大山区常常发生的一种地质灾害，危害十分严重。我国几乎所有的山区和丘陵地区都有滑坡分布，但至今没有精确的数量统计。中国科学院成都山地灾害与环境研究所根据已掌握的资料估计全国滑坡总数约150万个，但主要集中在西南、西北、中南和华东地区。滑坡每年造成的经济损失为20亿~30亿元。

滑坡产生于特定环境，并具有其自身的发生、发展、演化乃至消亡的动态过程和规律。作为一种地质灾害，它与地震、泥石流、洪水等自然灾害一样，以中断交通、堵塞江河、压埋村庄和农田、摧毁厂矿等方式，给国家和人民生命财产、经济建设带来重大损失。例如，著名的川藏公路沿线有滑坡和泥石流200多处，每年雨季因滑坡和泥石流灾害常中断运输数月之久。其中四川省巴塘县内巴曲河沿岸在39km之内有9个滑坡，波戈溪滑坡集滑坡、崩塌、坍塌于一体，沿线路长500m，高差达800m，总体积约5000万m^3，成为安全运输的控制地段，治理投资为4000万元以上。1985年6月12日发生在湖北省秭归县长江北岸新滩镇的新滩滑坡，顺江宽700m，长1900m，高差847.5m，体积达3000万m^3，滑坡摧毁了457户居民的新滩镇，堵江达三分之一。因事前采取了监测预报，疏散了居民，未造成人员伤亡。1983年3月7日发生在甘肃省东乡县果园乡的洒勒山滑坡却造成了4个村庄毁灭，227人死亡。甘肃省天水锻压机床厂位于天水火车站西约1km的黄土梁下，1991年8月21日该地区下大暴雨，滑坡突然滑下，摧毁6个车间，造成7人死亡，7人失踪，所幸在滑坡前的大雨中部分职工回宿舍区排水离开了车间，否则将更为悲惨。滑坡造成经济损失2000多万元，最后被迫搬迁了部分车间。陕西省西安市曾对其市区和郊县滑坡进行过普查，仅黄土覆盖地区就有滑坡1100处，1950~1987年发生滑坡约423处，死亡248人，倒塌房屋和塌窟1100间（孔）。铜川市区有滑坡29处，1982年发生的川口滑坡是老黄土滑坡的复活，长800m，宽600m，面积达0.48km^2，滑体上新建的十几幢住宅楼惨遭破坏，429户职工被迫搬家，一座35kV的变电站被毁，造成4人伤亡，经济损失1000多万元。

鉴于此，滑坡灾害的防治具有明显的政治意义、经济意义和社会意义。可以说，防灾、减灾就是保证和促进国民经济的发展。

3.1.1 滑坡灾害分类

滑坡分类是滑坡研究的基础之一。从不同的目的出发，按不同的分类指标有不同的分类方案。

我国学者进行了大量工作，提出了多种单因素分类（表 3.1）。

表 3.1 滑坡分类

序号	分类指标	类型
1	滑体物质组成	土质滑坡
		岩质滑坡
2	滑体受力状态	牵引式滑坡
		推移式滑坡
3	发生时代	古滑坡（全新世以前发生滑动的滑坡，现今整体稳定）
		老滑坡（全新世以来发生滑动的滑坡，现今整体稳定）
		新滑坡（现今正在发生滑动的滑坡）
4	主滑面与层面关系	顺层滑坡
		切层滑坡
5	滑体体积 V（$10^4 m^3$）	小型滑坡（$V<10$）
		中型滑坡（$10\leqslant V<100$）
		大型滑坡（$100\leqslant V<1000$）
		特大型滑坡（$1000\leqslant V<10000$）
		巨型滑坡（$V\geqslant 10000$）
6	滑体含水状态	一般滑坡
		塑性滑坡
		塑流性滑坡
7	滑体厚度 H（m）	浅层滑坡（$H<6$）
		中层滑坡（$6\leqslant H<20$）
		深层滑坡（$20\leqslant H<50$）
		超深层滑坡（$H\geqslant 50$）
8	滑面出口位置	坡体滑坡
		坡基滑坡
9	滑动速度	缓慢滑坡
		间歇性滑坡
		崩塌性滑坡
		高速滑坡

在国际上，D. J. Varnes 曾综合部分学者的观点提出了一个斜坡移动（slope movements）的分类方案，这一分类在国际上获得了较广泛的认可。他首先按移动的形式将滑坡分成六大类：崩落、倾倒、滑动、侧向扩展、流动和复合型。再按移动前的物质种类将其分成岩石和工程土两大类，工程土又分为碎屑和土两种。其他分类不再赘述。

3.1.2 滑坡灾害形成条件

滑坡灾害的形成条件分析是滑坡防治的一个重要环节，应该重视，一定要从拟防治滑坡入手认真分析，找到答案，指导防治工作，不能千篇一律，照本宣科。下面仍然从经验总结入手讨论滑坡的形成条件（切记具体滑坡要具体分析）。

有利于斜坡破坏的内在因素，决定着其潜在的不稳定性，外因的作用将促进这种不稳定性的不断恶化，最终形成滑坡灾害。总结滑坡的形成条件可概括如表3.2所示。

表3.2 滑坡的形成条件（因素）

	内在条件（内因）	外在条件（外因）
滑坡形成条件	1. 地形地貌 2. 地层岩性 3. 地质结构构造 4. 地下水分布 5. 植被作用	1. 地表水（地面径流、河流、水库、湖泊等）作用 2. 地下水作用 3. 降水（融雪）作用 4. 地震作用 5. 人为作用：爆破作业和机械振动；切坡或加载；破坏植被；矿藏开采

3.1.2.1 滑坡形成的内在条件

1. 地形地貌条件

统计表明，滑坡主要发生在20°~45°的山坡上，大于45°的山坡多崩塌而少滑坡，缓于20°的滑坡也很少。在河谷两岸，峡谷区（图3.1）多崩塌而少滑坡，宽谷区（图3.2）则多滑坡而少或无崩塌，滑坡更多发生于宽谷与峡谷的交界部位且多出现在河流的冲刷岸（凹岸）。

2. 地层岩性条件

自然界斜坡由不同时代的地层组成，地层产状不同、岩性强度差异、坡体结构不一等决定着斜坡的稳定性。通常含有易滑坡地层（表3.3）、不利结构面（层面、节理面、片理面、接触面、断层面、不整合面、老地面等）发育（倾向与坡面一致）的斜坡容易发生滑坡。

图 3. 1　峡谷区

图 3. 2　宽谷区

表 3. 3　我国易滑坡地层汇总表

滑坡类型		岩土组合类型	滑面特征	分布地区
土质滑坡	堆积土滑坡	崩积、坡积、洪积、冰碛、残积及部分冲积物	堆积层面、基岩顶面	河谷缓坡地带
	黄土滑坡	各种黄土，含钙质结核，古土壤和砂砾层	同生面、不同黄土界面、基岩顶面	黄河中上游地区北方诸省
	黏性土滑坡	裂隙黏土、灰色黏土、红土、下蜀土	同生面、基岩顶面	长江流域及以南地区、山西省地区
	堆填土滑坡	各种人工堆弃、堆填土（石）	同生面、老地面、不同堆填界面	交通、水利、工矿场地
半成岩地层滑坡	昔格达组滑坡	昔格达组粉砂岩、黏土岩	顺层面、基岩顶面	四川省西南部
	共和组滑坡	共和组粉砂岩、黏土岩	顺层面、切层面	青海省
岩质滑坡	砂、页、泥岩滑坡	砂岩、页岩、泥岩互层	顺层面、切层面	各地区
	碳酸盐岩滑坡	石灰岩、大理岩夹页岩、泥灰岩地层	顺层面	各地区
	煤系地层滑坡	砂页岩夹煤层、碳酸盐岩夹煤层	顺层面	各地区
	变质岩类滑坡	千枚岩、片岩、片麻岩、板岩等	片理面、构造面、风化界面	各地区
	火山岩类滑坡	玄武岩、流纹岩、凝灰岩等	构造面、层面、风化界面	各地区
	混合岩类滑坡	各种混合岩	构造面	混合岩类分布区
	破碎岩滑坡	构造破碎岩	构造面	构造破碎带

3. 地质构造条件

除了岩性、结构和坡体结构条件外，构造也是形成滑坡的重要条件。从大的方面看，我国从东到西两级大陆斜坡地带是滑坡发育密集带，在大断层通过的河谷地带，如宝天铁路和 310 国道沿渭河大断裂一线，滑坡十分发育；从小的方面看，构造造成的岩体结构破碎、节理和裂隙发育、小断层活动等，对部分滑坡的滑动面起控制作用。地质构造对山体稳定性的影响可从以下几方面分析。

（1）构造运动作用形成的高山、低谷，为滑坡发育提供了良好的临空条件。

（2）构造运动造成地质体中出现众多的软弱结构面——断裂、节理、裂理、不整合面（风化剥蚀面）等。新构造运动又改造着这些软弱结构面、地质构造面的产状，同时，这些面常有较高的黏粒含量，易积水，使斜坡潜藏着不稳定性。

（3）这些软弱结构面、地质构造面限制、控制了滑坡滑动面的空间位置及滑坡范围。

（4）从某种意义上讲，富水区，滑坡多；贫水区，滑坡少，而地质构造常常决定着滑坡区地下水类型、分布和运动规律。

4. 植被作用

国内外学者对植被在斜坡稳定性中的作用进行过大量的研究和探索。如 Greenway 研究了植被对边坡稳定性的影响，并指出只有小雨时，植被对降水的阻拦率才很大，有时阻拦率高达 100%。

干旱、半干旱地区黄土斜坡的调查资料显示，植被对黄土斜坡稳定的作用是显著的，多数滑坡发生于植被覆盖度较低的区域：

（1）植被的繁衍，改变了地表层新近堆积黄土的结构构造，使地表一定深度内的松散黄土成为具有一定强度的持力层。

（2）减少水土流失及雨水下渗，有效阻止了降雨对坡体内地下水的补给。

（3）增强蒸发，有利于坡体中、深层位干燥，保持其固有强度。

（4）根劈作用对松散黄土的影响是微小的，并能有效消除黄土坡体表面裂缝和结构孔隙。

植树造林在黄土地区是一种有效的控制水土流失、稳沟固坡的措施，但其在滑坡治理方面的效果，还需要进一步的研究。

3.1.2.2　滑坡形成的外在条件

1. 水的作用

水对天然斜坡的不利作用主要包括地表水下渗、地下水水位上升、河流侧蚀、水库（湖泊）浪蚀、降水（融雪）下渗等。

1）地表水作用

地表水体包括地面径流、河流、水库、湖泊等。

地面径流的作用主要表现在对坡面的冲刷，对坡脚、天沟和侧沟的侵蚀和冲刷，渗入坡体中引起土体重量增加和强度降低，渗入节理、裂隙产生静水压力，促进冲沟、陷穴、落水洞的发展等，不利于斜（边）坡稳定。

河流作用主要表现在两个方面：一是侧蚀岸坡，使其增高变陡，坡体内部软弱面暴露，坡体因前部物质被河水冲走而失去支撑，增加了斜坡的不稳定性；二是河流平水期和洪水期水位的变化，改变了地下水的排泄、补给条件，改变了坡体内的水力梯度，形成很大的动水压力，使斜坡向不稳定方向发展。

水库、湖泊的作用类似，也有两个方面的表现：一是库（湖）水拍岸时浪的掏蚀，改变坡脚的天然状况，改变坡体应力，在坡体应力重分布调整时，增加了斜坡的不稳定性；二是库（湖）水潮汐作用，改变坡体地下水水位，增大动水压力，使斜坡稳定性降低。

2）地下水作用

地下水常分布在斜坡土体、砾卵石层或岩层中。天然状态下，地下水路畅通，有其稳定的排泄条件，对斜坡稳定性影响不大，但当局部条件发生变化时，地下水位、流量、流向等亦随之变化，对斜坡稳定性将产生不利影响。地下水在促使滑坡发生方面表现为以下几点。

（1）浸润坡体内软弱结构面，使其抗剪强度显著降低，实践证明，当黏土含水量增加至35%时，抗剪强度会降低60%以上，泥岩或页岩饱水时的抗剪强度比天然状态下的抗剪强度降低30%～40%。

（2）富集于隔水层顶部，对上覆岩土体产生浮托力，降低抗滑力。

（3）溶解土体中易溶物质，改变土、石成分，降低其结构强度。

（4）赋存于坡体节理、裂隙及隔水层处，产生静、动水压力，增大下滑力。

3）降水（融雪）作用

降水作用主要指异常降水，异常降水包括暴雨和长历时降雨。降水作用对斜坡稳定性的影响归纳为以下几点。

（1）降水沿节理、裂缝下渗，或充填裂缝，增加坡体内的静、动水压力。

（2）降水渗至隔水层并富集，产生浮托力。

（3）降水停留坡体孔隙中，形成孔隙水压力。

（4）软化斜坡土体，降低土体强度。

（5）降水使坡体含水量升高，导致坡体自重增加，增大滑坡下滑分力。

融雪作用与降水作用对山坡不稳定性的影响类似，只是其形成、作用过程不同，且具有明显的时间性。

2. 地震作用

地震在我国中西部地区表现强烈，中小地震几乎年年发生。地震会造成大量滑坡，且其数量有由高烈度区向低烈度区逐渐减少的特点。

地震作用对斜坡的破坏影响主要表现在以下几点。

（1）直接破坏岩土结构，降低岩土体内颗粒之间的固有联结力。

（2）引起坡体中粉细砂层、饱和砂土层液化，发生流动。

（3）增加坡体下滑动力。

3. 人为作用

目前，人类为修建住房、道路、水库、工厂、矿山，以及进行农田灌溉等，正在日益不断地改造着自然斜坡，使其失去其原有的稳定状态，发生滑坡。据统计，自1950年以来，甘肃省因人为不合理活动产生的环境地质灾害，已造成万余人丧生，直接经济损失达25亿元，仅滑坡灾害就发生2000余次，死亡100多人，直接经济损失数亿元。

人为作用主要包括农业灌溉、修建水库、爆破和机械振动、切坡、加载、破坏植被和矿藏开采等。

3.2　滑坡灾害防治措施

长期以来，人类在与滑坡灾害进行斗争的过程中，针对不同类型滑坡的成因、特点，总结出了许多防治措施，对预防滑坡灾害、根除滑坡灾害起到了巨大作用，对保护人类的生态环境及人类的工程建设具有重要社会意义、经济意义和现实意义。

滑坡防治措施包括“防”和“治”两个方面的内容。所谓“防”是指对已判明，但尚未剧滑的滑坡采取一定措施，减轻或消除灾害损失的一种方法；而“治”则是指对已判明，但尚未滑动（或已处于变形中）的滑坡采取治理措施，避免灾害发生、造成损失的一种方法。虽然两者的目的一致，但也存在着本质上的区别，其表现在：①前者主动，后者被动；②前者方法简单，后者方法复杂；③前者费用低，后者费用高；④前者目的在于“防”，力争减轻灾害损失，后者目的在于“治”，力求消除灾害损失。

3.2.1　预防措施及其适用性分析

“防治滑坡，防优于治。”在工程实施的初期阶段（勘察、可行性研究阶段），认真做好地质工作，判明滑坡的存在，采取必要的预防措施，常可防患于未然，且有事半功倍的效果。

预防滑坡灾害的主要目的是以绕避已有的大型滑坡、不在老滑坡前缘挖方、不在滑坡主滑和牵引段填方，以及在老滑坡区排水、防已滑动滑坡的大滑致灾、防易滑地层发生滑坡等手段来防止滑坡形成巨大灾害。

预防措施的适用条件是：①已判明是滑坡，但滑坡性质不详；②滑坡位置不很重要，即使剧滑，造成损失不大；③整治费用昂贵，暂时无能力根治；④采取简单措施，即可使其稳定。目前常采用的方法主要有绕避、监测预报、清除滑体、排水等（表3.4）。

表3.4　滑坡预防措施简表

预防措施		适用范围	作用
绕避	改移线路 隧道穿山 旱桥通过	危害线状工程的滑坡	避免灾害
	移地而建	危害点状工程的滑坡	
监测预报	裂缝监测 地表位移监测 地下位移监测 地下水位检测	各类滑坡	减轻灾害损失
清除滑体	按稳定坡率削坡	山坡低矮的小型滑坡	消除灾害

续表

预防措施			适用范围	作用
排水	地表排水	截水沟、排水沟、自然沟铺砌、防渗等	各类滑坡	切断致灾条件
	地下排水	平孔、垂直钻孔群、盲沟、盲洞等		

有以下几点需要说明。

(1) 绕避措施方案应和治理滑坡方案比较。

(2) 监测预报措施除了具有减灾作用外，还有如下作用：①滑坡发生前，可帮助推断滑坡性质，为滑坡防治提供基础资料，推测滑坡致灾时间和范围；②滑坡变形活动中，可通过多种监测手段和已有的数学模型，判明滑坡性质，预测滑坡时间和致灾范围；③滑坡工程治理中，可有效分析滑坡活动状态，避免施工人员和机具受到威胁；④滑坡工程竣工后，可判断抗滑工程受力状态、稳定状态，检验抗滑工程效果；⑤滑坡发生后，可监测其相邻坡体及后部坡体的稳定度，以决定对滑坡体的处置等。

(3) 清除滑体措施只能用于滑动方量不大且按稳定坡率从上而下削坡不会造成变形范围扩大的小型滑坡。

(4) 排水可用于所有滑坡，可简可繁，根据需要而定。

3.2.2 治理措施及其适用性分析

治理措施是整治滑坡灾害的最终手段，以根除滑坡灾害为目的。其一般适用条件是：①已判明是滑坡，滑坡性质清楚；②滑坡位置很重要，如果剧滑致灾，损失巨大；③采取预防或简单工程措施难以消除其危害；④难以避免，必须根治。

治理滑坡的主旨是综合治理，滑坡治理措施简表（表3.5）中涵盖了目前国内外治理滑坡的主要方法（措施），包括：①改变斜坡几何形态；②排水；③支挡结构物；④斜坡内部加固。这些方法的综合使用，可有效控制滑坡灾害，避免灾害损失。

1. *改变滑坡几何形态*

主要是削减推动滑坡产生区的物质和增加阻止滑坡产生区的物质，即所谓的“砍头压脚”，通过对滑坡前部加载（压脚），以增加抗滑力；对滑坡后部（主滑段和牵引段）削坡减重（砍头），以减少下滑力，达到稳定滑坡目的。

该方法简单易行，在滑坡治理中曾收到成效，如鹰厦线K375、K435滑坡削坡减载，结合支挡，取得成效；内蒙古自治区准格尔煤矿滑坡采用坡脚反压工程，稳定了滑坡。但有些滑坡由于削坡、反压不当，不仅不能根治滑坡，而且可能使灾害加重，如漳龙线K35滑坡，削坡未见效，后修建明洞处理；鹰厦线K365、K367滑坡削坡减重不仅没有见效，反而促使滑坡体向上发展，范围扩大。

表3.5　滑坡治理措施简表

滑坡治理措施
1. 改变斜坡几何形态
1.1 削减推动滑坡产生区的物质（或以轻材料置换）
1.2 增加维持滑坡稳定区的物质（反压护道或填土）
1.3 减缓斜坡总坡度
2. 排水
2.1 地表排水：将水引出滑动区之外（集水明沟或管道）
2.2 充填有自由排水土工材料（粗粒填料或土工聚合物）的浅或深排水暗沟
2.3 粗颗粒材料构筑成的支撑护坡墙（水文效果）
2.4 垂直（小口径）钻孔抽取地下水或自由排水
2.5 垂直（大口径）钻孔重力排水
2.6 近水平或近垂直的排水钻孔
2.7 隧道、廊道或坑道排水
2.8 真空排水
2.9 虹吸排水
2.10 电渗析排水
2.11 种植植被（蒸腾排水效果）
3. 支挡结构物
3.1 重力式挡土墙
3.2 木笼块石墙
3.3 鼠笼墙（钢丝笼内充以卵石）
3.4 被动桩、墩、沉井
3.5 原地浇筑混凝土连续墙
3.6 有聚合物或金属条或板片等加筋材料的挡土墙（加筋土挡墙）
3.7 粗颗粒材料构筑成的支撑护坡墙（力学效果）
3.8 岩石坡面防护网
3.9 崩塌落石阻滞或拦截系统（拦截落石的沟槽、堤、栅栏或钢绳网）
3.10 预防侵蚀的石块或混凝土块体
4. 斜坡内部加固
4.1 岩石锚固
4.2 微桩
4.3 土锚钉
4.4 锚索（有或无预应力）
4.5 灌浆
4.6 块石桩或石灰桩或水泥桩
4.7 热处理
4.8 冻结
4.9 电渗锚固
4.10 种植植被（根强的力学效果）

鉴于此，该方法的使用，宜遵循具体问题具体分析的原则，概括为以下几点。

（1）宜用于中小型滑坡的治理，据日本的经验，认为此法能增加的坡体安全系数不大，在5%～10%。因此，对中大型滑坡宜仅作为辅助工程。

（2）对推动式滑坡，可采用削坡措施，反压高度难以控制；对牵引式滑坡，宜采用反压，清方位置难定，可能造成“挖脚”，而扩大滑坡范围。

（3）对范围不定、性质不明的滑坡，切勿使用此法。

（4）削坡宜选用合适的坡率（参考极限坡率），在主滑段及其上部，由上而下进行；反压应明确抗滑段位置，有针对性进行，无抗滑段滑坡可在滑坡前缘外反压。

（5）建议此法与其他工程措施联合使用。

2. 排水措施

水在滑坡灾害中的不利影响，已是不争的事实，故有“无水不滑”的说法。

滑坡排水措施包括将地表水引出滑动区外的地表排水和降低地下水位的地下排水。

地表排水工程以其技术上简单易行且加固效果好、造价低等优势应用极广，几乎所有滑坡整治工程都包括地表排水工程。如果运用得当，仅地表排水沟工程即可抑制滑坡。1982 年发生于四川省云阳县的鸡扒子滑坡就是通过 1984 年实施地表排水沟整治工程后，迄今一直保持稳定的典型实例。另外，据调查，近期黄土地区新建公路沿线高边坡上方多布置有地表排水工程，可见地表排水工程的作用已得到广泛认可。

因为地下水排水工程能大幅度降低孔隙水压力，增加有效正应力，从而提高抗滑力，且加固效果好、工程造价低，所以应用也很广泛。尤其是大型滑坡的整治，深部大规模的排水往往是首选的整治措施。

排水措施与改变斜坡几何形态联合可以获得更好的整治效果。焦枝线锋王村滑坡采用了坡脚填土压脚与引水盲沟相结合，并辅助地表排水系统的治理措施，用很少的投资稳定了滑坡。

3. 支挡结构物

当改变斜坡几何形态和排水措施不能保证滑坡稳定时，常采用支挡结构物，如抗滑挡墙（重力式挡墙、锚杆挡墙等）、被动桩、墩、沉井，或斜坡内部加强措施，如锚钉、锚索、抗滑键、支撑盲沟等，来防止或控制斜坡岩土体运动。如果设计恰当，这类措施可用于大多数滑坡的治理。一般应遵循如下原则和方法：①支挡结构物应依据地形条件，布置在滑坡的中前部；②根据滑坡特征、推力大小等选择支挡结构物型式；③对于简单的中小型滑坡，可设置于滑坡前缘；④对于中下部有稳定岩层锁口的滑坡，可将其设置于锁口处；⑤如滑坡出口在坡面的较高处，可视地基情况设置明洞或其他锚固措施，如锚索、框架锚索等；⑥对大型、复杂滑坡，可根据实际情况，设置一级或多级支挡结构物；⑦支挡结构物的基础必须置于滑面以下一定深度；⑧支挡结构物的布置应视滑体地质条件、推力变化，选择多个断面，设计不同截面。

4. 斜坡内部加固

斜坡内部加固包括坡面、坡脚加固和滑带土（软弱层带）加固两个方面。

1）坡面、坡脚加固

对人类工程所影响的坡体，采用必要的坡面、坡脚加固措施，常常能起到事半功倍的效果，这与滑坡治理中“治小、治早”的原则相吻合。目前依据不同的地质条件常用的方法是系统锚杆、素喷、锚喷、锚杆格子梁等工程措施，取得了一定的实效。

这些措施的设计和使用，尚没有统一的规范和标准，多根据经验据现场情况决定。

2）滑带土加固

滑带土加固是用不同方法改变滑带土，提高其强度，增加阻滑力。在一些小型滑坡上曾试用过灌水泥浆、打砂桩、旋喷桩、焙烧法、电渗排水法、硅化法、沥青法等方法，但时效性还难以定论，故目前应用还不多。

3.3　滑坡防治工程设计

3.3.1　设计原则

（1）与社会、经济和环境发展相适应，与市政规划、环境保护、土地利用相结合的原则。滑坡防治是为人类社会和谐发展服务的，必须与社会、经济相适应。

（2）安全可靠、经济合理、美观适用、综合治理的原则。该原则应包括两方面的内容，一是根据滑坡特点，采用抗滑、排水等多种综合手段，确保治理工程有效，根治滑坡灾害；二是综合考虑当地实际，使滑坡治理工程不仅不对其他设施产生影响，而且保证治理工程不影响环境的美观，最好进行美化设计、美化施工。

（3）一次根治，不留后患的原则。许多滑坡的地理位置很重要、社会影响很大，需要对其进行治理，并应遵循该原则，保证勘察准确，确保设计安全，杜绝工程隐患。

（4）全面规划，分期治理的原则。对大型复杂滑坡，由于其性质一时难以查清，治理投资巨大，一次根治往往非常困难，可结合勘察，进行全面规划，在不至于造成灾难性结果的前提下，进行分期治理，确保滑坡的安全稳定。

（5）动态设计、信息化施工原则。滑坡勘察常因滑坡自身的复杂性而难以达到准确无误的目的，并为设计的精确性带来困难，因此有必要遵循该原则，根据施工开挖情况，发现与勘察不符时，及时修改设计，保证设计的准确性，达到根治滑坡的目的。

3.3.2　设计依据与设计标准

设计依据主要包括三个方面：政策法规依据、技术规范依据和其他依据。

政策法规依据主要包括：

（1）《地质灾害防治条例》（国务院令第394号，2003年11月24日）；

（2）《国土资源部关于加强地质灾害危险性评估工作的通知》（国土资发〔2004〕69号）；

（3）《建设用地审查报批管理办法》（国土资源部令第69号，2016年11月29日）；

（4）各类国家、地方法律、法规文件。

技术规范依据主要包括：

（1）《地质灾害危险性评估规范》（DZ/T 0286—2015）；

（2）《岩土工程勘察规范》（2009年版）（GB 50021—2001）；

(3)《地质灾害防治工程勘查规范》(DB 50/T 143—2018);
(4)《建筑边坡支护技术规范》(DB 50/5018—2001);
(5)《崩塌、滑坡、泥石流监测规范》(DZ/T 0221—2006);
(6)《地质灾害防治工程监理规范》(DZ/T 0222—2006);
(7)《滑坡防治工程设计与施工技术规范》(DZ/T 0219—2006);
(8)《岩土锚杆与喷射混凝土支护工程技术规范》(GB 50086—2015);
(9)《混凝土结构设计规范》(2015 年版)(GB 50010—2010);
(10)《岩土工程勘察设计手册》;
(11)《建筑桩基技术规范》(JGJ 94—2008);
(12)《建筑地基基础设计规范》(GB 50007—2011);
(13)《滑坡防治工程勘查规范》(DZ/T 0218—2006);
(14)《建筑边坡工程技术规范》(GB 50330—2013);
(15)《岩土锚杆(索)技术规程》(CECS 22:2005);
(16)《建筑结构荷载规范》(GB 50009—2012);
(17)《建筑抗震设计规范》(2016 年版)(GB 50011—2010);
(18)《中国地震动参数区划图》(GB 18306—2015);
(19)各类行业、地区技术要求、标准文件。

其他依据主要包括:
(1)建设项目批复文件;
(2)滑坡灾害防治可行性研究、勘查、设计、施工的合同书、委托书;
(3)滑坡灾害防治可行性研究、勘查、设计、施工的分阶段审查、验收文件;
(4)已有区域地质、水文地质、工程地质成果资料。

设计标准是表示所设计治理工程安全性的重要指标,它明确了设计工程的寿命,提示了治理工程的有效期,揭示了当前灾害治理的技术水平,并以法律的形式保护设计技术人员。设计标准的确定需要遵循以下两个原则:①有理有据的原则,即所确定的设计标准数据(如安全系数、设防标准等)必须能够在相关规范或有效批文上找到;②与防治工程等级一致的原则,根据防治工程等级,精心计算,反复验算,确保治理工程寿命期内正常、安全运行。

具体设计标准针对不同的工程形式会有一定差别。例如,对抗滑挡墙,其设计标准是安全系数;而对排水工程,其设计标准是降雨强度出现年限,如 10 年一遇、50 年一遇等,可参照相关规范按照防治工程等级具体确定。

3.3.3　主要工程设计与施工

下面对滑坡灾害常见的防治工程(地表排水工程、地下排水工程、抗滑挡墙工程、抗滑桩工程)设计与施工注意事项进行叙述。

3.3.3.1　地表排水工程设计

地表排水工程包括截水沟、排水沟、自然边沟铺砌、急流槽和跌水等。

1. 地表排水工程布设

对于滑坡体，地表排水工程一般由外围截水沟和地表排水沟组成。外围截水沟应设置在滑坡体后缘，远离周界裂缝5m以外的稳定斜坡坡面上，依地形而定，多呈环形；地表排水沟设置在滑坡体上，依地形而定，平面上多呈人字形。地表排水沟与外围截水沟相连通或不连通均可。

外围截水沟和地表排水沟均要与坡脚边沟连接，使截、排的地表水汇入自然边沟后流出滑坡区。

2. 地表排水工程设计计算（检算）

1）排水沟（管）流量确定

可根据中国水利水电科学研究院提出的小汇水面积设计流量公式计算，计算公式为

$$Q_p=0.278\Phi SF/T^n \tag{3.1}$$

式中，Q_p为设计频率地表水汇流量（m^3/s）；Φ为径流系数；S为设计降雨强度（mm/h）；F为汇水面积（km^2）；T为流域汇流时间（h）；n为降雨强度衰减系数。

当缺乏必要的流域资料时，可按交通运输部公路科学研究院提出的经验公式计算，即：

当$F\geqslant 3km^2$时，

$$Q_p=\Phi SF^{2/3} \tag{3.2}$$

当$F<3km^2$时，

$$Q_p=\Phi SF \tag{3.3}$$

具体参数选取方法如下。

（1）设计降雨强度（S）的计算公式及方法可参见《公路排水设计规范》（JTG/T D33—2012）。

（2）汇水面积（F）由等高线确定。对于已治理过的滑坡，必须考虑以前治理方法对汇水面积的影响。例如，在上游已设置截水沟，则由于截水沟的作用，汇水面积增大，因此设计排水系统时，应按增大了的汇水面积考虑。

（3）径流系数（Φ）为径流量与总降水量的比值，可按汇水范围内的地表种类由表3.6确定。当汇水范围内有多个地表种类时，应按各个地表种类的面积加权平均径流系数取值。

表3.6　径流系数（Φ）经验数值一览表

地表种类	径流系数（Φ）	地表种类	径流系数（Φ）
沥青混凝土地面	0.95	陡峻的山地	0.75～0.90
水泥混凝土地面	0.90	起伏的山地	0.60～0.80
透水性沥青地面	0.60～0.80	起伏的草地	0.40～0.65
粒斜路面	0.40～0.60	平坦的耕地	0.45～0.60
粗粒土坡面和路肩	0.10～0.30	落叶林地	0.35～0.60
细粒土坡面和路肩	0.40～0.65	针叶林地	0.25～0.50
硬质岩石坡面	0.70～0.85	水田、水面	0.70～0.80
软质岩石坡面	0.50～0.75	—	—

2）排水沟（管）水力学计算

排水沟（管）的水力学计算的目的是根据设计径流量，确定沟（管）的断面尺寸，并复核其流速是否满足允许值。

排水沟（管）水力半径计算公式为

$$R=\omega/X \tag{3.4}$$

式中，R 为水力半径（m）；ω 为过水断面面积（m^2）；X 为过水断面中水与沟（管）相接触部分的周长（m）。

常用排水沟（管）水力半径和过水断面面积按表 3.7 确定。

表 3.7　排水沟（管）水力半径和过水断面面积计算汇总表

断面形状	断面图	过水面积（ω）	水力半径（R）
矩形	h, b	$\omega=bh$	$R=\frac{bh}{b+2h}$
三角形	h, l, m, b	$\omega=0.5bh$	$R=\frac{0.5b}{1+\sqrt{1+m^2}}$
三角形	h, l, m_1, l, m_2, b	$\omega=0.5bh$	$R=\frac{0.5b}{\sqrt{1+m_1^2}+\sqrt{1+m_2^2}}$
梯形	b_2, h, l, m_1, l, m_2, b_1	$\omega=0.5(b_1+b_2)h$	$R=\frac{0.5b}{\sqrt{1+m_1^2}+\sqrt{1+m_2^2}}$
圆形	d	$\omega=\pi d^2$	$R=\frac{d}{4}$
半圆形	d	$\omega=\frac{\pi d^2}{2}$	$R=\frac{d}{4}$

排水沟（管）泄水能力计算公式为

$$Q_x=v\omega \tag{3.5}$$

式中，Q_x 为设计的泄水能力（m^3/s）；v 为平均流速（m/s）。

式（3.5）中的平均流速（v）可按曼宁公式确定：

$$v=(R^{0.67}I^{0.5})/n_c \tag{3.6}$$

式中，I 为排水沟（管）坡降（‰）；n_c 为排水沟（管）壁的糙率，可按表 3.8 取值。

表3.8　排水沟（管）壁的糙率（n_c）经验值

排水沟（管）类别	糙率（n_c）	排水沟（管）类别	糙率（n_c）
塑料管	0.010	土质明沟	0.022
石棉水泥管	0.012	带杂草土质明沟	0.027
混凝土管	0.013	砂砾质明沟	0.025
陶土管	0.013	岩石质明沟	0.035
铸铁管	0.015	植草皮明沟（流速0.6m/s）	0.035～0.050
波纹管	0.027	植草皮明沟（流速1.8m/s）	0.050～0.090
沥青路面（光滑）	0.013	浆砌片石明沟	0.025
沥青路面（粗糙）	0.016	干砌片石明沟	0.032
混凝土路面（镘抹面）	0.014	混凝土明沟（镘抹面）	0.015
混凝土路面（拉毛）	0.016	混凝土明沟（拉毛）	0.012

浅三角开沟泄水能力修正计算公式：

$$Q_x = 0.337\ (H^{2.67} I_s^{0.5})\ / i_s \tag{3.7}$$

式中，i_s 为浅三角开沟的横向坡降（‰）；I_s 为浅三角开沟的纵向坡降（‰）；H 为水深（m）。

3）排水沟（管）的允许流速

《公路排水设计规范》（JTG/T D33—2012）对排水沟（管）的允许流速作出下列规定。

（1）明沟的最小允许流速为0.4m/s，暗沟和管的最小允许流速为0.75m/s。

（2）管的最大允许流速：金属管为10m/s；非金属管为5m/s。

（3）明沟的最大允许流速：在水深为0.4～1.0m时，按表3.9取用；其余按表3.9所列数值乘以表3.10中相应的修正系数。

表3.9　明沟的最大允许流速规定值

明沟类别	最大允许流速/(m/s)	明沟类别	最大允许流速/(m/s)	明沟类别	最大允许流速/(m/s)
亚砂土	0.8	草皮护面	1.6	水泥混凝土	4.0
亚黏土	1.0	干砌片石	2.0	—	—
黏土	1.2	浆砌片石	3.0	—	—

表3.10　明沟的最大允许流速修正系数

水深（H）/m	$H \leqslant 0.4$	$0.4 < H \leqslant 1.0$	$1.0 < H < 2.0$	$H \geqslant 2.0$
修正系数	0.85	1.00	1.25	1.40

3. 地表排水工程施工注意事项

（1）地表排水工程施工前应该按设计图纸准确放线，如果滑坡活动范围发展，应通知设计单位变更设计。

（2）截、排水沟宜用浆砌片石或块石砌成，当地质条件较差时，如坡体松软段，可用毛石混凝土或素混凝土修建，砂浆的标号宜用 M7.5 ~ M10。对坚硬块石或片石砌筑的排水沟，可用比砌筑砂浆高 1 级标号的砂浆进行勾缝。毛石混凝土或素混凝土标号宜用 C15。

（3）陡坡和缓坡段沟底及边墙应设伸缩缝，伸缩缝间距为 10 ~ 15m。

（4）当截、排水沟断面变化时，应采用渐变段衔接，其长度可取水面宽度之差的 5 ~ 20 倍。当截、排水沟通过裂缝时，应设置叠瓦式沟槽，可用土工合成材料或钢筋混凝土预制板制成。

（5）截、排水沟进出口平面布置宜采用喇叭口或八字形导流翼墙，导流翼墙长度可取设计水深的 3 ~ 4 倍。

（6）截、排水沟的安全超高不宜小于 0.4m。对于弯曲段的凹岸，应考虑水位壅高的影响。

（7）设计截、排水沟的纵坡，应根据沟线、地形、地质以及与山洪沟连接条件等因素确定。当自然纵坡大于 1∶20 或局部高差较大时，可设置陡坡或跌水。陡坡或跌水进出口段应设导流翼墙，与上、下游沟渠护壁连接。梯形断面沟道多做成渐变收缩扭曲面；矩形断面沟道多做成八字形。

（8）陡坡和缓坡连接剖面曲线应根据水力学计算确定，陡坡或跌水段下游应采用消能和防冲措施。当跌水高差在 5m 以内时宜采用单级跌水，跌水高差大于 5m 时宜采用多级跌水。

（9）截、排水沟弯曲段的弯曲半径不得小于最小容许半径及沟底宽度的 5 倍。最小容许半径可按下式计算：

$$R_{\min} = 1.1 v^2 \omega^{1/2} + 12 \tag{3.8}$$

式中，$R_{\min}$ 为最小容许半径（m）。

3.3.3.2　地下排水工程设计

用于滑坡防治的地下排水工程多为渗沟、排水涵洞、排水孔、集水井。

1. 地下排水工程布设

1）渗沟

渗沟按其作用不同，可分为支撑渗沟、边坡渗沟和截水渗沟三种。

a. 支撑渗沟

适用于滑面埋深 2 ~ 10m 的滑坡体支撑，兼有排除和疏干滑坡体内地下水的作用。

支撑渗沟有主干渗沟和分支渗沟两种。主干渗沟平行于滑动方向，布设在地下水露头处。分支渗沟应根据坡面汇水情况合理布设，可与滑动方向成 30° ~ 40°交角，并可伸展到滑坡范围以外，以起拦截地下水的作用，如图 3.3 所示。

支撑渗沟的平面形状一般有Ⅲ形和 Y 形。渗沟横向间距视土质情况，可采用表 3.11 所列数据作为参考。

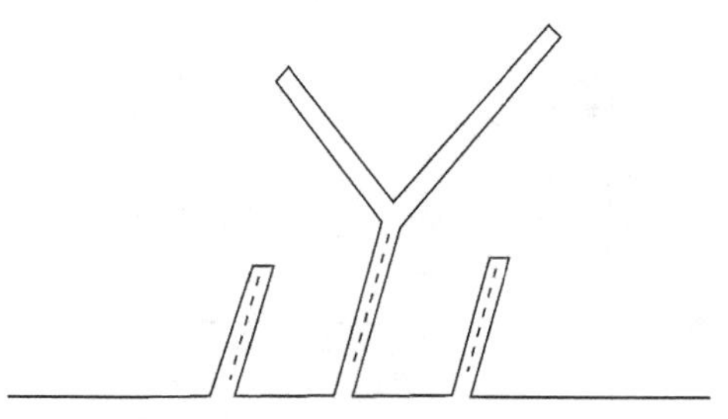

图3.3　支撑渗沟平面布置图

表3.11　渗沟横向间距

土质	横向间距/m	土质	横向间距/m
黏土	6～10	亚黏土	10～15
重亚黏土	8～12	破碎岩层	15

支撑渗沟的深度一般以不超过10m为宜，宽度一般采用2～5m，视渗沟深度、抗滑需要及便于施工等因素而定。

支撑渗沟的基底应埋入滑动面以下0.5m，并设置1%～2%的排水纵坡。当滑动面较陡时，可修筑成台阶，台阶宽度视实际需要而定，一般不小于2m，如图3.4所示。

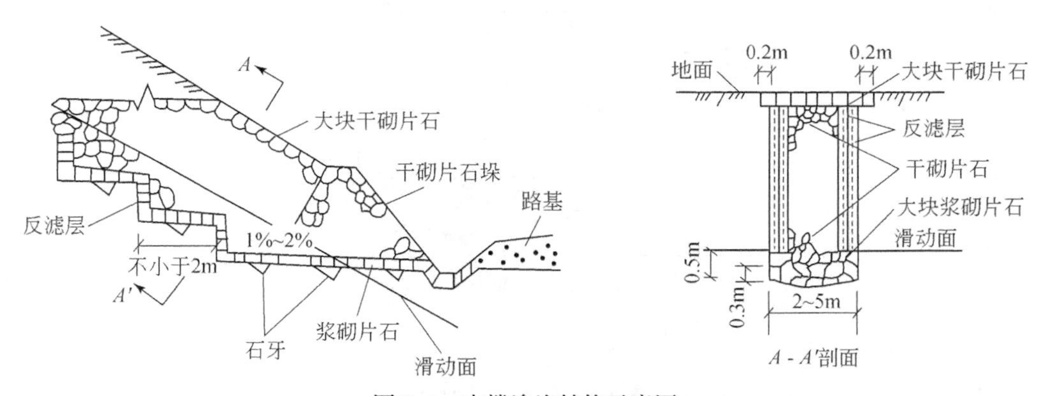

图3.4　支撑渗沟结构示意图

b. 边坡渗沟

当滑坡前缘的路基边坡上有地下水均匀分布或坡面有湿地时，可修建边坡渗沟。边坡渗沟具有疏干和支撑边坡、拦截坡面径流和减轻坡面冲刷的作用。

边坡渗沟的平面形状一般有垂直的、分支的及拱形的。分支渗沟的主沟主要起支撑作用，而支沟则起疏干作用。分支渗沟可相互连接呈网状，如图3.5所示。拱形渗沟因拱部易变形，故不宜推广使用。

边坡渗沟的间距取决于地下水的分布、水量和边坡土质等因素，一般采用6～10m。边坡渗沟的深度一般不小于2m，宽度为1.5～2.0m。边坡渗沟的基底应设置于湿土层以下的稳定土层，并铺设防渗层。

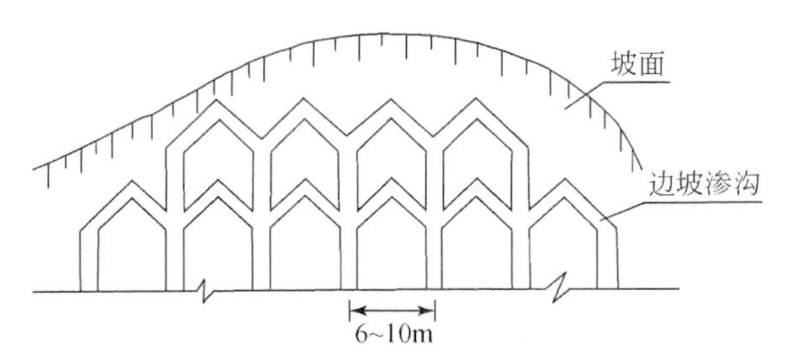

图 3.5　网状边坡渗沟

c. 截水渗沟

截水渗沟垂直于地下水流向设置，用于拦截滑坡外围的地下水，防止地下水进入滑坡体内。截水渗沟一般修筑在滑坡体可能发展范围 5m 以外的稳定土体上，平面上呈环形或折线形，如图 3.6 所示。截水渗沟的深度一般不小于 10m，断面大小不受流量控制，主要取决于施工方便。基底应埋入最低含水层下的不透水层，当其底部未埋入完整基岩时，应采用浆砌片石修筑沟槽。截水渗沟的迎水沟壁应设反滤层，背水沟壁设隔渗层。为便于维修与疏通，在截水渗沟的直线段每隔 30 ~ 50m 或转弯、变坡处应设置检查井，检查井井壁应设置排水管，以排除附近的地下水，如图 3.7 所示。

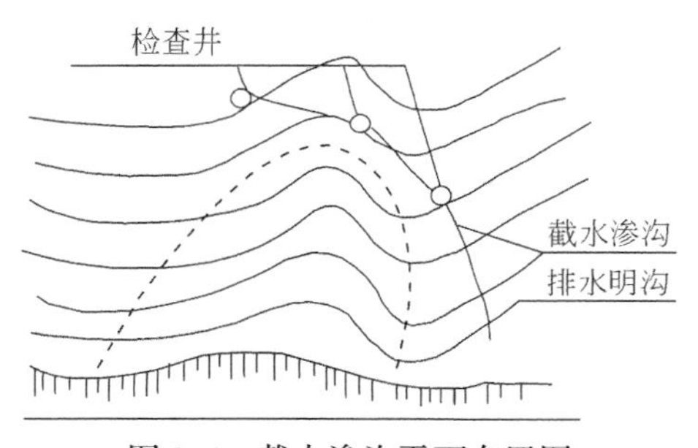

图 3.6　截水渗沟平面布置图

2）排水涵洞

排水涵洞是人工开挖的隧洞，通常在隧洞的周围布置一定深度的排水孔，形成一个有效降低地下水位的排水系统。

排水涵洞一般平行于边坡走向布置，必要时可在其他方向布置支洞，穿过可能的阻水带，扩大排水范围。对于较高的边坡，通常在不同高程布置若干条排水洞，以最大限度排泄地下水。

在土体和风化严重的岩体中开挖的隧洞需进行衬砌支护，宜采用全断面支护的形式，以防止排水涵洞的水通过洞底渗入边坡内。

3）排水孔

排水孔的布设应注意：

（1）排水孔的方向应与滑坡滑动方向一致，并依据出水位置加密排水孔数量。

（2）排水孔应具有足够大的直径，保证水流通畅，以达到降低地下水位的目的。

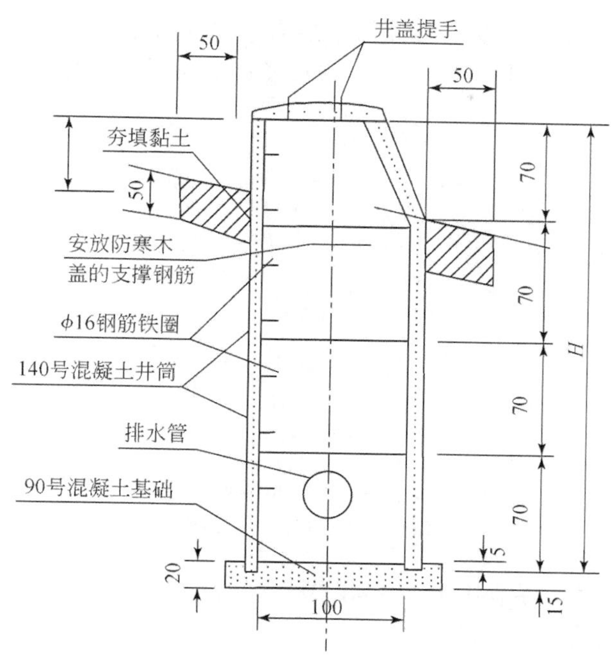

图 3.7　检查井（单位：cm）

H-检查井深度；ϕ-钢筋铁圈直径

（3）在坡面上一般布设仰角排水孔，坡度 3% ~10%。

（4）排水孔中排水管应有足够的刚度和强度，防止孔壁坍塌，排水管上半部分布设排水小孔，并用反滤材料（如透水土工布）包裹，以防堵塞。

4）集水井

当通过排水涵洞和排水孔汇集的地下水不能依靠重力自然排出坡体时，可以考虑采用集水井排水。在滑坡体外的相对稳定区域，选择地下水集中地带，设置直径大于 3.5m 的竖井，并在井壁上设置短的水平钻孔，一般为 2 ~3 层，使附近的地下水汇集到井中，采用水泵把水排至地表。

集水井的深度一般为 15 ~30m。对于不稳定地段，集水井应达到比滑动面浅的部位；对于稳定的地段，集水井应达到基岩，并深入基岩 2 ~3m。

2. 地下排水工程设计计算（检算）

目前，地下排水工程设计尚没有统一的计算方法，基本依据经验确定，因此，会有“仰斜排水孔出水率达到 50% ~60% 就算成功”的论断，说明了地下排水困难。

3. 地下排水工程施工注意事项

除了按设计图及相关规范进行外，一定注意观测排水情况，并依据实际变更设计。

3.3.3.3　抗滑挡墙工程设计

1. 抗滑挡墙的布设

抗滑挡墙与一般挡土墙的区别有以下几点。

（1）它不是承受一般土压力，而是滑坡推力，后者比前者大得多。

（2）胸坡缓、重心低，胸坡 1∶1～1∶0.3（边坡高度与边坡宽度之比）（图 3.8）。

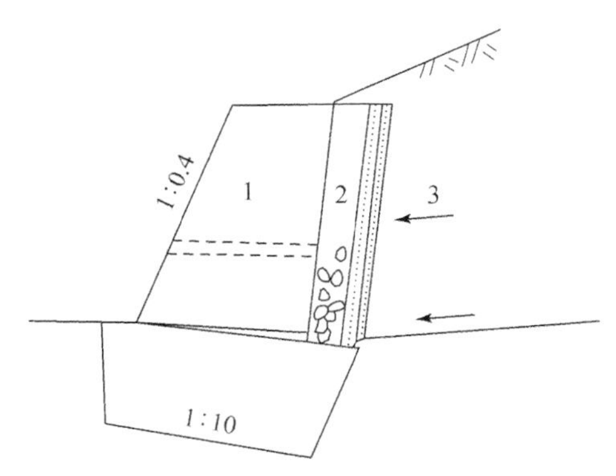

图 3.8　抗滑挡墙结构示意图

1-墙体；2-墙后盲沟；3-滑坡推力

（3）要求基础埋深在基岩中为 0.5～1.0m，在土层为 1.5～2.0m 或更深。

（4）尽量利用墙背填土重量。

（5）墙后纵向盲沟的要求更高。

（6）墙体稳定性检算中除抗滑、抗倾覆和截面强度检算外，还应检算从墙底滑动和从墙顶滑出的可能性以决定墙的埋深和墙高。

（7）抗滑挡墙的推力作用点位置一般不在 1/3 墙高，而在 1/2 或 2/5 墙高处。

（8）抗滑挡墙施工必须分段跳槽开挖，从两侧向中部推进，避免因挖基造成滑坡滑动。

抗滑挡墙的布置不仅影响工程效果、造价，而且影响施工难易。它与滑坡范围、推力大小，滑面位置、形状及数量，滑坡对工程的危害情况及基础情况等均有关系。其布设原则应注意以下几点。

（1）对简单的中小型滑坡，抗滑挡墙设置于滑坡前缘为宜。

（2）滑坡中下部有稳定岩层锁口时，可将墙设置于锁口处。墙前滑体另行处理。

（3）当滑坡出口高于地面时，视滑床地基情况决定墙位：①滑床为完整基岩可做墙基时，上下两级支挡，上挡下护；②滑床软弱不能做墙基时，只能将基础置于坡脚，强行支挡。

（4）当滑坡出口远高于地面时，也可视地基情况设置明洞，以洞顶回填土石支撑滑坡推力，或让滑坡体从洞顶滑过。抗滑明洞需按滑坡推力做特别设计。

（5）如果滑坡为多级滑动，当总推力太大在坡脚一级支挡圬工量太大时，而中部有滑体较薄部分，可分级支挡，也可桩墙联合。

（6）在滑坡主轴、辅助断面上滑坡推力不同时，应优化抗滑挡墙截面。

2. 抗滑挡墙的设计计算（检算）

首先，抗滑挡墙设计通常以最不利工况，计算设墙处滑坡推力。其次，结合实际情况及经验确定墙的位置及范围、设计（确定）墙截面（墙高、基础埋深等）。最后，进行抗滑移、抗倾覆、基底应力、截面强度以及冒顶、坐船检算，直到满足安全要求。

1）抗滑移稳定性验算

《建筑边坡工程技术规范》（GB 50330—2013）规定重力式挡土墙的抗滑移稳定性验算式为

$$F_s=\frac{(G_n+E_{an})\mu}{E_{at}-G_t}\geqslant 1.3 \tag{3.9}$$

$$G_n=G\cos\alpha_0 \tag{3.10}$$

$$G_t=G\sin\alpha_0 \tag{3.11}$$

$$E_{at}=E_a\sin(\alpha-\alpha_0-\delta) \tag{3.12}$$

$$E_{an}=E_a\cos(\alpha-\alpha_0-\delta) \tag{3.13}$$

式中，F_s为抗滑移稳定系数；G 为挡墙每延米自重（kN/m）；G_n 为垂直于基底的自重分力（kN/m）；G_t 为平行于基底的自重分力（kN/m）；E_a 为挡墙墙背每延米主动土压力合力（kN/m）；E_{an}为垂直于基底的土压力分力（kN/m）；E_{at}为平行于基底的土压力分力（kN/m）；α 为挡墙墙背倾角（°）；α_0为基底倾斜角（°）；μ 为挡墙基底与地基岩土间的摩擦系数，由试验确定，也可参照表 3.12 选用；δ 为岩土对挡墙墙背摩擦角（°），如图 3.9 所示，可参照表 3.13 选用。

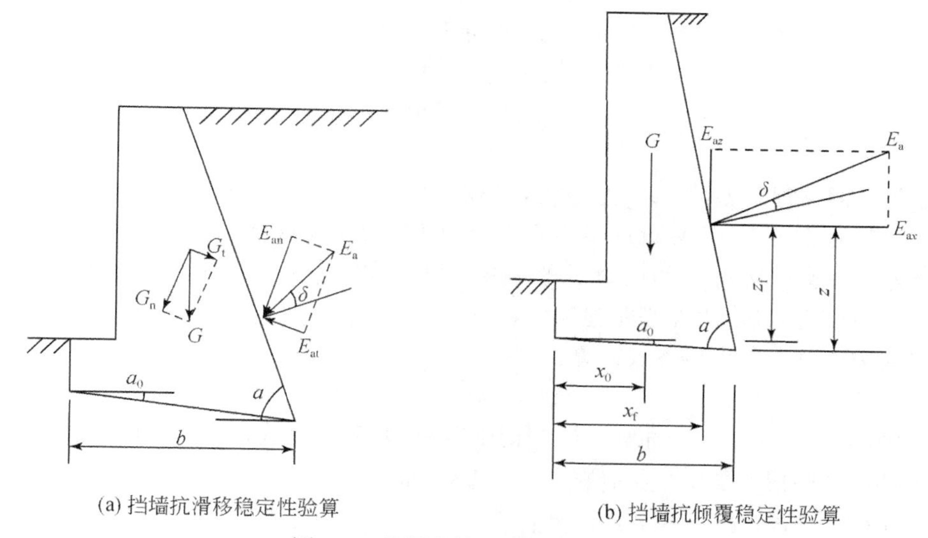

(a) 挡墙抗滑移稳定性验算　　(b) 挡墙抗倾覆稳定性验算

图 3.9　作用在挡土墙的主要力系

表 3.12　挡墙基底与地基岩土间的摩擦系数（μ）

岩土类型		摩擦系数（μ）
黏性土	可塑	0.20～0.25
	硬塑	0.25～0.30
	坚硬	0.30～0.40
粉土		0.25～0.35
中砂、粗砂、砾砂		0.35～0.40
碎石土		0.40～0.50

续表

岩土类型	摩擦系数（μ）
极软岩、软岩、较软岩	0.40～0.60
表面粗糙的坚硬岩、较硬岩	0.65～0.75

表 3.13　岩土对挡墙墙背摩擦角（δ）

挡墙特征	摩擦角（δ）	挡墙特征	摩擦角（δ）
墙背平滑、排水不良	（0～0.33）ϕ	墙背很粗糙、排水良好	（0.50～0.67）ϕ
墙背粗糙、排水良好	（0.33～0.50）ϕ	墙背与填土间不可能滑动	（0.67～1.00）ϕ

注：ϕ 为墙背后岩土的内摩擦角（°）。

2）抗倾覆稳定性验算

《建筑边坡工程技术规范》（GB 50330—2013）规定重力式挡墙的抗倾覆稳定验算式为

$$F_t=\frac{Gx_0+E_{az}x_f}{E_{ax}z_f}\geqslant 1.6 \tag{3.14}$$

$$E_{ax}=E_a\sin(a-\delta) \tag{3.15}$$

$$E_{az}=E_a\cos(a-\delta) \tag{3.16}$$

$$x_f=b-z\cot a \tag{3.17}$$

$$z_f=z-b\tan a_0 \tag{3.18}$$

式中，F_t为抗倾覆稳定系数；E_{ax}为每延米主动土压力的水平分力（kN/m）；E_{az}为每延米主动土压力的垂直分力（kN/m）；z 为岩土压力作用点至墙踵的高度（m）；x_0为挡墙重心至墙趾的水平距离（m）；b 为挡墙基底的水平投影宽度（m）；其他符号意义同前。

3）基底压应力及合力偏心距验算

基底合力的偏心距可按下式计算：

$$e=M_d/N_d \tag{3.19}$$

式中，e 为基底合力偏心距（m）；N_d为作用于挡墙基底上的垂直力组合设计值（kN）；M_d为作用于挡墙基底形心的弯矩组合设计值（kN · m）。

基底压应力（σ）按下列公式计算：

位于岩石地基上的挡墙，

$$e\leqslant B/6\text{ 时},\sigma_{1,2}=\frac{N_d}{A}\left(1\pm\frac{6e}{B}\right) \tag{3.20}$$

位于岩石地基上的挡墙，

$$e>B/6\text{ 时},\sigma_1=\frac{2N_d}{3a_1},\sigma_2=0 \tag{3.21}$$

$$a_1=\frac{B}{2}-e \tag{3.22}$$

式中，σ_1为挡墙墙趾的压应力（kPa）；σ_2为挡墙墙踵的压应力（kPa）；B 为挡墙基底宽度（m），倾斜基底为其斜宽；A 为挡墙基底每延米的面积（m^2）；矩形基础为基础宽度×

1m；其他符号意义同前。

合力偏心距直接影响基底压应力大小和性质（拉或压）。一般来说，在挡墙设计时应控制偏心距，并符合规范要求。如果偏心距过大，即使基底压应力小于地基容许承载力，但因基底压应力分布的显著差异，也可能引起基础不均匀沉降，从而导致墙身倾斜。

4）偏心荷载作用的承载力验算

（1）挡墙偏心压缩承载力可按下式计算：

$$N \leqslant \Phi_c f A \tag{3.23}$$

式中，N 为荷载设计值产生的轴向力（kN）；A 为截面积（m^2）；f 为砌体抗压强度设计值（kPa）；Φ_c 为高厚比和轴向力的偏心距对受压构件承载力的影响系数。

当 $0.7y<e<0.95y$ 时，除按上式进行验算外，并按下式进行正常使用极限状态验算：

$$N_k \leqslant \frac{f_{m,k} A}{\frac{Ae}{\omega}-1} \tag{3.24}$$

式中，N_k 为轴向力标准值（kN）；$f_{m,k}$ 为砌体抗弯曲抗拉强度标准值，取 $f_{m,k}=1.5f_{t,m}$；$f_{t,m}$ 表示砌体抗弯曲抗拉强度设计值（kPa）；ω 为截面抵抗矩（kN·m）；其他符号意义同前。

当 $e>0.95y$ 时，按下式进行计算：

$$N_k \leqslant \frac{f_{t,m} A}{\frac{Ae}{\omega}-1} \tag{3.25}$$

式中符号意义同前。

（2）受剪构件的承载力按下式计算：

$$V \leqslant (f_v+0.18\sigma_k)A \tag{3.26}$$

式中，V 为剪力设计值（kN）；f_v 为砌体抗剪强度设计值（kPa）；σ_k 为荷载标准值产生的平均压应力（kPa），但仰斜式挡墙不考虑其影响；其他符号意义同前。

3. 抗滑挡墙工程施工注意事项

（1）墙基础置于基岩，应清除表层风化部分；置于土层，不应放在软土、松土和未经特殊处理的回填土上。

（2）墙顶设有护墙和护坡时，应采取措施，防止护墙和护坡沿着土体表面下滑。例如，在护墙和护坡背后设耳墙或作粗糙面，使其与土体密贴，或在护墙和护坡与挡墙顶接触处设平台。必要时应根据计算加大墙身截面。

（3）经常受侵蚀性环境水作用的挡墙，应采用抗侵蚀的水泥砂浆砌筑或抗侵蚀的混凝土灌注，否则应采取其他防护措施。

（4）沿河、滨湖、水库地区或海岸附近的铁路挡墙的基底受水流冲刷和波浪侵袭，常导致墙身的整体破坏，应注意加固与防护。

（5）浆砌片石挡墙的砂浆水灰比必须符合要求，砂浆应填塞饱满。岩石基坑砌料应靠紧基坑侧壁，使其与岩层结为整体。

（6）砌筑挡墙时，不得做成水平通缝。墙趾台阶转折处，不得做成竖直通缝。

（7）墙身砌出地面后，基坑必须及时回填夯实，并做成不小于4%的向外流水坡，以免积水下渗，影响墙身稳定。

(8) 墙后临时开挖边坡的坡度，随不同土层和边坡高度而定。松散坡积层地段的挡墙，宜分段跳槽开挖，挖成一段，砌筑一段，以保证施工安全。

(9) 最好在旱季施工，施工前应做好地面排水系统，保持基坑干燥。

(10) 浸水挡墙墙后应尽量采用透水土填筑，以利迅速宣泄积水，减少由水位涨落引起的动水压力。

(11) 施工顺序为滑体两侧向中部进行。

3.3.3.4　抗滑桩工程设计

1. 抗滑桩工程布设

抗滑桩的平面位置、间距和排列等，与滑体的密实程度、含水状态、滑坡推力和施工条件等因素关系密切，目前多凭经验确定。

平面上通常按需要布置成一排或数排。各排桩间的间距取决于前后排桩上的推力分配，目前尚无成熟的分配方法，故对每一块滑体常布置一排，设置于滑坡体较薄的抗滑部分，或根据特殊需要决定。抗滑桩的横向间距，在有土体自然拱试验资料时，可参照试验资料确定；无试验资料时，则根据滑体的密实程度、含水情况、滑坡推力大小、桩截面大小和施工难易等综合比较确定。通常滑坡体主轴附近间距小些，两侧大些；滑体密实，间距大些，反之小些，以滑体不从桩间挤出为原则，一般横向间距以2～5倍桩径为宜。

桩的截面形状应从经济合理和施工方便等综合考虑。目前应用较多的钢筋混凝土挖孔桩，多用矩形，边长2～4m，长边平行于滑动方向。

2. 抗滑桩工程设计计算（检算）

1) 桩的计算宽度

抗滑桩受力状态是比较复杂的空间问题，即桩的截面形状和受力条件对桩周围介质水平方向的承载能力和反力图形有一定影响。为了简化计算，在计算桩底面应力时，按实际断面尺寸考虑；但在计算桩侧面的应力时，将各种断面形状的桩宽（或桩径）换算成相当的矩形桩宽 B_p，此 B_p 称为桩的计算宽度。

国外的试验资料证明，直径为 d 的圆形桩和边长（或宽）等于 $0.9d$ 的矩形桩，在水平荷载作用下，桩侧土体被挤出所需的临界荷载相等；而且在同样荷载下，二者产生的倾斜等变形也相同。将二者进行换算时，矩形桩的形状换算系数 $k_f=1.0$，圆形桩的 $k_f=0.9$。

另外，将空间受力条件简化为平面受力情况考虑时，还必须将桩的实际宽度 B 乘以受力换算系数 k_0。试验结果表明，矩形桩的 $k_0=1+\frac{1}{B}$，圆形桩的 $k_0=1+\frac{1}{d}$。

因此，桩的计算宽度 B_p 为

$$\text{矩形桩}: B_p=k_f k_0 B=1.0\times\left(1+\frac{1}{B}\right)B=B+1 \tag{3.27}$$

$$\text{圆形桩}: B_p=k_f k_0 d=0.9\times\left(1+\frac{1}{d}\right)d=0.9(d+1) \tag{3.28}$$

试验表明，式（3.27）和式（3.28）对于 B（或 d）大于或等于1m，以及小于1m的桩均适用。但当其小于0.6m时，可能产生较大的误差，需按下式计算。

$$\text{矩形桩}: B_p = 1.0\times\left(1.5+\frac{0.5}{B}\right)B = 1.5B+0.5 \tag{3.29}$$

$$\text{圆形桩}: B_p = 0.9\times\left(1.5+\frac{0.5}{d}\right)d = 0.9(1.5d+0.5) \tag{3.30}$$

2）地基系数 C

在弹性变形限度内，单位面积的土产生单位压缩变形所需施加的压力，称为地基系数（kN/m^3）。

$$C=\frac{\sigma}{\Delta} \tag{3.31}$$

式中，σ 为单位面积上的压力（kN/m^2）；Δ 为变形（m）。

近年来，不少国内外的试验研究证明土的地基系数可认为是随深度成比例变化的，而硬黏土和岩石的则为常数。

据此，设 m 和 m_0 分别代表水平和竖向地基系数随深度变化的比例系数，则深度 y 处的侧向地基系数：

$$C_y = my \tag{3.32}$$

桩底侧向地基系数：

$$C' = mh \tag{3.33}$$

桩底竖向地基系数：

$$C_0 = m_0 h \tag{3.34}$$

式中，h 为桩的埋置深度（m）。

m 和 m_0 值一般应采用试验实测值，当无实测资料时，可参考表3.14取值。由于 m_0 值采用表中的 m 值，而当平均深度约10m时表中的 m 值接近竖向荷载作用下的 C_0 值，故 C_0 不得小于 $10m_0$。

表3.14　非岩石地基 m 和 m_0 值

序号	土的名称	m 和 m_0/(kN/m^4)
1	流塑黏性土 $I_L\geqslant 1$、淤泥	3000～5000
2	软塑黏性土 $0.5\leqslant I_L<1$、粉砂	5000～10000
3	硬塑黏性土 $0\leqslant I_L<0.5$、细砂、中砂	10000～20000
4	半坚硬的黏性土、粗砂	20000～30000
5	砂砾、角砾砂、砾石土、碎石土、卵石土	30000～80000
6	块石土、漂石土	80000～120000

注：本表可用于结构在地面处位移最大值不超过6mm，位移较大时适当降低。对于抗滑桩来说，一般允许滑面处和桩顶的位移较大，故可采用表中稍偏小的数值。

当桩侧面为数种不同土层时，应将滑面以下 h_m 深度内的各层土按下面公式换算成一个 m 值，作为整个深度 h 内的 m 值。对刚性桩，h_m 为整个深度 h，即 $h_m=h$；对于弹性桩，$h_m=2(d+1)$。

当 h_m 深度内存在 h_1、h_2 两层不同土层时：

$$m=\frac{m_1h_1^2+m_2(2h_1+h_2)h_2}{h_m^2} \tag{3.35}$$

当 h_m 深度内存在 h_1、h_2、h_3 三层不同土层时：

$$m=\frac{m_1h_1^2+m_2(2h_1+h_2)h_2+m_3(2h_1+2h_2+h_3)h_3}{h_m^2} \tag{3.36}$$

岩石地基的地基系数 C_0 不随岩层面的埋藏深度而变，《铁路桥涵地基和基础设计规范》（TB 10093—2017）建议按岩石的极限抗压强度 R 确定，如表 3.15 所示。但此表范围变化太大，应用中最好通过现场实际测定。

表 3.15　岩石地基系数 C_0 值

序号	R/kPa	C_0/(kN/m^3)
1	1000	300000
2	≥25000	15000000

3）抗滑桩的受力状态和计算图式

抗滑桩主要是利用桩埋入滑动面以下的稳定地层对桩的抗力（或锚固力）来平衡滑坡推力。滑坡推力分布比较复杂，与滑体土性质有关，计算时多用矩形分布。就桩的埋置情况和受力状态来说，主要为悬臂式和全埋式两种，其受力情况如图 3.10 所示。对于全埋式抗滑桩，除了上述两种力之外，尚应考虑桩前滑体的剩余抗滑力的稳定作用，若剩余抗滑力大于滑体厚度所具有的被动土压力，则考虑采用被动土压力；若无剩余抗滑力，一般按悬臂式抗滑桩计算或只考虑相应厚度的主动土压力。

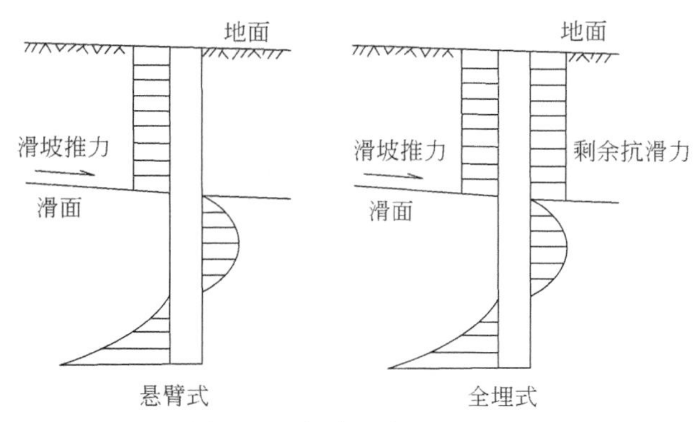

图 3.10　抗滑桩的受力状态

根据桩本身的变形情况，可分为刚性桩和弹性桩两种，前者的相对刚度视为无穷大，其在水平方向的极限承载能力和变位大小只取决于土的性质和抗力大小，而与桩的实际刚度无关；后者则应同时考虑桩本身的变形。参照《铁路桥涵地基和基础设计规范》中有关桩基的规定，当桩埋于滑动面以下的深度 $h\leqslant\frac{2.5}{\alpha}$ 时，按刚性桩设计；当 $h>\frac{2.5}{\alpha}$ 时，则按弹性桩计算。其中：

$$\alpha = \sqrt[5]{\frac{mB_{\mathrm{p}}}{\mathrm{EI}}} \tag{3.37}$$

式中，α 为桩的变形系数(m^{-1})；B_{p}为桩的计算宽度(m)；EI 为桩的平均抗弯刚度($\mathrm{kN \cdot m^2}$)。

4）桩的长度确定

桩的长度为滑动面上、下两部分之和，其上部的长度应保证滑体不从桩顶滑出，其检算方法同挡土墙；埋于滑动面以下的深度除满足不超过土体允许的弹性抗力外，必要时还应考虑滑动面向下发展的可能性，任何情况下都应保证桩的稳定。

5）抗滑桩的内力计算

抗滑桩的内力计算，分为刚性桩和弹性桩两种内力计算，其中又各包含悬臂式与全埋式两种情况。考虑滑动面的存在及其上、下岩土层的较大差异，故将滑动面以上的下滑力和剩余抗滑力均视作外力，仅考虑滑动面以下岩土体的弹性抗力。当桩前滑面以上土体较薄或无土体时，作为悬臂式计算；当其土体较厚时，作为全埋式计算。

a. 刚性桩的内力计算

（1）基本假设：桩的刚度与土的刚度相比视为无穷大；滑动面以下的土层视为弹性介质；一般土和风化破碎岩层的地基系数随深度成比例增加；硬黏土和岩层的地基系数为常数；桩与土之间的黏着力和摩擦力不考虑。

（2）计算方法：刚性桩的计算方法很多，有角变位法、无量纲法等，比照桥涵深基础计算的三变位法以及其他方法，这里仅着重介绍角变位法与无量纲法。

A. 角变位法

桩在滑坡推力作用下，将沿滑面以下 y_0处的 O 点旋转 ϕ 角，使桩周围土体受到压缩。当桩底嵌入岩层时，桩将绕桩底中心发生旋转。当桩埋入软弱岩层中时，亦将绕桩身某一点发生转动。以下分别讨论悬臂式与全埋式抗滑桩的计算方法。

Ⅰ. 埋入土层或风化破碎岩层中的悬臂式抗滑桩

如图 3.11 所示，当桩身产生转角 ϕ 时，滑面以下深度 y 处的水平位移 Δx 为

$$\Delta x = (y_0 - y)\tan\phi \tag{3.38}$$

因 ϕ 角一般很小，$\tan\phi$ 可用 ϕ 代替，故：

$$\Delta x = (y_0 - y)\phi \tag{3.39}$$

该处的桩侧应力 σ_y 为

$$\sigma_y = \Delta x C_y = (y_0 - y)\phi m y \tag{3.40}$$

桩埋置总深度 h 上的侧向应力之和 R_h 为

$$R_h = \int_0^h B_{\mathrm{p}} m y (y_0 - y)\phi \mathrm{d}y = \frac{1}{6} B_{\mathrm{p}} m \phi h^2 (3y_0 - 2h) \tag{3.41}$$

该合力对滑面处 a 点的力矩 M_{a} 为

$$M_{\mathrm{a}} = B_{\mathrm{p}} m \phi \int_0^h y^2 (y_0 - y) \mathrm{d}y = \frac{1}{12} B_{\mathrm{p}} m \phi h^3 (4y_0 - 3h) \tag{3.42}$$

当不考虑桩底应力重分布时，桩底面的最大和最小压应力 $\sigma_{\min}^{\max}$为

$$\sigma_{\min}^{\max} = \frac{N}{F} \pm \frac{1}{2} C_0 d \phi \tag{3.43}$$

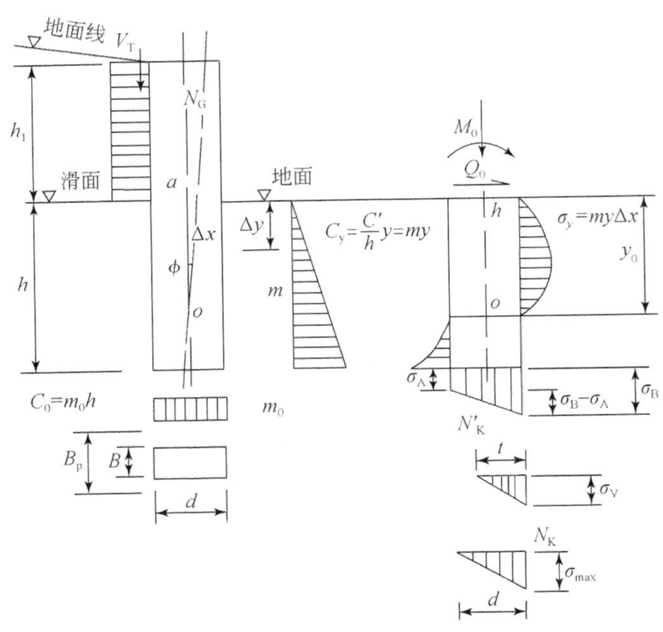

图 3.11　埋入土层或风化破碎岩层中的悬臂式抗滑桩

其合力 N_K 为

$$N_K=\frac{1}{2}(\sigma_{max}+\sigma_{min})dB \tag{3.44}$$

N_K对桩底截面中心的弯矩 M_K 为

$$M_K=\frac{1}{2}(\sigma_{max}-\sigma_{min})W=\frac{1}{2}C_0d\phi W \tag{3.45}$$

由此可建立桩身的静力平衡方程式：

$$\left.\begin{aligned}\sum X=0\quad & Q_0-R_h=Q_0-\frac{1}{6}B_pm\phi h^2(3y_0-2h)=0\\ \sum M_a=0\quad & M_0+M_a-M_K=M_0+\frac{1}{12}B_pm\phi h^3(4y_0-3h)-\frac{1}{2}C_0dW\phi=0\end{aligned}\right\} \tag{3.46}$$

联立求解式（3.46）得

$$y_0=\frac{B_pmh^3(4M_0+3Q_0h)+6Q_0C_0dW}{2B_pmh^2(3M_0+2Q_0h)} \tag{3.47}$$

$$\phi=\frac{12(3M_0+2Q_0h)}{B_pmh^4+18C_0dW} \tag{3.48}$$

式中，M_0 为将桩上所有外力移至滑面处桩中心的力矩（kN · m）；Q_0 为将桩上所有外力移至滑面处的剪力（kN）；$F=dB$，为桩底截面积（m^2）；W 为桩底截面模量（m^3）；$N=N_G+V_T$，N_G 为桩身自重（kN），V_T 为滑坡推力之竖直分力（kN）；d 为顺滑动方向桩宽（m）；其他符号意义同前。

滑面以上桩身内力计算同一般应用力学的方法。滑面以下桩身各截面的侧向应力和内力按下列各式计算。

$$\text{桩侧应力}:\sigma_y = my\phi(y_0-y) \tag{3.49}$$

$$\text{剪力}:Q_y = Q_0-\frac{1}{6}B_p m\phi y^2(3y_0-2y) \tag{3.50}$$

$$\text{弯矩}:M_y = M_0+Q_0 y-\frac{1}{12}B_p m\phi y^3(2y_0-y) \tag{3.51}$$

桩底最大和最小压应力 σ_{min}^{max} 为

$$\sigma_{min}^{max} = \frac{N}{F}\pm\frac{1}{2}C_0 d\phi \tag{3.52}$$

当考虑桩底应力重分布时（对于抗滑桩，这是经常遇到的情况）如图3.11所示，桩底反力 N'_K 为

$$N'_K = \frac{1}{2}C_0 t^2\phi' B \tag{3.53}$$

式中，t 为应力重分布后三角形应力图形顺滑动方向的边长。

N'_K 对桩底截面中心 a 点的力矩 M'_K 为

$$M'_K = \frac{1}{2}C_0 t^2 B\phi'\left(\frac{d}{2}-\frac{t}{3}\right) \tag{3.54}$$

由此，列出桩身静力平衡方程式为

$$\left.\begin{aligned} &\sum Y = 0 \quad N - N'_K = N - \frac{1}{2}C_0 t^2\phi' B = 0 \\ &\sum X = 0 \quad Q_0 - \frac{1}{6}B_p m\phi' h^2(3y'_0 - 2h) = 0 \\ &\sum M_a = 0 \quad M_0 + \frac{1}{12}B_p m\phi' h^3(4y'_0 - 3h) - \frac{1}{2}C_0 t^2\phi' B\left(\frac{d}{2} - \frac{t}{3}\right) = 0 \end{aligned}\right\} \tag{3.55}$$

联立求解式（3.55）得

$$\phi' = \frac{2N}{C_0 B t^2} \tag{3.56}$$

$$y'_0 = \frac{Q_0 C_0 B t^2}{B_p m h^2 N}+\frac{2}{3}h \tag{3.57}$$

$$t^3+\left(\frac{3M_0+2Q_0 h}{N}-\frac{3}{2}d\right)t^2-\frac{B_p m h^4}{6C_0 B}=0 \tag{3.58}$$

由式（3.56）~式（3.58）求出 ϕ'、y'_0 和 t 之后，仍可应用式（3.49）~式（3.51）求桩侧应力、桩身剪力和弯矩，只需在公式中代入 ϕ'、y'_0 和 t。桩底最大应力：

$$\sigma_{max} = tC_0\phi' \tag{3.59}$$

若令桩底不出现拉应力，即 $t=d$，则

$$N'_K = \frac{1}{2}C_0 t^2\phi' B \tag{3.60}$$

$$M'_K = \frac{1}{2}C_0 d^2 B\phi'\frac{d}{6} = \frac{1}{12}C_0 d^3\phi' B \tag{3.61}$$

由此列出桩身静力平衡方程式：

$$\left.\begin{aligned}&N-\frac{1}{2}C_0d^2\phi'B=0\\&Q_0-\frac{1}{6}C_0B_pmh^2\phi'(3y_0'-2h)=0\\&M_0+\frac{1}{12}B_pmh^3\phi'(4y_0'-3h)-\frac{1}{12}C_0d^3\phi'B=0\end{aligned}\right\}\tag{3.62}$$

解式（3.62）得

$$\phi'=\frac{2N}{C_0Bd^2}\tag{3.63}$$

$$y_0'=\frac{Q_0C_0Bd^2}{B_pmh^2N}+\frac{2}{3}h\tag{3.64}$$

$$\frac{B_pmNh^4}{18C_0d^2B}-\frac{2}{3}Q_0h-M_0+\frac{1}{6}Nd=0\tag{3.65}$$

由式（3.63）~式（3.65）算出 ϕ'、y_0'和 h 之后，仍可利用式（3.49）~式（3.51）求桩侧应力、桩身剪力和弯矩，只需代入 ϕ'、y_0'和 h_0。桩底最大应力：

$$\sigma_{\max}=d\phi'C_0\tag{3.66}$$

Ⅱ. 桩尖嵌入岩层内的悬臂式抗滑桩

如图 3.12 所示，桩身绕桩底中心旋转。

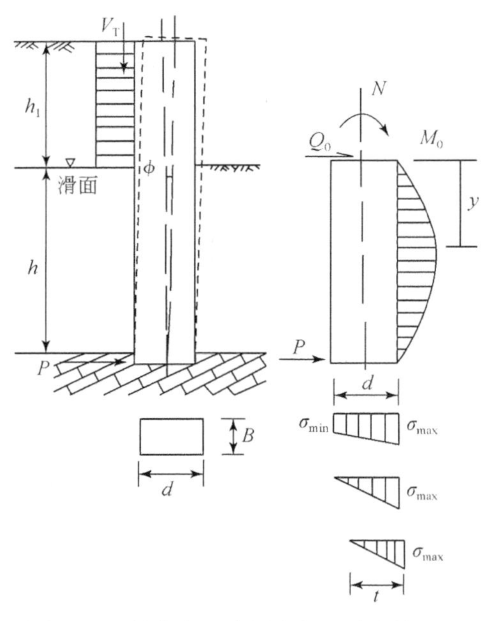

图 3.12　桩尖嵌入岩层内的悬臂式抗滑桩

当不考虑桩底应力重分布时，得

$$\phi=\frac{12(M_0+Q_0h)}{B_pmh^4+6C_0dW}\tag{3.67}$$

$$桩侧应力:\sigma_y=my(h-y)\phi \tag{3.68}$$

$$剪力:Q_y=Q_0-\frac{1}{6}B_p m\phi y^2(3h-2y) \tag{3.69}$$

$$弯矩:M_y=M_0+Q_0y-\frac{1}{12}B_p m\phi y^3(2h-y) \tag{3.70}$$

桩底嵌入处所承受的横向力 P 为

$$P=\frac{1}{6}B_p m\phi h^3-Q_0 \tag{3.71}$$

桩底最大和最小应力 σ_{min}^{max} 为

$$\sigma_{min}^{max}=\frac{N}{F}\pm\frac{1}{2}C_0 d\phi \tag{3.72}$$

式中符号均同前，C_0为桩底岩层的 C_0值。

当考虑桩底应力重分布时，得

$$\phi'=\frac{2N}{C_0Bt^2} \tag{3.73}$$

$$t^3+\left(\frac{3M_0+3Q_0h}{N}-\frac{3}{2}d\right)t^2-\frac{B_p mh^4}{6C_0B}=0 \tag{3.74}$$

$$P=\frac{1}{6}B_p m\phi' h^3-Q_0=\frac{B_p mN}{3CB_0}h^3-Q_0 \tag{3.75}$$

因此，将 ϕ'代入式（3.68）~式（3.71）即可求得桩侧应力和桩身内力。桩底最大应力：

$$\sigma_{max}=t\phi' C_0 \tag{3.76}$$

Ⅰ、Ⅱ两种情况的稳定条件：

（1）桩底最大竖直应力 σ_{max}不应大于地基的容许承载力。

（2）桩侧应力应满足下列条件。

$$\sigma_{\frac{h}{3}}=\frac{4\gamma(h+h_2')}{3\cos\phi}\tan\phi \tag{3.77}$$

$$\sigma_h=\frac{4\gamma(h+h_1')}{\cos\phi}\tan\phi \tag{3.78}$$

式中，$\sigma_{\frac{h}{3}}$、σ_h 分别为滑面下 $y=\dfrac{h}{3}$和 $y=h$ 处侧向压应力（kPa）；ϕ 为滑床土的内摩擦角（°）；γ 为滑床土的重度（kN/m³）；h_2'、h_1'分别为桩前、后滑体土换算为滑床土的高度（m），h_2'只在土体不被移走时考虑。

Ⅲ. 埋入软质岩层中的悬臂式抗滑桩

所谓软质岩层，指较钢筋混凝土桩体软弱的岩层。当桩埋入其中时，在外力作用下，仍将沿滑面以下 y_0处的 O 点转动 ϕ 角，如图 3.13 所示，但岩层的地基系数为常数，故桩侧应力图形为三角形。

当桩绕 O 点转动 ϕ 角时，滑面下 y 处的水平位移 Δx 为

$$\Delta x=(y_0-y)\tan\phi=(y_0-y)\phi \tag{3.79}$$

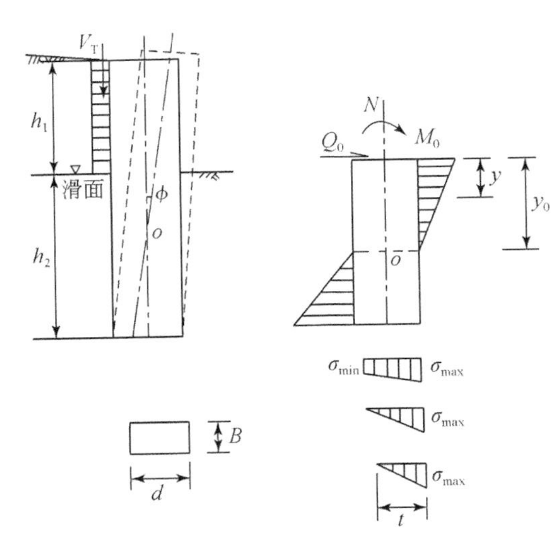

图 3.13　埋入软质岩层中的悬臂式抗滑桩

该处的桩侧应力 σ_y 为

$$\sigma_y = C(y_0 - y)\phi \tag{3.80}$$

σ_y 在深度 h 上的合力 R_h 为

$$R_h = \int_0^h B_p C(y_0 - y)\phi \mathrm{d}y = \frac{1}{2}B_p C\phi h(2y_0 - h) \tag{3.81}$$

该合力对滑面处桩中心 a 点的力矩 M_a 为

$$M_a = \int_0^h yB_p C\phi(y_0 - y)\mathrm{d}y = \frac{1}{6}B_p C\phi h^2(3y_0 - 2h) \tag{3.82}$$

当不考虑桩底应力重分布时，桩底最大及最小压应力 $\sigma_{\min}^{\max}$ 为

$$\sigma_{\min}^{\max} = \frac{N}{F} \pm \frac{1}{2}C_0 d\phi \tag{3.83}$$

桩底反力矩 M_K 为

$$M_K = \frac{1}{2}(\sigma_{\max} - \sigma_{\min})W = \frac{1}{2}C_0 d\phi W \tag{3.84}$$

由此得桩身平衡方程式：

$$\left.\begin{aligned}&\sum X = 0 \quad Q_0 - \frac{1}{2}B_p C\phi h(2y_0 - h) = 0\\&\sum M_a = 0 \quad M_0 + \frac{1}{6}B_p C\phi h^2(3y_0 - 2h) - \frac{1}{2}C_0 dW\phi = 0\end{aligned}\right\} \tag{3.85}$$

解此联立方程得

$$\phi = \frac{12M_0 + 6Q_0 h}{B_p C_0 h^3 + 6C_0 dW} \tag{3.86}$$

$$y_0 = \frac{Q_0(B_p C_0 h^3 + 6C_0 dW)}{B_p C_0 h(12M_0 + 6Q_0 h)} + \frac{h}{2} \tag{3.87}$$

桩侧应力和各截面内力按下列各式计算。

$$桩侧应力：\sigma_y = C(y_0 - y)\phi \tag{3.88}$$

$$剪力：Q_y = Q_0 - \frac{1}{2}B_p C\phi y(2y_0 - y) \tag{3.89}$$

$$弯矩：M_y = M_0 + Q_0 y - \frac{1}{6}B_p C\phi y^2(3y_0 - 2y) \tag{3.90}$$

桩底最大和最小压应力 $\sigma_{\min}^{\max}$ 为

$$\sigma_{\min}^{\max} = \frac{N}{F} \pm \frac{1}{2}C_0 d\phi \tag{3.91}$$

当考虑桩底应力重分布时：

$$\sigma_{\max} = t\phi' C_0 \tag{3.92}$$

$$N_K = \frac{1}{2}C_0 t^2 \phi' B \tag{3.93}$$

$$M_K = \frac{1}{2}C_0 B t^2 \phi' \left(\frac{d}{2} - \frac{t}{3}\right) \tag{3.94}$$

由此，列出桩身静力平衡方程式：

$$\left.\begin{aligned} & N - \frac{1}{2}C_0 B t^2 \phi' = 0 \\ & Q_0 - \frac{1}{6}B_p C\phi' h(2y_0' - h) = 0 \\ & M_0 + \frac{1}{6}B_p C\phi' h^2(3y_0' - 2h) - \frac{1}{2}BC_0 t^2 \phi' \left(\frac{d}{2} - \frac{t}{3}\right) = 0 \end{aligned}\right\} \tag{3.95}$$

联立求解式（3.95）得

$$\phi' = \frac{2N}{C_0 B t^2} \tag{3.96}$$

$$y_0' = \frac{Q_0 C_0 B t^2}{2B_p ChN} + \frac{1}{2}h \tag{3.97}$$

$$t^3 + \left(\frac{6M_0 + 2Q_0 h}{2N} - \frac{3}{2}d\right)t^2 - \frac{B_p CNh^3}{C_0 B} = 0 \tag{3.98}$$

将 ϕ'、y_0' 和 t 代入式（3.88）~式（3.90）即可求出桩侧应力、桩身剪力和弯矩。桩底最大应力：

$$\sigma_{\max} = tC\phi' \tag{3.99}$$

若令 $t = d$，即桩底不产生拉应力，则

$$\sigma_{\max} = d\phi' C_0 \tag{3.100}$$

$$N_K' = \frac{1}{2}C_0 d^2 \phi' B \tag{3.101}$$

$$M_K' = \frac{1}{12}C_0 d^3 \phi' B \tag{3.102}$$

桩身静力平衡方程式为

$$\left.\begin{aligned} & N - \frac{1}{2}C_0 B d^2 \phi' = 0 \\ & Q_0 - \frac{1}{2}B_p C\phi' h(2y_0 - h) = 0 \\ & M_0 + \frac{1}{6}B_p C\phi' h^2(3y_0 - 2h) - \frac{1}{12}C_0 d^3 \phi' B = 0 \end{aligned}\right\} \tag{3.103}$$

联立求解式（3.103）得

$$\phi' = \frac{2N}{C_0 B d^2} \tag{3.104}$$

$$y_0' = \frac{Q_0}{B_p C h \phi'} + \frac{1}{2} h \tag{3.105}$$

$$\frac{B_p C N}{6 C_0 d^2 B} h^3 - \frac{1}{2} Q_0 h + \frac{1}{6} d N - M_0 = 0 \tag{3.106}$$

将 ϕ'、y'和 h 代入式（3.88）~式（3.90）即可求得桩侧应力、桩身剪力和弯矩。

埋入岩层中的抗滑桩的稳定条件为桩侧与桩底最大应力均不应超过岩层的容许承载力。

Ⅳ. 埋入土层和风化破碎岩层中的全埋式抗滑桩

如图 3.14 所示，桩前剩余抗滑力仍作外力考虑，其土层厚度对滑床土抗力的影响用换算高度 h_2 表示，仍只计算滑面下的弹性抗力。

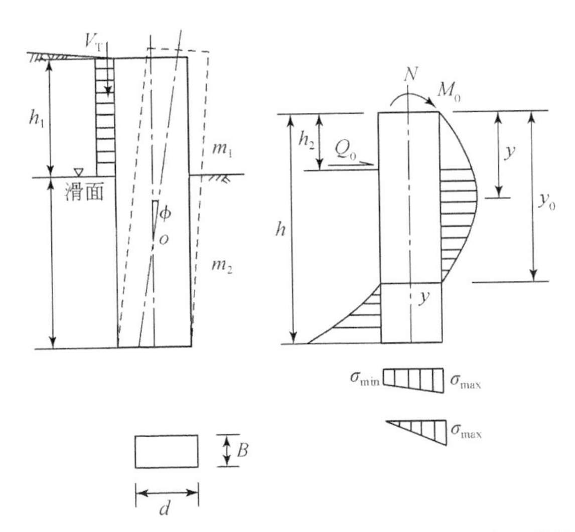

图 3.14　埋入土层和风化破碎岩层中的全埋式抗滑桩

$$h_2 = \frac{m_1}{m_2} h_1 \tag{3.107}$$

式中，h_2为滑体土换算为滑床的高度（m）；h_1为滑体土层在设桩处的厚度（m）；m_1为滑体土的地基系数随深度变化的比例系数（kN/m^4）；m_2 为滑床土的地基系数随深度变化的比例系数（kN/m^4）；h、y_0和 y 皆由换算高度处算起（图 3.14），则深度 y 处的水平位移 Δx 为

$$\Delta x = (y_0 - y)\phi \tag{3.108}$$

$$\sigma_y = (y_0 - y)\phi m_2 y (y \text{ 由 } h_2 \sim h) \tag{3.109}$$

$$R_h = \int_{h_2}^{h} B_p m_2 y (y_0 - y) \phi \mathrm{d}y$$

$$= \frac{1}{6} B_p m_2 \phi [(3y_0 - 2h)h^2 - (3y_0 - 2h_2)h_2^2] \tag{3.110}$$

$$= \frac{1}{6} B_p m_2 \phi [3y_0(h^2 - h_2^2) - 3(h^3 - h_2^3)]$$

$$M_a = B_p m_2 \phi \int_{h_2}^{h} y^2 (y_0 - y) \mathrm{d}y = \frac{1}{12} B_p m_2 \phi [4y_0(h^3 - h_2^3) - 3(h^4 - h_2^4)] \quad (3.111)$$

当不考虑桩底应力重分布时：

$$\sigma_{\min}^{\max} = \frac{N}{F} \pm \frac{1}{2} C_0 d\phi \quad (3.112)$$

$$N_K = \frac{1}{2}(\sigma_{\max} - \sigma_{\min}) dB \quad (3.113)$$

$$M_K = \frac{1}{2} C_0 d\phi W \quad (3.114)$$

由此可建立桩身静力平衡方程式：

$$\left. \begin{aligned} & Q_0 - \frac{1}{6} B_p m_2 \phi [3y_0(h^2 - h_2^2) - 2(h^3 - h_2^3)] = 0 \\ & M_0 + \frac{1}{12} B_p m_2 \phi [4y_0(h^3 - h_2^3) - 3(h^4 - h_2^4)] - \frac{1}{2} C_0 d\phi W = 0 \end{aligned} \right\} \quad (3.115)$$

解此联立方程得

$$y_0 = \frac{4M_0 B_p m_2(h^3 - h_2^3) + 3Q_0 B_p m_2(h^4 - h_2^4) + 6Q_0 C_0 dW}{6M_0 B_p m_2(h^2 - h_2^2) + 4M_0 B_p m_2(h^3 - h_2^3)} \quad (3.116)$$

$$\phi = \frac{36M_0(h + h_2)}{B_p m_2[9(h^4 - h_2^4)(h + h_2) - 8(h^3 - h_2^3)(h^2 + hh_2 + h_2^2)] 18C_0 dW(h + h_2)} \quad (3.117)$$

桩侧应力和桩身内力：

$$\sigma_y = m_2 \phi y (y_0 - y) \; (h_2 < y < h) \quad (3.118)$$

$$Q_y = Q_0 - \frac{1}{6} B_p m_2 \phi [3y_0(y - h_2) - 2(y^2 - h_2^2)] \quad (3.119)$$

$$M_y = M_0 + Q_0(y - h_2) - \frac{1}{12} B_p m_2 \phi [2y_0(y^3 - h_2^3) - (y^4 - h_2^4)] \quad (3.120)$$

桩底应力同前。

当考虑桩底应力重分布时，按桩底不出现拉应力考虑：

$$N_K = \frac{1}{2} C_0 d^2 \phi' B \quad (3.121)$$

$$M_K = \frac{1}{12} C_0 d^3 B \phi' \quad (3.122)$$

由此列出桩身静力平衡方程式：

$$\left. \begin{aligned} & N - \frac{1}{2} C_0 B d^2 \phi' = 0 \\ & Q_0 - \frac{1}{6} B_p m_2 \phi [3y_0(h^2 - h_2^2) - 2(h^3 - h_2^3)] = 0 \\ & M_0 + \frac{1}{12} B_p m_2 \phi [4y_0(h^3 - h_2^3) - 3(h^4 - h_2^4)] - \frac{1}{12} C_0 d^3 \phi' B = 0 \end{aligned} \right\} \quad (3.123)$$

解式（3.123）得

$$\phi'=\frac{2N}{C_0Bd^2} \tag{3.124}$$

$$y_0'=\frac{Q_0C_0Bd^2}{B_pm_2N(h^2-h_2^2)}+\frac{2(h^3-h_2^3)}{3(h^2-h_2^2)} \tag{3.125}$$

$$\begin{aligned}18M_0(h+h_2)&+12Q_0(h^2+hh_2+h_2^2)(h^2+hh_2+h_2^2)\\&-\frac{B_pm_2N}{C_0d^2B}\left[h^4(h+h_2)-h_2^4(h+h_2)-8h^2h_2^2(h-h_2)\right]\\&-3dN(h+h_2)=0\end{aligned} \tag{3.126}$$

试算求出 h、y_0'和 ϕ'后，代入式（3.118）~式（3.120）即可求出桩侧应力和桩身内力。

桩底最大应力：

$$\sigma_{max}=dC_0\phi' \tag{3.127}$$

计算步骤：

（1）根据地质情况选定 m_2 值及桩的断面形式，然后计算桩的变形系数 α，确定是否为刚性桩；

（2）用角变位法计算时，先将各个外力均移至滑动面处，求出 Q_0 和 M_0；

（3）计算 ϕ 和 y_0；

（4）计算桩底应力，若不出现拉应力时，按不考虑桩底应力重分布的情况计算，若出现拉应力时，应按考虑桩底应力重分布的情况计算，求出 ϕ'、y_0'、t 或 h；

（5）计算桩侧应力 σ_y 和桩底应力 σ；

（6）检查桩侧应力和桩底应力是否满足稳定条件，若不满足，则需调整桩长、间距或断面尺寸，重新计算；

（7）计算桩身剪力和弯矩，并绘出剪力图和弯矩图；

（8）进行配筋计算。

B. 无量纲法

对承受横向荷载的抗滑桩，考虑土的地基系数 E_s 随深度 y 变化的各种函数关系，对桩和土共同作用的静力平衡方程式（刚性桩）或桩轴线的挠曲微分方程（弹性桩）进行量纲分析，从而得出桩的内力。这种量纲分析的方法，计算原理非常简单明了，计算公式的适用性比较广泛，已逐渐被推广应用。这里仅就其中最简单的情况介绍其原理和计算方法。实践证明，即使这种最简单的情况，对大多数工程设计来说，其精度也是可以满足要求的。

Ⅰ. 基本假定及刚性桩基本方程

基本假定同前所述。假定土为弹性介质，其特性用 E_s 表示，E_s 随深度 y 成正比例增加，E_s 值大小通常是由野外试验确定的。

各物理量的符号统一规定如图 3.15 所示。

将作用于桩上的滑坡推力和剩余抗滑力全部换算为作用于滑动面处的水平力 Q_0 和力矩 M_0，此时桩在滑动面以下部分的变形和受力状态可用下面方程表示（图 3.16）：

$$\phi=\tan\phi=\text{常数} \tag{3.128}$$

$$x=x_0+y\phi \tag{3.129}$$

由假定可知土的抗力：

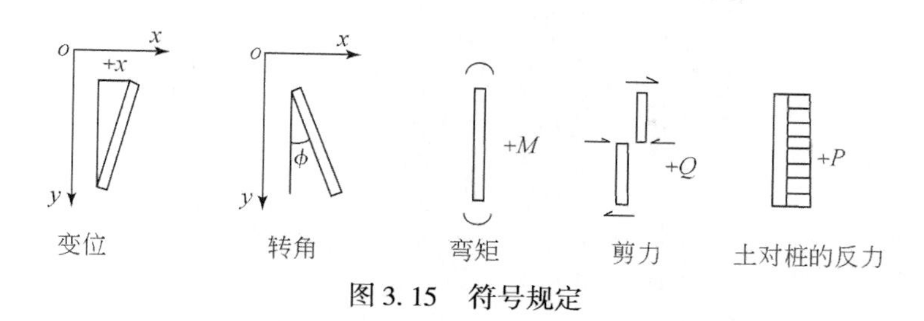

图3.15 符号规定

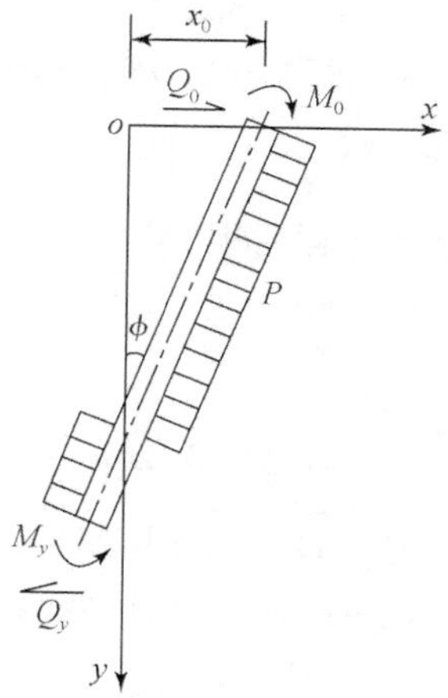

图3.16 滑面下桩的受力状态图

$$P=E_s x=Cyx=Cyx_0+\phi Cy^2 \tag{3.130}$$

根据静力平衡条件，桩身任一截面处的剪力：

$$Q_y=Q_0-\int_0^y P\mathrm{d}y=Q_0-x_0C\int_0^y y\mathrm{d}y-\phi C\int_0^y y^2\mathrm{d}y \tag{3.131}$$

力矩：

$$M_y=M_0+\int_0^y Py\mathrm{d}y=M_0+x_0C\int_0^y y^2\mathrm{d}y+\phi C\int_0^y y^3\mathrm{d}y \tag{3.132}$$

Ⅱ. 基本方程的解及其无量纲表达式

当桩底支立于非岩石地基或岩石面上时，以图3.17中的A情况为例说明求解过程，此时仅 Q_0 起作用，$M_0=0$，边界条件为 $y=L$，$M_y=0$，$Q_y=0$。

代入基本方程中整理后得

$$Q_0=x_{A0}C\int_0^L y\mathrm{d}y+\phi_{A0}C\int_0^L y^2\mathrm{d}y \tag{3.133}$$

$$M_0=x_{A0}C\int_0^L y^2\mathrm{d}y+\phi_{A0}C\int_0^L y^3\mathrm{d}y \tag{3.134}$$

联立求解以上两式得

$$\phi_{A0}=\phi_A=\frac{Q_0}{JL^2}(-24) \tag{3.135}$$

$$x_{A0}=\frac{Q_0}{JL}(18) \tag{3.136}$$

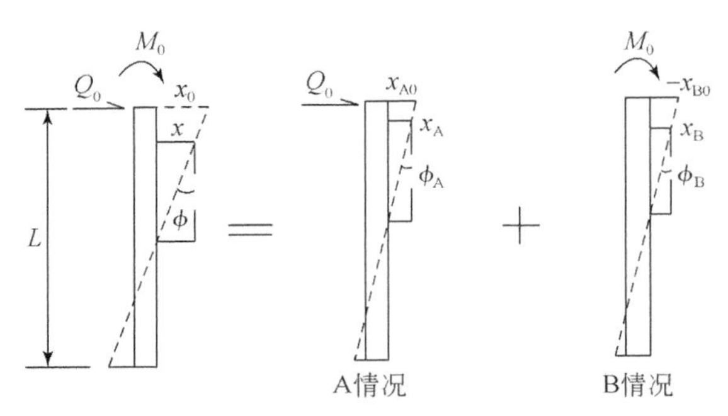

图 3.17　两种情况分别考虑后叠加

式中，$J=CL$，为土的模量常数。

将初参数（ϕ_{A0}和x_{A0}）代入基本方程后得

$$\phi_A=(-24)\frac{Q_0}{JL^2} \tag{3.137}$$

$$x_A=\frac{Q_0}{JL}(18-24h) \tag{3.138}$$

$$Q_A=Q_0(1-9h^2+8h^3) \tag{3.139}$$

$$M_A=Q_0L(h-3h^3+2h^4) \tag{3.140}$$

$$P_A=\frac{Q_0}{L}(18h-24h^2) \tag{3.141}$$

式中，$h=\frac{y}{L}$，为无量纲的深度系数。

从上面各物理量的公式可知，括号内仅为深度系数 h 函数，将它们分别定义为各物理量的无量纲系数：

$$\left.\begin{aligned}a_\phi&=-24\\a_x&=18-24h\\a_Q&=1-9h^2+8h^3\\a_M&=h-3h^3+2h^4\\a_P&=18h-24h^2\end{aligned}\right\} \tag{3.142}$$

用同样的推导方法可求出 B 情况下的解为

$$\phi_B=\frac{M_0}{JL^3}(-36) \tag{3.143}$$

$$x_B=\frac{M_0}{JL^2}(24-36h) \tag{3.144}$$

$$Q_B=\frac{M_0}{L}(-12h^2+12h^3) \tag{3.145}$$

$$M_B=M_0(1-4h^3+3h^4) \tag{3.146}$$

$$P_B=\frac{M_0}{L^2}(24h-36h^2) \tag{3.147}$$

B 情况下各物理量的无量纲系数分别为

$$\left.\begin{aligned}b_{\phi}&=-36\\b_{x}&=(24-36h)\\b_{Q}&=-12h^{2}+12h^{3}\\b_{M}&=1-4h^{3}+3h^{4}\\b_{P}&=24h-36h^{2}\end{aligned}\right\}\tag{3.148}$$

当滑面处同时有 Q_0 和 M_0 作用时，可将 A 和 B 两种情况叠加：

$$\left.\begin{aligned}x&=\frac{M_0}{JL}a_{x}+\frac{M_0}{JL^{2}}b_{x}\\\phi&=\frac{M_0}{JL^{2}}a_{\phi}+\frac{M_0}{JL^{3}}b_{\phi}\\Q&=Q_0a_{Q}+\frac{M_0}{L}b_{Q}\\M&=Q_0La_{M}+M_0b_{M}\\P&=\frac{M_0}{L}a_{P}+\frac{M_0}{L^{2}}b_{P}\end{aligned}\right\}\tag{3.149}$$

刚性桩的桩底还有一个由 Q_0 和 M_0 引起的抵抗力矩 M_L,其作用可单独考虑,然后叠加到上述各物理量的方程中去,即令 $Q_0=0,M_0=0$,并求解。在 $y=L$ 处边界条件为 $M_L=1,Q_L=0$,仍用上述方法推导可得(图 3.18)

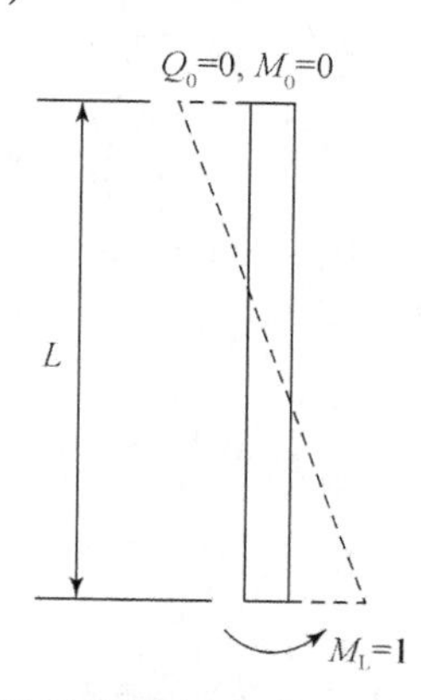

图 3.18 单独计算桩底(抵抗力矩 M_L 时的情况)

$$\left.\begin{aligned}\overline{b_{\phi}}&=36=-b_{\phi}\\\overline{b_{x}}&=(-24+36h)=-b_{x}\\\overline{b_{Q}}&=12h^{2}-12h^{3}=-b_{Q}\\\overline{b_{M}}&=4h^{3}-3h^{4}=1-b_{M}\\\overline{b_{P}}&=-24h+36h^{2}=-b_{P}\end{aligned}\right\}\tag{3.150}$$

结果表明，受 M_L 作用的无量纲系数，全部可用 M_0 作用时的无量纲系数来表示。但必须求出 M_L 大小，M_L 由 M_0 和 Q_0 所引起，因此可分别由 M_0 和 Q_0 来求得。

假定桩底转动（$-\phi$）角，桩底截面所受的压应力如图 3.19 所示，其拉、压应力的合力：

$$N=\int_0^{\frac{d}{2}}P\mathrm{d}x \tag{3.151}$$

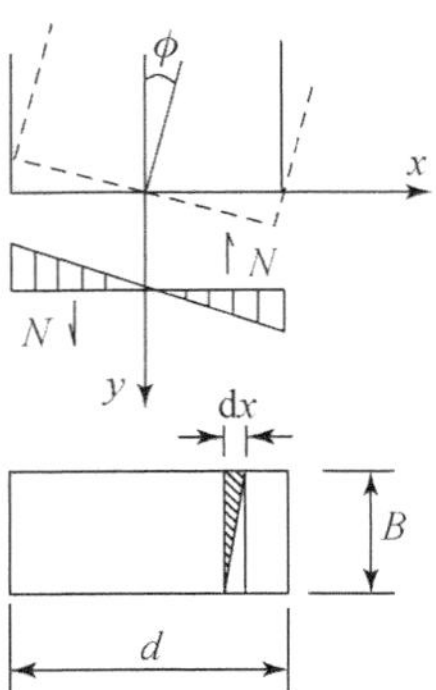

图 3.19　桩底应力分布图

桩底地基的竖向抗力：

$$P=E_{\mathrm{L}}y=-E_{\mathrm{L}}x\phi \tag{3.152}$$

则

$$N=-\frac{1}{2}E_{\mathrm{L}}\frac{d^2}{4}\phi=\frac{1}{8}E_{\mathrm{L}}d^2\phi \tag{3.153}$$

$$M_{\mathrm{L}}=-N\frac{2}{3}d=-\frac{1}{2}\frac{d}{B}E_{\mathrm{L}}W\phi \tag{3.154}$$

式中，E_{L} 为桩底地基土的竖向模量，矩形截面时 $E_{\mathrm{L}}=m_0LB$，圆形截面时 $E_{\mathrm{L}}=m_0Ld$（d 为桩径），桩支立于岩层面上时，矩形桩 $E_{\mathrm{L}}=C_0B$，圆形桩 $E_{\mathrm{L}}=C_0d$（d 为桩径）；W 为桩底的截面模量（m^3）。

转角（$-\phi$）是 M_0 和 Q_0 共同作用的结果，可分别求算。

当 $M_0=0$ 时，由 $y=L$ 的边界条件可知：$Q_0=0$，$M_{\mathrm{L}}=-\frac{1}{2}\frac{d}{B}E_{\mathrm{L}}W\phi$，代入基本方程得

$$-3\frac{E_{\mathrm{L}}I_{\mathrm{a}}}{cLI_{\mathrm{L}}}\phi-9\phi=x_0\frac{12}{L} \tag{3.155}$$

式中，I_{a} 为桩底截面的惯性矩（m^4）；I_{L} 为桩竖直截面的惯性矩（m^4），矩形桩 $I_{\mathrm{L}}=\frac{1}{12}BL^3$，圆形桩 $I_{\mathrm{L}}=\frac{1}{12}dL^3$。

若令 $\psi_1=3\frac{E_{\mathrm{L}}I_{\mathrm{a}}}{cLI_{\mathrm{L}}}$，则上式可简化为

$$x_0=-\frac{1}{12}\phi L(\psi_1+9) \tag{3.156}$$

代入基本方程中，并满足边界条件 $Q_{\mathrm{L}}=0$，可得

$$\phi=\frac{1}{1+\psi_1}\phi_{\mathrm{A}} \tag{3.157}$$

故这时桩底的抵抗力矩为

$$M_{L}=\frac{2}{3}Q_{0}L\frac{\psi_{1}}{1+\psi_{1}} \tag{3.158}$$

同法可导出当 $Q_0=0$ 时，即滑面处反作用 M_0 时：

$$M_{L}=M_{0}\frac{\psi_{1}}{1+\psi_{1}} \tag{3.159}$$

得出 M_L 之后，利用其相应的无量纲系数就可以计算 M_L 对变位和内力的影响。因此，当 M_0 和 Q_0 同时作用且必须考虑 M_L 时，由前面几种情况叠加即可得桩身任一截面的变位和内力，其一般公式为

$$\left.\begin{aligned}
&x=\frac{Q_{0}}{JL}\left(a_{x}-\frac{2}{3}\frac{\psi_{1}}{1+\psi_{1}}b_{x}\right)+\frac{M_{0}}{JL^{2}}\frac{1}{1+\psi_{1}}b_{x}\\
&\phi=\frac{Q_{0}}{JL^{2}}\frac{1}{1+\psi_{1}}a_{\phi}+\frac{M_{0}}{JL^{3}}\frac{1}{1+\psi_{1}}b_{\phi}\\
&Q=Q_{0}\left(a_{Q}-\frac{2}{3}\frac{\psi_{1}}{1+\psi_{1}}b_{Q}\right)+\frac{M_{0}}{L}\frac{1}{1+\psi_{1}}b_{Q}\\
&M=Q_{0}L\left[a_{M}-\frac{2}{3}\frac{\psi_{1}}{1+\psi_{1}}(b_{M}-1)\right]+M_{0}\left[b_{M}-\frac{\psi_{1}}{1+\psi_{1}}(b_{M}-1)\right]\\
&P=\frac{Q_{0}}{L}\left(a_{P}-\frac{2}{3}\frac{\psi_{1}}{1+\psi_{1}}b_{P}\right)+\frac{M_{0}}{L^{2}}\frac{1}{1+\psi_{1}}b_{P}
\end{aligned}\right\} \tag{3.160}$$

式中，相应于桩底抵抗力矩的这一项称为“附加项”，如 $\frac{2}{3}\frac{\psi_{1}}{1+\psi_{1}}$（$b_M-1$）称为 a_M 的附加项，可以看出 ψ_1 是反映 M_L 影响的一个重要指标，实际上它是地基土的竖向模量与侧向模量之比所组成的一个无量纲系数。在任何实际工程中，ψ_1 是一个常数，$\frac{\psi_{1}}{1+\psi_{1}}$ 也是常数，其值在0～1.0。由上式可知，M_L 对各物理量的影响与 $\left(\frac{\psi_{1}}{1+\psi_{1}}\right)$ 成线性关系，因此，只要事先给出一组 $\frac{\psi_{1}}{1+\psi_{1}}=1.0$ 的各附加项系数，对于其他情况均可由简单的比例关系求出 M_L 的实际影响。例如，当实际工程 $\frac{\psi_{1}}{1+\psi_{1}}=0.5$ 时，M_L 的影响应等于 $\left(\frac{\psi_{1}}{1+\psi_{1}}=1.0\right)$ 的附加项系数乘以0.5。

$\frac{\psi_{1}}{1+\psi_{1}}=1.0$ 时各附加项系数见附表1a。

值得注意的是，当计算桩侧应力时，应将上述公式中的 P 除以桩的计算宽度 B_p。下述桩尖嵌入岩石的情况也是这样。

桩底嵌入岩石内的情况，其详细推导过程同桩底支立于非岩石地基或岩石面上一样，此不复列，其最后的无量纲表达式为

$$
\left.\begin{aligned}
x&=\frac{Q_0}{JL}a_x\frac{1}{1+\psi_2}+\frac{M_0}{JL^2}\frac{1}{1+\psi_2}b_x\\
\phi&=\frac{Q_0}{JL^2}\frac{1}{1+\psi_2}a_\phi+\frac{M_0}{JL^3}\frac{1}{1+\psi_2}b_\phi\\
Q&=Q_0\left(a_Q-\frac{\psi_2}{1+\psi_2}b_Q\right)+\frac{M_0}{L}\frac{1}{1+\psi_2}b_Q\\
M&=Q_0L\left[a_M-\frac{\psi_2}{1+\psi_2}(b_M-1)\right]+M_0\left[b_M-\frac{\psi_2}{1+\psi_2}(b_M-1)\right]\\
P&=\frac{Q_0}{L}a_P\frac{1}{1+\psi_2}+\frac{M_0}{L^2}\frac{1}{1+\psi_2}b_P
\end{aligned}\right\}\tag{3.161}
$$

式中，$\psi_2=\frac{E_L I_a}{cL I_L}$，$E_L$ 的意义和求法均同前。

相应的无量纲系数分别为

$$
\left.\begin{aligned}
a_\phi&=b_\phi=-12\\
a_x&=b_x=12-12h\\
a_Q&=1-6h^2+4h^3\\
b_Q&=-6h^2+4h^3\\
a_M&=h-2h^3-h^4\\
b_M&=1-2h^3-h^4\\
a_P&=b_P=12h-12h^2
\end{aligned}\right\}\tag{3.162}
$$

这些系数和其相应的$\frac{\psi_2}{1+\psi_2}=1.0$时的附加项系数见附表 1b。

滑面处的位移和转角系数见表 3.16。

表 3.16　滑面处的位移和转角系数

系数名称		桩尖支撑条件	
		桩尖支立于非岩石或岩石地基上	桩尖嵌入基岩内
滑面位移	a_{x0}	18	12
	$\frac{\psi_0}{1+\psi_1}=1$ 时 a_{x0} 的附加项	16	
	b_{x0}	24	12
滑面转角	$a_{\phi 0}$	−24	−12
	$b_{\phi 0}$	−36	−12

b. 弹性桩的内力计算

当桩的 $\alpha h>2.5$ 时，应按弹性桩进行设计。除计算中应考核桩本身的变形之外，其基本假定均同刚性桩。这里仅介绍常用 m 法和无量纲法。

A. m 法

此法是根据弹性地基上的弹性梁受挠曲后的微分方程采用幂级数解出来的。梁的挠曲方程为

$$\mathrm{EI}\frac{\mathrm{d}^4 x}{\mathrm{d}y^4}=-P \tag{3.163}$$

假定桩作用于土上的水平压应力等于桩上各点的水平位移 x 与该点处土的地基系数 C 的乘积，即 $P=xCB_{\mathrm{p}}$，由于 C 随深度 y 成正比变化，其变化量用 m 表示，所以：

$$P=xCB_{\mathrm{p}}=myxB_{\mathrm{p}} \tag{3.164}$$

将其代入上式得

$$\mathrm{EI}\frac{\mathrm{d}^4 x}{\mathrm{d}y^4}=-myxB_{\mathrm{p}} \tag{3.165}$$

这就是桩受水平力作用下的挠曲微分方程，通过对它进行数学上的求解可得一组幂级数的表达式，换算整理后得

$$x=x_0A_1+\frac{\phi_0}{\alpha}B_1+\frac{M_0}{\alpha^2\mathrm{EI}}C_1+\frac{Q_0}{\alpha^3\mathrm{EI}}D_1 \tag{3.166}$$

$$\phi=\alpha\left(x_0A_2+\frac{\phi_0}{\alpha}B_2+\frac{M_0}{\alpha^2\mathrm{EI}}C_2+\frac{Q_0}{\alpha^3\mathrm{EI}}D_2\right) \tag{3.167}$$

$$M=\alpha^2\mathrm{EI}\left(x_0A_3+\frac{\phi_0}{\alpha}B_3+\frac{M_0}{\alpha^2\mathrm{EI}}C_3+\frac{Q_0}{\alpha^3\mathrm{EI}}D_3\right) \tag{3.168}$$

$$Q=\alpha^3\mathrm{EI}\left(x_0A_4+\frac{\phi_0}{\alpha}B_4+\frac{M_0}{\alpha^2\mathrm{EI}}C_4+\frac{Q_0}{\alpha^3\mathrm{EI}}D_4\right) \tag{3.169}$$

$$\sigma_y=myx \tag{3.170}$$

式中，x_0、ϕ_0、M_0、Q_0 分别为桩在滑面处的位移、转角、弯矩和剪力，见图 3.20；A_i、B_i、C_i、D_i 为随桩换算深度（αh）而异的系数，见附表 2。

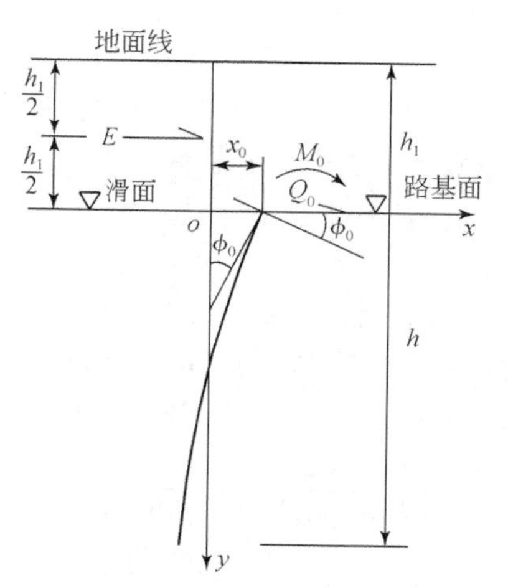

图 3.20　x_0、ϕ_0、M_0、Q_0 关系图

式（3.166）~式（3.170）即用 m 法求解的一般表达式。为求桩身任一截面的变位、

转角、弯矩、剪力和土对该点的侧向应力 σ_y，必须求出 x_0、ϕ_0（一般 M_0、Q_0已知）。可根据《公路桥涵地基与基础设计规范》（JTG D63—2007）介绍的桩底的三种不同边界条件分别确定。

（1）当桩嵌入岩石中时，即桩底的 $x_A=\phi_A=0$。

将 $x_A=0$ 代入式（3.111）和 $\phi_A=0$ 代入式（3.167），然后联立求解得

$$x_0=\frac{M_0\ (B_1C_2-C_1B_2)}{\alpha^2\mathrm{EI}(A_1B_2-B_1A_2)}+\frac{Q_0\ (B_1D_2-D_1B_2)}{\alpha^3\mathrm{EI}(A_1B_2-B_1A_2)} \tag{3.171}$$

$$\phi_0=\frac{M_0\ (A_2C_1-A_1C_2)}{\alpha\mathrm{EI}(A_1B_2-B_1A_2)}+\frac{Q_0\ (A_2D_1-A_1D_2)}{\alpha^2\mathrm{EI}(A_1B_2-B_1A_2)} \tag{3.172}$$

将 x_A、ϕ_A 代入式（3.166）~式（3.170）中即可求得桩身任一深度处的内力和变位。

（2）当桩支立于岩层面上时，即桩底变位 $x_A=0$，转角 $\phi_A\neq 0$。

当桩底产生转角 ϕ_A 时，桩底面单位面积 $\mathrm{d}F$ 上的岩层反力：

$$\mathrm{d}N_x=-x\phi_AC_0\mathrm{d}F \tag{3.173}$$

式中，C_0 为桩底岩层的竖向地基系数（$\mathrm{kN/m^3}$）。

桩底岩层反力对桩底截面重心的力矩：

$$M_A=\int_F x\mathrm{d}N_x=-\phi_AC_0\int_F x^2\mathrm{d}F=-\phi_AC_0I_A \tag{3.174}$$

式中，F 为桩底的全面积（$\mathrm{m^2}$）；I_A 为桩底截面的惯性矩（$\mathrm{m^4}$）；右边的负号，是因为 ϕ_A 为负时，桩底产生正的 M_A。

将 $x_A=0$ 和式（3.174）分别代入式（3.166）和式（3.170），联立求解得

$$x_0=\frac{M_0\ (B_3C_1-C_3B_1)+K_h(B_2C_1-C_2B_1)}{\alpha^2\mathrm{EI}(A_3B_1-B_3A_1)+K_h(B_1A_2-A_1B_2)}+\frac{Q_0\ (B_3D_1-D_3B_1)+K_h(B_2D_1-D_2B_1)}{\alpha^3\mathrm{EI}\ (A_3B_1-B_3A_1)+K_h(A_2B_1-B_2A_1)} \tag{3.175}$$

$$\phi_0=\frac{M_0\ (A_1C_3-C_1A_3)+K_h(A_1C_2-C_1A_2)}{\alpha\mathrm{EI}(A_3B_1-B_3A_1)+K_h(A_2B_1-B_2A_1)}+\frac{Q_0\ (A_1D_3-D_1A_3)+K_h(A_1D_2-D_1A_2)}{\alpha^2\mathrm{EI}\ (A_3B_1-B_3A_1)+K_h(A_2B_1-B_2A_1)} \tag{3.176}$$

式中，$K_h=\dfrac{C_0I_A}{\alpha\mathrm{EI}}$。

将 x_0、ϕ_0 代入式（3.166）~式（3.170）中即可求得桩身任一深度处的内力和变位。

（3）当桩埋入土层或风化破碎岩层中时，桩底剪力 $Q_A=0$，$\phi_A\neq 0$，$x_A\neq 0$，同样，这种情况下桩底力矩：

$$M_A=-\phi_AC_0I_A \tag{3.177}$$

将 $Q_A=0$ 和式（3.177）代入式（3.168）和式（3.169）联立求解得

$$x_0=\frac{M_0\ (B_3C_4-C_3B_4)+K_h(B_3C_4-C_3B_4)}{\alpha^2\mathrm{EI}(A_3B_4-B_3A_4)+K_h(B_4A_2-A_4B_2)}+\frac{Q_0\ (B_3D_4-D_3B_4)+K_h(B_2D_4-D_4B_2)}{\alpha^3\mathrm{EI}\ (A_3B_4-B_3A_4)+K_h(A_2B_4-B_2A_4)} \tag{3.178}$$

$$\phi_0=\frac{M_0\ (A_4C_3-C_4A_3)+K_h(A_4C_2-C_4A_2)}{\alpha\mathrm{EI}(A_3B_4-B_3A_4)+K_h(B_4A_2-A_4B_2)}+\frac{Q_0\ (A_4D_3-D_4A_3)+K_h(A_4D_2-D_4A_2)}{\alpha^2\mathrm{EI}\ (A_3B_4-B_3A_4)+K_h(A_2B_4-B_2A_4)} \tag{3.179}$$

将 x_0、ϕ_0 代入式（3.166）~式（3.170）中即可求得桩身任一深度处的内力和变位。

分析可知，当桩埋入土层中时，K_h 的影响很小，可按 $K_h=0$ 计算。

当桩支立于岩层面上时，若 $\alpha h\geqslant 3.5$ 时，也可按 $K_h=0$ 计算。

计算步骤：

（1）求每根抗滑桩上的滑坡推力；

（2）确定桩的计算宽度 B_p；

（3）确定桩的刚度及计算方法；

（4）将所有外力（包括滑坡推力和滑面以上土体抗力）均换算于滑面处，求出 M_0、Q_0；

（5）根据现场实际情况，决定桩底的边界条件，选择相应公式求出 x_0、ϕ_0；

（6）进行桩身内力和变位计算，计算中所用系数见附表 2 和附表 3；

（7）进行配筋计算。

B. 无量纲法

无量纲法中最简单情况下的基本假定与 m 法相同，就 $E_s = Cy$ 的简单情况而言，二者具有相同的微分方程。据此将两种方法的各计算公式建立关系，从而将 m 法的计算公式全部演化为无量纲法的形式，算出其无量纲系数，使计算工作大大简化。

如图 3.21 所示，桩的挠曲微分方程为 $\mathrm{EI}\dfrac{\mathrm{d}^4x}{\mathrm{d}y}=P$

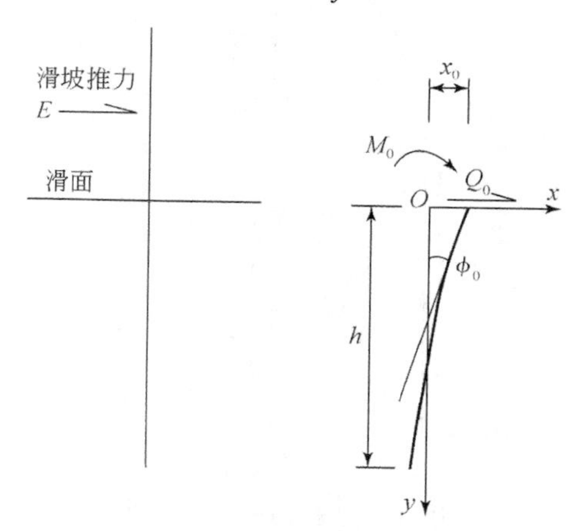

图 3.21　桩的挠曲示意图

式中，EI 为桩的抗弯刚度；P 为土的抗力。

根据无量纲法对土模量的定义：

$$E_s = -\frac{P}{x} \tag{3.180}$$

$$\frac{\mathrm{d}^4x}{\mathrm{d}y^4}+\frac{E_s}{\mathrm{EI}}x=0 \tag{3.181}$$

因 $E_s = Cy$，故 $\dfrac{\mathrm{d}^4x}{\mathrm{d}y^4}+\dfrac{C}{\mathrm{EI}}yx=0$。

令 $T^5=\dfrac{\mathrm{EI}}{C}$，则

$$\frac{\mathrm{d}^4x}{\mathrm{d}y^4}+\frac{1}{T^5}yx=0 \tag{3.182}$$

式中，T 为相对刚变系数。

这就是无量纲法中，当 $E_s = Cy$ 时挠曲微分方程的表达式。此式与 m 法中的式（3.165）相比，只是表达形式不同，二者应相等。即

$$\frac{d^4x}{dy^4}+\frac{1}{T^5}yx=\frac{d^4x}{dy^4}+\frac{mB_p}{EI}yx \tag{3.183}$$

$$\frac{1}{T^5}=\frac{mB_p}{EI}=\alpha^5 \tag{3.184}$$

$$T^5=\frac{1}{\alpha^5},\text{即 } T=\frac{1}{\alpha} \tag{3.185}$$

这就是 $E_s = Cy$ 时，m 法与无量纲法二者之间的关系。

假定桩、土均为弹性体，因而可以应用力的叠加原理将外力 M_0、Q_0 的作用分别考虑，如图 3.22 所示，其位移为

$$x=x_A+x_B \tag{3.186}$$

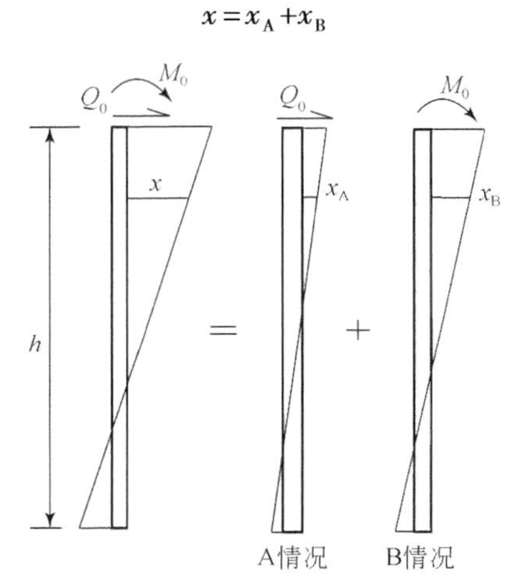

图 3.22　桩的位移示意图

无量纲解法中可考虑土模量随深度变化的各种函数关系，因而它的求解过程并非对某一特定关系所建立的微分方程给出其解，也就是不直接从微分方程中解出其结果，而是分别讨论 x_A 和 x_B 函数式中可能具有的量纲及独立的无量纲组，并引入下列无量纲系数。

深度系数：$Z=\frac{y}{T}$

最大深度系数：$Z_{max}=\frac{h}{T}$

土模量函数：$\phi(I)=\frac{E_sT^4}{EI}$

A 情况的位移系数：$A_x=\frac{x_A EI}{Q_0T^3}$

B 情况的位移系数：$B_x=\frac{x_B EI}{M_0T^2}$

这样，式（3.186）可变为

$$x=\left[\frac{Q_0T^3}{\mathrm{EI}}\right]A_x+\left[\frac{M_0T^2}{\mathrm{EI}}\right]B_x \tag{3.187}$$

同理可导出其他物理量的表达式为

$$转角:\phi=\phi_A+\phi_B=\left[\frac{Q_0T^2}{\mathrm{EI}}\right]A_\phi+\left[\frac{M_0T}{\mathrm{EI}}\right]B_\phi \tag{3.188}$$

$$弯矩:M=M_A+M_B=[Q_0T]A_M+[M_0]B_M \tag{3.189}$$

$$剪力:Q=Q_A+Q_B=[Q_0]A_Q+\left[\frac{M_0}{T}\right]B_Q \tag{3.190}$$

$$土抗力:P=P_A+P_B=\left[\frac{Q_0}{T}\right]A_P+\left[\frac{M_0}{T^2}\right]B_P \tag{3.191}$$

式中，A_ϕ、A_M、A_Q、A_P 为 A 情况的转角、弯矩、剪力、土抗力系数；B_ϕ、B_M、B_Q、B_P 为 B 情况的转角、弯矩、剪力、土抗力系数。

式（3.188）~式（3.191）是用无量纲法求解桩身内力和变位以及土抗力的计算公式，计算时也可将 $\alpha=\frac{1}{T}$ 直接代入。计算桩侧应力时应将土抗力除以计算宽度 B_P。显然，如果上述各系数能通过查表求得，计算是非常简便的。公式中各项的物理意义是明确的，就弯矩来说，$[Q_0T]$ A_M 项为桩在 Q_0 作用下桩身任一点的弯矩。$[M_0]$ B_M 项为桩在 M_0 作用下桩身相应点的弯矩。全部无量纲系数也都具有明确的物理意义，如 A_M 为 $Q_0=1$ 和 T=1 时桩身任一点的弯矩，而 B_M 则为 $M_0=1$ 时任一点的弯矩。

至于各个无量纲系数的求得，必须解前述的桩身变位的微分方程，并要分解 A、B 两种情况，计算工作是比较复杂的。但是对于 $E_s=Cy$ 的简单情况，其基本假设与 m 法相同，而 m 法已通过幂级数解法求得其所有的解，故不必再通过解微分方程求无量纲系数，而通过二者的关系，也可获得用幂级数表达的无量纲系数，其结果为

$$\left.\begin{aligned}
A_x&=A_1|A_{x0}|-B_1|B_{x0}|+D_1\\
B_x&=A_1|A_{\phi0}|-B_1|B_{\phi0}|+C_1\\
A_\phi&=A_2|A_{x0}|-B_2|B_{x0}|+D_2\\
B_\phi&=A_2|A_{\phi0}|-B_2|B_{\phi0}|+C_2\\
A_M&=A_3|A_{x0}|-B_3|B_{x0}|+D_3\\
B_M&=A_3|A_{\phi0}|-B_3|B_{\phi0}|+C_3\\
A_Q&=A_4|A_{x0}|-B_4|B_{x0}|+D_4\\
B_Q&=A_4|A_{\phi0}|-B_4|B_{\phi0}|+C_4\\
A_P&=ZA_x\\
B_P&=ZB_x
\end{aligned}\right\} \tag{3.192}$$

式中，A_{x0}、B_{x0}、$A_{\phi0}$、$B_{\phi0}$ 分别为 $Q_0=1$、$M_0=0$ 和 $Q_0=0$、$M_0=1$ 时，桩在滑面处的位移和转角的无量纲系数，它们为

$$\left.\begin{aligned}|A_{x0}|=\frac{B_3D_4-B_4D_3}{A_3B_4-A_4B_3},\ |B_{x0}|=\frac{A_3D_4-A_4D_3}{A_3B_4-A_4B_3}\\|A_{\phi0}|=\frac{A_3D_4-A_4D_3}{A_3B_4-A_4B_3},\ |B_{\phi0}|=\frac{A_3C_4-A_4C_3}{A_3B_4-A_4B_3}\end{aligned}\right\}\tag{3.193}$$

式中，A_i、B_i、C_i、D_i 均为 m 法中代表幂级数的计算系数。因为两个方法中关于土抗力的正负号安排上有差异，故标明绝对值符号“| |”。将上述数值代入式（3.192），便可全部求出无量纲系数。

抗滑桩的桩底边界条件，比照桥梁桩基考虑三种情况：①桩埋置于土层中，可以不考虑桩底竖向反力所构成的力矩；②桩支立于岩层面上，若 $\alpha h<3.5$（m 法）或 $\frac{h}{T}<3.5$（无量纲法）时，则必须考虑桩底的抵抗力矩，其边界条件为横向位移自由，转角受到弹性约束；③桩嵌入岩层内时，桩底的边界条件为完全固结。

无量纲系数随桩底的边界条件而异，但不改变计算公式的形式，受影响者仅为桩在滑面处的位移和转角的系数，即 A_{x0}、B_{x0}、$A_{\phi0}$ 和 $B_{\phi0}$。所以，对桩底支立于岩层面上且 $Z_{max}=\frac{h}{T}<3.5$时，以及桩嵌入岩层内时，必须重新计算 A_{x0}、B_{x0}、$A_{\phi0}$和 $B_{\phi0}$，它们为

$$\left.\begin{aligned}|A_{x0}|=\frac{B_2D_1-B_1D_2}{A_2B_1-A_1B_2},\ |B_{x0}|=\frac{B_2C_1-B_1C_2}{A_2B_1-A_1B_2}\\|A_{\phi0}|=\frac{A_2D_1-A_1D_2}{A_2B_1-A_1B_2},\ |B_{\phi0}|=\frac{A_2C_1-A_1C_2}{A_2B_1-A_1B_2}\end{aligned}\right\}\tag{3.194}$$

将上述数值代入式（3.192），即可得该情况下的一套无量纲系数。

各物理量的符号规定，同图 3.15。

计算步骤：

（1）由设计桩的变形系数 $\alpha=\sqrt[5]{\frac{mB_P}{EI}}$，根据 αh 值判定是否为弹性桩。

（2）求相对刚度系数 $T=\frac{1}{\alpha}$。

（3）将滑面以上外力均移至滑面处，求出 Q_0 和 M_0 的数值。

（4）依桩底边界条件，选用相应的无量纲系数表，计算滑面以下桩身的内力、变位和土抗力（滑面以上桩身内力按一般力学方法计算）；所有系数可由附表 4 ~ 附表 13 和附表 14 ~ 附表 23 查得，前者为桩尖置于非岩石中或支立于岩石面上的无量纲系数，后者为桩尖嵌入岩石中无量纲系数。

（5）对桩身最大弯矩位置和最大弯矩进行确定。已知 α、M_0 和 Q_0，可根据 $\frac{\alpha M_0}{Q_0}=C_{\mathrm{I}}$，由附表 24（桩尖置于非岩石中或支立于岩石面上时）或附表 30（桩尖嵌入岩石内时）查出相应的 αy 值，此 y 值即最大弯矩位置。再由附表 25 查相应的 αy 时的 C_{II} 值，则 $M_{max}=M_0C_{\mathrm{II}}$。

（6）对桩身弯矩零点位置进行确定。由 $\frac{\alpha M_0}{Q_0}=C_{\mathrm{III}}$，查附表 26 得相应的 αy 值，此 y 即

弯矩零点位置。

（7）对最大桩侧应力σ_{ymax}位置及数值进行确定。由$\frac{\alpha M_0}{Q_0}=C_{\mathrm{IV}}$，查附表27得相应的$\alpha y$值，此$y$即最大侧向应力位置。再由附表28查相应的$\alpha y$值的$C_{\mathrm{V}}$值。

$$\sigma_{ymax}=\frac{\alpha Q_0}{B_p}C_{\mathrm{V}}$$

（8）对桩侧应力零点位置进行确定。由$\frac{\alpha M_0}{Q_0}=C_{\mathrm{VI}}$查附表29得相应$\alpha y$值，此$y$即$\sigma_y=0$点的位置。当桩尖嵌入岩层内时，前述各项可查相应附表30～附表35。

（9）根据计算结果绘剪力和弯矩图并作配筋计算。抗滑桩计算示例略。

3. 抗滑桩的施工

这里仅介绍目前大量采用的挖孔桩的施工顺序和注意事项。

1）施工准备

（1）整平桩位附近地面，按设计测定桩位，根据桩孔十字线进行施工放样（考虑施工误差，每边可比设计放大5cm）。

（2）桩孔开挖前在井口上搭设临时风雨棚，井口四周挖设临时排水沟。

（3）竖立吊架（三脚架或摇头扒杆等）供井开挖到一定深度后出渣和进料用。起吊高度超出井口3m以上时，需在井口设置转向滑轮来改变拉力方向，以防绞车拉倒吊架。

（4）在井口设置供工人装卸料斗用的脚踏板。井挖到一定深度后，为防止掉块伤人，宜将井口用板封闭，在其上另设可启闭的进出人和料的孔口。

（5）在滑体和建筑物上建立位移和变形观测标志，防止施工期发生突然事故。竣工后需继续观测一段时间以检验工程效果。

（6）因开挖路堑（或山坡）而引起的滑坡上采用抗滑桩治理时，为防止施工过程中滑坡剧动，可先将原土回填以平衡滑体，待桩全部做好后再行挖除。

2）施工机械设备和注意事项

（1）井内开挖一般用短柄铲和镐，在岩层中需打眼爆破时，用风钻、风镐打眼，无条件时可人工打眼。

（2）井内装土容器一般采用活动底吊斗或铁皮桶、竹筐等，井外用架子车或斗车转运。弃土应远离井口，运至滑体外或确认的抗滑地段。

（3）出渣进料的升降设备，采用0.3～0.5t的电动卷扬机，无条件时可采用人力绞车。

（4）井内照明用低压灯泡（36V），爆破时需全部拆掉，以防震坏。

（5）井下爆破时，井深在3m以内用火花起爆；3～5m时，宜采用迟发雷管电器引爆，也可采用滑动引火圈起爆。爆破时井口应用木柴加盖，以防飞石伤人。

（6）井内爆破后用高压风管吹风排烟，一般用功率为0.25kW的GZH_2型单向鼓风机，搬移比较轻便灵活，也可用明火排烟，将干茅草扎成较松的小捆，先在井口燃旺，投入井内。但忌用油染燃烧物，以免增加烟雾。排烟后，喷水降尘，15min后方可下井作业。

（7）井内人员上下通行用直径16～19mm的钢筋梯，每节梯长2～4m，宽0.3～

0.5m，使用时顶节插入预埋环中，其余逐节扣挂，或分节扣挂于井壁预埋的U形杆件上。爆破时，底部2～3节钢筋梯应吊离井底以免被爆破石块打坏。严禁乘卷扬机升降，以防发生坠落事故。井内作业人员必须戴安全帽以防掉块砸伤。

（8）井内排水水量不大时用水捅提水，水量大时使用扬程约20m的潜水泵或扬程约30m的抽水机，用卷扬机将抽水机直接吊挂进行抽水或在井下搭设小台安放抽水机抽水。

（9）井壁支撑一般采用木支撑和混凝土薄壳护壁两种。

木支撑：通常用直径20～30cm的圆木框架式支撑，从上至下随挖随撑。井口高出地面时则多安装两榀，周围填土。作为防止掉碴及截排地表水的防护建筑，支撑木大小及间距根据坑壁侧压力而定。滑面以下土质较坚硬、密实，地下水影响不大，或者较好的岩质地层，视具体情况，可少设或不设支撑。为防止支撑受压变形向下移动，井口可将支撑木四角用钢丝绳（直径8～12mm）吊住，每架一榀即套吊一榀，直至最下层。当吊装捆扎好的钢筋后，在灌混凝土前，由下向上逐层拆除支撑。

这种支撑的优点是对山体变形易显示；缺点是当变形大支撑拆除不掉时，既浪费了木材，又在年久木材腐烂后造成桩的过大变形。

混凝土薄壳护壁：有就地现灌和预制块分圈安装两种。由上向下每开挖好一段竖井，经检查断面尺寸符合设计要求，并做好施工地质编录后即可支护，一般每段1.5～2.0m。井口一段高出地面0.2～0.3m，作为防止掉碴和截、排地表水的防护建筑。为增加侧壁摩擦阻力防止护壁下沉，可在第一节地面处增做锁口。护壁一般不计入桩截面内，所以开挖断面应加大护壁所需的宽度。为节省圬工，在能确保护壁混凝土质量及其与桩体混凝土黏结成整体的条件下，也可作为桩截面的一部分，两者混凝土标号应该相同。护壁的厚度及布设钢筋视地层情况和滑坡动态而定，一般厚200～300mm，四周均布以间距200～300mm直径10mm的钢筋网。段与段之间留200mm的空间，以便于下一段混凝土的灌注和捣固。

滑面以下若土质坚硬、密实、地下水影响不大或为较好的岩层时，也可不作护壁，但上段护壁嵌入完整岩层应不少于0.5m。

混凝土护壁的优点是整体性强、施工安全、节约木材、工作面大，为观测山体变形，可在每段支护中加设1～2根木横撑，在孔挖完后拆除；其缺点是爆破时易被震裂。

（10）钢筋的绑扎及混凝土灌注。

混凝土薄壳护壁：挖好一段桩孔，经检查合格后即可按桩孔十字线及设计要求绑扎钢筋。段与段间的钢筋应按规程要求搭接，在灌上段混凝土时，将预留搭接钢筋弯起，待下段开挖后再扳直使之与下段钢筋搭接。然后灌注混凝土（一般用140～200级的），灌注时，通常在井口附近拌和，用小车或斗车转运倾入串筒，落到模架顶铺设的钢板上再灌入模内，以防止混凝土发生离析现象，并确保井下工作人员的安全。当发现混凝土离析时，需再拌和均匀后铲入模内或用加强捣固来弥补，应有专人负责捣固。上段混凝土灌完后，一般间歇4～6h即可拆除中心支撑，继续下挖。

桩体：桩孔挖到设计标高，经检查合格，清洗（凿毛）护壁后，可视具体情况按设计采用分段焊扎成长5～7m的钢筋笼，再按桩底十字线吊装定位，或者采用半预焊半就地焊扎的办法，吊装好已点焊成束的主筋，再在孔内焊、扎架立钢筋及箍筋，然后同灌护壁一样灌注桩体混凝土，每捣固层的混凝土厚度最好不超过50cm。

复习思考题

1. 简述滑坡的基本概念及其危害。
2. 简述滑坡的类型有哪些。
3. 试述滑坡的防治措施。
4. 设计抗滑挡墙应进行哪些验算?
5. 如何布设用于滑坡治理的地表排水工程?地下排水工程主要有哪些?

第4章　泥石流灾害防治技术

4.1　泥石流灾害防治概述

泥石流是指发生在山区小型流域中，短暂的、饱含泥沙的特殊洪流，是水土流失发展到严重阶段的表现（刘伦华等，2009）。其流体重度一般大于14kN/m^3，含沙量大于600kg/m^3。

泥石流实质上是山区沟谷的一种快速剥蚀过程，在山地夷平过程中起着积极的作用。因此，它在山区分布上有普遍性，而且在时期上有连续性和继承性，目前有泥石流发育的地方，都可看到老泥石流的堆积物。

就全球范围而言，泥石流灾害分布广泛。欧洲主要的泥石流危险区在阿尔卑斯山脉、比利牛斯山脉、亚平宁山脉、喀尔巴阡山脉和高加索山脉。在美洲主要是太平洋沿岸的安第斯山脉和科迪勒拉山系。在亚洲主要是喜马拉雅山脉、川滇山区、天山山脉、日本山地和安纳托利亚西部山地（李智毅等，1990）。据不完全统计，全世界有60多个国家不同程度地遭受泥石流危害，其中遭灾较多、较重的国家有中国、俄罗斯、美国、智利、秘鲁、奥地利、意大利、尼泊尔、巴基斯坦和日本等。我国泥石流主要分布在西南、西北地区，其次在东北、华北地区，华东、中南地区及台湾省、海南省等山地，泥石流也有零星分布，其中冰川型泥石流多分布在西藏东南部海洋性冰川地区。而暴雨型泥石流多分布在辽东半岛、燕山、太行山、秦岭、大巴山至横断山一线，这里不仅断裂、褶皱发育，地震活跃，而且也是我国暴雨较多的地区。据初步估计，我国泥石流分布总面积100万~110万km^2，约占国土面积的11%，危害较多的泥石流区面积为65万~70万km^2，约占国土面积的7%（李智毅等，1990）。

由于泥石流暴发突然，活动猛烈，比一般洪水具有更大的能量和破坏力，能在很短时间内冲出数万、数十万甚至上千万立方米的固体物质，它摧毁公路、桥梁、村镇，淤埋农田，堵塞江河，给山区人民和工农业生产建设带来极大的危害。

在国外，20世纪以来有多起泥石流导致严重灾害的报道。例如，哈萨克斯坦境内地处天山山脉北麓的阿拉木图市曾遭受过多次泥石流侵袭（卢安民，1993），1921年7月8日，由于天气骤热，大量高山冰雪融化，又逢暴雨倾泻，将堆积于山坡、沟谷中的大量石块和泥沙携走，形成一股间隔20~60s的呈波浪式前进的泥石洪流，袭击阿拉木图市，把街道冲成了深河床，房屋连同基础和人一起被摧毁，400余人丧生，500多所房屋毁损。泥石流发生的4h内，山谷雷鸣，地面颤动，数百吨固体物质被堆于数十千米以外的田园上，平均厚度1.5~2m。1973年7月15~16日，又一次强烈的泥石流冲向该市，其中最大的漂砾重达12t，最大流量达2000~3000m^3/s。但是，为保卫阿拉木图市而在小阿拉木图河上修筑的一座高115m的土石坝，抵住了巨大的冲击，仅两小时内，400万t堆积物便淤满了坝前库容。美国太平洋沿岸最大城市洛杉矶曾不止一次地遭受泥石流破坏（哲伦，2009），其中1938年3月1日的泥石流，平均流量2000m^3/s，从山里携出泥石流物质体积超过1100万m^3，导致2000多人丧生。1970年发生于秘鲁境内的一次泥石流事件，是由火山爆发促使高山冰雪大量急剧融化所致。这次灾难震惊世界，造成5万多人死亡和80万人无家可归，并且破坏了若干城镇。具有两万居民的容加依城全城埋葬于泥石流浆体之下，这次泥石流所酿成的灾难几乎可与一次强烈地震相比。

我国山地面积广大，自然地理和地质条件复杂，加之几千年人文活动的影响，是世界上泥石流灾害最严重的国家之一。据不完全统计，仅1975～1984年，西南、西北和东北地区等18个省份暴发的泥石流，共致死约2200人，并压埋了大量农田、房屋和交通线路，铁路、公路等受泥石流危害最大（肖和平，2000）。铁路以宝成线、宝天线和成昆线最为严重（李智毅等，1990）。成昆线北段建成运营15年中，有78条泥石流沟先后暴发了149次泥石流，7次掩埋车站，2次冲毁桥梁，3次颠覆列车。其中1981年7月9日凌晨1时30分，大渡河支流利子依达沟暴发泥石流，把沟口的17m高、百多米长的利子依达大桥冲毁，并使442次列车两节机车、13号行李车厢、12号邮政车厢及3节客车车厢（9～11号）从桥坠下，其中机车及11～13号车厢坠入大渡河中，9号和10号车厢则掉在岸边，8号硬座车厢在桥头的隧道内被强大的冲击力撞出钢轨，翻覆在隧道口外。此次事件共造成275人（包括4名列车长）死亡或失踪，致使成昆线运营中断超过半个月，是我国铁路史上最惨重的泥石流灾难（李德基等，1983）。陇海线宝天段的凤阁岭一带，地处渭河上游峡谷中，1949年一次泥石流形成了宽1km、长3km的巨大洪积扇，元龙车站被掩埋，桥梁、路基均被冲毁。川藏公路西段的西藏波密地区，几乎每年都暴发泥石流，常使这条交通大动脉受阻。1964年以来甘肃省的11次大规模泥石流灾害调查统计，有1331人死亡，财产损失超过2.5亿元。横断山区云南省四个州、四川省四个州（市）及两县统计，1901～1982年的泥石流灾害中有3492人死亡，463人受伤，财产损失4000万元。长江上游陇南、陕南地区水土保持首批防治区统计，1950～1990年，造成死亡5人以上或财产损失在10万元以上的泥石流灾害点共73处，共造成300人死亡，财产损失2891万元。到目前还有29.3万人和1.04亿元财产在泥石流威胁之下。

2010年8月7日22时，甘南藏族自治州舟曲县县城东北部山区突降特大暴雨，降雨量达97mm，持续40多分钟，引发三眼峪、罗家峪等四条沟系特大泥石流灾害，泥石流长约5km，平均宽度300m，平均厚度5m，总体积750万m^3，流经区域被夷为平地。泥石流体冲入白龙江、断流形成堰塞湖（胡凯衡等，2010）。截至2010年9月7日，舟曲“8·7”特大泥石流灾害中1557人遇难，1824人受伤，284人失踪。可见，泥石流灾害仍没有停止肆虐。为此，需要对泥石流的形成条件、发展演化规律、分带和活动特点、预测预报和防治措施等问题加以研究。

4.1.1　泥石流的类型划分及危害性分级

泥石流的类型划分、危害性等级划分内容繁杂、指标繁多，目前尚不统一。这里参照2006年6月5日国土资源部发布的《泥石流灾害防治工程勘查规范》（DZ/T 0220—2006）

讨论泥石流的分类、分级。

按泥石流水源及物源成因分类，如表 4.1 所示。

表 4.1　泥石流按水源和物源成因分类

<table>
<tr><th colspan="2">水体供给</th><th colspan="3">土体供给</th></tr>
<tr><th>泥石流类型</th><th>特征</th><th colspan="2">泥石流类型</th><th>特征</th></tr>
<tr><td>暴雨泥石流</td><td>泥石流一般在充分的前期降雨和当场暴雨激发作用下形成，激发雨量和雨强因不同沟谷而异</td><td rowspan="5">混合泥石流</td><td>坡面侵蚀型泥石流</td><td>坡面侵蚀、冲沟侵蚀和浅层坍滑提供泥石流形成的主要土体，固体物质多集中于沟道，在一定水分条件下形成泥石流</td></tr>
<tr><td rowspan="3">冰川泥石流</td><td rowspan="3">冰雪融水冲蚀沟床，侵蚀岸坡而引发泥石流，有时也有降雨的共同作用，属冰川泥石流</td><td>崩滑型泥石流</td><td>固体物质主要由滑坡、崩塌等重力侵蚀提供，也有滑坡直接转化为泥石流</td></tr>
<tr><td>冰碛型泥石流</td><td>形成泥石流的固体物质主要是冰碛物</td></tr>
<tr><td>火山泥石流</td><td>形成泥石流的固体物质主要是火山碎屑堆积物</td></tr>
<tr><td>溃决泥石流</td><td>水流冲刷、地震、堤坝自身不稳定性引起的各种拦水堤坝溃决和形成堰塞湖的滑坡坝、终碛堤溃决，造成突发性高强度洪水冲蚀而引发泥石流</td><td>弃渣泥石流</td><td>形成泥石流的松散固体物质主要由开渠、筑路、矿山开挖的弃渣提供，是一种典型的人为泥石流</td></tr>
</table>

按集水区地貌特征分类如表 4.2 所示。

表 4.2　泥石流按集水区地貌特征分类

坡面型泥石流	沟谷型泥石流
1. 无恒定地域与明显沟槽，只有活动周界，轮廓呈保龄球形； 2. 限于 30°以上斜面，下伏基岩或不透水层浅，物源以地表覆盖层为主，活动规模小，破坏机制更接近于坍滑； 3. 发生时空不易识别，成灾规模及损失范围小； 4. 坡面土体失稳，主要是有压地下水作用和后续强暴雨诱发，暴雨过程中的狂风可能造成林、灌木拔起、倾倒，使坡面局部破坏； 5. 总量小，重现期长，无后续性，无重复性； 6. 在同一斜坡面上可以多处发生，呈梳状排列，顶缘距山脊线有一定范围； 7. 可知性低、防范难	1. 以流域为周界，受一定的沟谷制约，形成、堆积和流通区较明显，轮廓呈哑铃形； 2. 以沟槽为中心，物源区松散堆积体分布在沟槽两岸及河床上，崩塌滑坡、沟蚀作用强烈，活动规模大，由洪水、泥沙两种汇流形成，更接近于洪水； 3. 发生时空有一定规律性，可识别，成灾规模及损失范围大； 4. 主要是暴雨对松散物源的冲蚀作用和汇流水体的冲蚀作用； 5. 总量大，重现期短，有后续性，能重复发生； 6. 构造作用明显，同一地区多呈带状或片状分布，列入流域防灾整治范围； 7. 有一定的可知性，可防范

按暴发频率分为高频泥石流（多次/1 年～1 次/5 年），中频泥石流（1 次/5 年～1 次/20 年），低频泥石流（1 次/20 年～1 次/50 年），极低频泥石流（1 次/超过 50 年）。

按泥石流物质组成的分类如表4.3所示。

表4.3　泥石流物质组成的分类

分类指标	泥流型	泥石型	水石（沙）型
重度	≥1.60t/m³	≥1.30t/m³	≥1.30t/m³
物质组成	粉砂、黏粒为主，粒度均匀，98%的粒径小于2.0mm	可含黏粒、粉粒、砂粒、砾粒、卵石粒、漂石粒各级粒度，很不均匀	粉砂、黏粒含量极少，粒径多大于2.0mm，粒度很不均匀（水沙流较均匀）
流体属性	多为非牛顿体，有黏性，黏度为0.3～0.15Pa·s	多为非牛顿体，少部分也可以是牛顿体；有黏性的，也有无黏性的	为牛顿体，无黏性
残留表观	有浓泥浆残留	表面不干净，表面有泥浆残留	表面较干净，无泥浆残留
沟槽坡度	较缓	较陡（>10%*）	较陡（>10%*）
分布地域	多集中分布在黄土及火山灰地区	广见于各类地质体及堆积体中	多见于火成岩及碳酸盐岩地区

*10%为坡度正切值，tan5.71°=10%。

按泥石流流体性质分类如表4.4所示。

表4.4　泥石流的流体性质分类

流体性质	稀性泥石流	黏性泥石流
流体的组成及特性	浆体是由不含或少含黏性物质组成，黏度值<0.3Pa·s，不形成网格结构，不会产生屈服应力，为牛顿体	浆体是由富含黏性物质（黏土、粒径<0.01mm的粉砂）组成，黏度值>0.3Pa·s，形成网格结构，产生屈服应力，为非牛顿体
非浆体部分的组成	非浆体部分的粗颗粒物质由大小石块、砾石、粗砂及少量粉砂黏土组成	非浆体部分的粗颗粒物质由粒径>0.01mm的粉砂、砾石、块石等固体物质组成
流动状态	紊动强烈，固液两相做不等速运动，有垂直交换，有股流和散流现象，泥石流体中固体物质易出、易纳，表现为冲、淤变化大，无泥浆残留现象	呈一相层状流，有时呈整体运动，无垂直交换，浆体浓稠，浮托力大，流体具有明显的辅床减阻作用和阵性运动，流体直进性强，弯道爬高明显，浆体与石块掺混好，石块无易出、易纳特性，沿程冲、淤变化小，由于黏附性能好，沿流程有残留物
堆积特征	堆积物有一定分选性，平面上呈龙头状堆积和侧堤式条带状堆积，沉积物以粗粒物质为主，在弯道处可见典型的泥石流凹岸淤、凸岸冲的现象，泥石流过后即可通行	呈无分选泥砾混杂堆积，平面上呈舌状，仍能保留流动时的结构特征，沉积物内部无明显层理，但剖面上可明显分辨不同场次泥石流的沉积层面，沉积物内部有气泡，某些河段可见泥球，沉积物渗水性弱，泥石流过后易干涸
重度	1.30～1.60t/m³	1.60～2.30t/m³

按泥石流一次性暴发规模分类如表4.5所示。

表 4.5　按一次性暴发规模分类

分类指标	特大型	大型	中型	小型
一次性堆积总量/（$10^4 m^3$）	>100	≥10～≤100	≥1～<10	<1
泥石流洪峰量/(m^3/s)	>200	≥100～≤200	≥50～<100	<50

根据泥石流的活动特点、灾情预测，单沟泥石流的活动性可划分低、中、高和极高四级（表4.6）。

表 4.6　单沟泥石流的活动性分级表

泥石流活动特点	灾情预测	活动性分级
能够发生小规模和低频率泥石流或山洪	致灾轻微，不会造成重大灾害和严重危害	低
能够间歇性发生中等规模的泥石流，较易由工程治理所控制	致灾轻微，较少造成重大灾害和严重危害	中
能够发生大规模的高、中、低频率的泥石流	致灾较重，可造成大、中型灾害和严重危害	高
能够发生巨大规模的特高、高、中、低频率的泥石流	致灾严重，来势凶猛，冲击破坏力大，可造成特大灾难和严重危害	极高

根据一次造成的死亡人数或直接经济损失，可分为特大型、大型、中型和小型四个灾害等级（表4.7）。

表 4.7　泥石流灾害危害性划分

危害性灾度等级	特大型	大型	中型	小型
死亡人数/人	>30	≥10～≤30	≥3～<10	<3
直接经济损失/万元	>1000	≥500～≤1000	≥100～<500	<100

注：灾度的两项指标不在一个级次时，按从高原则确定灾度等级。

对潜在可能发生的泥石流，根据受威胁人数或可能造成的直接经济损失，可分为特大型、大型、中型和小型四个潜在危险性等级（表4.8）。

表 4.8　泥石流潜在危险性分级表

潜在危险性等级	特大型	大型	中型	小型
直接威胁人数/人	>1000	≥500～≤1000	≥100～<500	<100
直接经济损失/万元	>10000	≥5000～≤10000	≥1000～<5000	<1000

注：潜在危险性等级的两项指标不在一个级次时，按从高原则确定灾度等级。

区域泥石流活动性和危险区的划分，应充分利用地理信息系统技术，调查影响区域泥石流活动性的相关因子，并将其集成综合分析，作为区域泥石流活动性和危险区划分的依据，并评价其危害性。

4.1.2　泥石流的形成条件

影响泥石流形成的因素很多，但在某个流域内是否能够形成泥石流，取决于是否具备三个基本条件：地形条件（流域、沟谷条件）、地质条件（物源条件）和气象水文条件（水源条件）。

4.1.2.1　地形条件

地形条件在泥石流灾害中的作用是通过地形的相对高差为补给泥石流的固源和水源提供势能（位能），使它们在特定的地形中混合、运动。任何泥石流均存在一个流域。典型的泥石流流域可划分为泥石流形成区、泥石流流通区和泥石流堆积区三个区段（图 4. 1）。

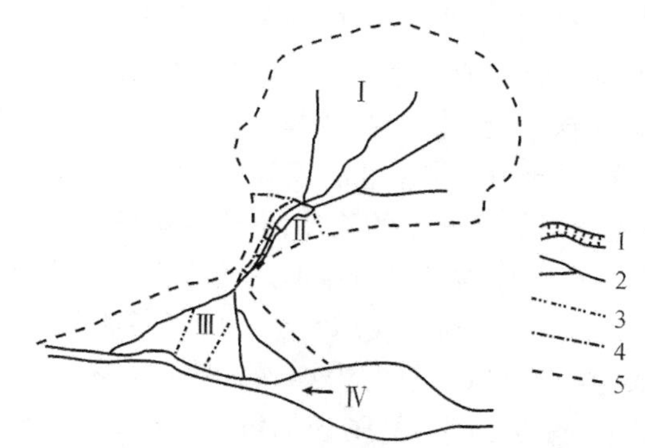

图 4. 1　典型泥石流流域示意图（李智毅等，1990）

Ⅰ-泥石流形成区；Ⅱ-泥石流流通区；Ⅲ-泥石流堆积区；Ⅳ-泥石流堵塞河流形成的湖泊；1-峡谷；2-有水沟床；3-无水沟床；4-分区界线；5-流域界线

（1）泥石流形成区（流域上游）。又称汇流区，多为三面环山、一面出口的半圆形宽阔地段，周围山坡陡峻（大多 30°～60°），沟谷纵坡降可达 30°以上，其面积大者可达数平方千米至数十平方千米，斜坡常被冲沟切割，且有崩塌、滑坡发育。这样的地形条件，有利于汇集周围山坡上的水流和固体物质，泥石流基本就在本区内形成。形成区的面积愈大、坡面愈多、山坡愈陡、沟壑密度愈大，则泥石流集流快、规模大，且迅猛强烈；反之，则集流慢、规模小，强度也较小。

（2）泥石流流通区（流域中下游）。又称沟谷区或流槽，它是紧接形成区之下的一段沟谷，一般断面比较窄、深，两岸山坡比较稳定，沟壁一般有明显的泥石流痕迹，沟底基岩出露。但有些沟谷的流通区则积存着较厚的洪积物和泥石流堆积物，在洪水急剧冲蚀下，也可成为泥石流补给物质，酿成灾害性泥石流。甘肃省武都区及云南省东川区泥石流沟的观测资料表明（袁斌等，2012；温钦舒等，2014），泥石流沟的流通区也有冲、有淤，并不完全是平衡状态。流通区纵坡的陡缓、曲直和长短，对泥石流的强度有很大影响。当纵坡陡而顺直时，泥石流流途通畅，可直泄下游，能量大；反之，则易堵塞停积或改道，削弱了能量，泥石流流通区长短不一，甚至缺失。

（3）泥石流堆积区（下游开阔地）。该区是泥石流流出沟口后的沉积地区。一般位于山口外或山间盆地的边缘，地形较平缓。由于地形豁然开阔平坦，泥石流动能急剧减弱，最终停积下来，形成扇形、锥形或带形的堆积体。典型的地貌形态为冲积扇，冲积扇地面往往垄岗起伏、坎坷不平，大小石块混杂。若泥石流物质能直泄入主河槽，而河水搬运能力又很强时，则堆积扇有可能缺失。因为泥石流复发频繁，所以堆积扇会不断地淤高扩展，到一定程度逐渐能减弱泥石流对下游的破坏作用。

4.1.2.2　地质条件

地质条件主要决定了松散固体物质的来源。泥石流强烈发育的山区，都是地质构造复杂、岩石风化强烈、新构造运动活跃、地震频发、崩滑灾害多发的地段。这样的地段，既为泥石流准备了丰富的固体物质来源，又因地形高耸陡峻，高差对比大，为泥石流活动提供了强大的动力势能(李智毅等,1990)。

泥石流暴发地段总是与新构造活跃的强烈地震带连在一起的。这是因为深大的地震断裂带及其附近地段岩体十分破碎，崩塌、滑坡极其发育，为泥石流形成提供了丰富的物质基础。例如，南北向地震带是我国最强烈的地震带，也是我国泥石流最活跃的地带。其中，东川区小江泥石流、西昌市安宁河泥石流、武都区白龙江泥石流和天水市渭河泥石流，都是我国最著名的泥石流带。受气候的影响，在此地震带上总的趋势是：南段泥石流比中段和北段更为发育。

形成区内地层岩性的分布，与泥石流的物质组成和流态等有关。在形成区内有大量易于被水流侵蚀冲刷的疏松土石堆积物是泥石流形成的最重要条件之一。堆积物成因可分为风化残积的、坡积的、重力堆积的、冰碛的或冰水沉积的等各种类型。它们的粒度成分悬殊，大者为数十至上百立方米的巨大漂砾，小者为细砂、黏粒，互相混杂。这些疏松堆积物干燥时处于相对稳定状态，但一旦湿化饱水后，则会崩解、软化，易于坍垮而被冲刷。此外，泥石流形成区最常见的岩层，往往是片岩、千枚岩、板岩、泥页岩、凝灰岩等软弱岩层。

风化作用也能为泥石流提供固体物质来源，尤其在干旱、半干旱气候带的山区，植被不发育。岩石物理风化作用强烈，在山坡和沟谷中堆聚起大量的松散碎屑物质，便成为泥石流的补给源地。

4.1.2.3　气象水文条件

泥石流形成必须有强烈的地表径流，地表径流是暴发泥石流的动力条件。泥石流的地表径流来源于暴雨、高山冰雪融化和水体溃决等，由此可将泥石流划分为暴雨型、冰雪融化型和水体溃决型等类型(张倬元等,2009)。

我国除西北地区、内蒙古地区外，都受到热带、亚热带湿热气团的影响，由于季风气候的控制，降水都集中于雨季，尤其是云南省和四川省山区，受孟加拉湾湿热气流影响较强烈。在西南季风控制下，夏秋多暴雨。云南省东川区一次暴雨6h降水量180mm，其中最大降雨强度为55mm/h，形成了历史上罕见的特大暴雨型泥石流，被称为“东川型泥石流”。我国东部地区则受太平洋暖湿气团影响，夏秋多热带风暴。1981年8号强热带风暴侵袭我国东北地区，7月27～28日辽宁省老帽山地区降特大暴雨，6h降水量395mm，其中，最大降雨强度为116.5mm/h，暴发了一场巨大的泥石流。暴雨型泥石流是我国最主要的泥石流类型。

有冰川分布和大量积雪的高山区，当夏天冰雪强烈消融时，可为泥石流提供丰富的地表径流。西藏波密县地区、新疆和中亚的天山山区即属这种情况。有时，泥石流的形成还与冰川湖的突然溃决有关。可见，气象水文是激发泥石流发生的决定性因素。

由上述泥石流形成的自然地理和地质条件可知，泥石流发生有一定的地区性和时间性。即它在地区上，一般分布于新构造活动强烈的陡峻山区。在时间上，多发生在降雨集中的雨季或高山冰雪强烈消融季节，主要是在每年的夏季。

近年来,人类活动造成的泥石流灾害越来越严重。有些地区人为泥石流灾害已占泥石流总灾害的65%。这种人为破坏因素包括滥垦乱伐造成森林的大面积缩小、人为地破坏山坡,如在沟道中大量弃渣等。例如,在白龙江流域,自明朝至今,一直进行着毁林,陡坡开垦荒地,广种薄收,掠夺式地利用自然资源,造成生态平衡失调。1949~1980年,该地区开垦荒地近200万亩,平均每增加一人,耕地增加2.27亩,开垦坡度达43.6°。随着山区工农业生产建设的发展,筑路、开矿、采石规模也不断扩大,使废石弃土量不断增加。甘肃省西和县、成县各类矿点有50多个,弃渣量达1亿多立方米,文县梨坪乡沿河修路将大量土石倾倒河道,1982年一次暴雨形成泥石流,使21人丧生。群众生活能源完全依赖烧柴,使植被破坏严重,植被破坏后,土石裸露,地表反射能力增强,风化作用加剧,土壤蓄水能力减弱,地表径流增加,使生态环境严重恶化。例如,礼县森林面积由1958年的104万亩减少到61万亩,林线后退20多千米,森林覆盖率由原来的16.5%减至9.8%。1949~1980年,武都区森林面积减少了40%,森林覆盖率由37%减至23.7%。林地面积减小和森林覆盖率减小均与人口密度的增加有关,如武都区洛塘镇地区泥石流稀疏区,人口密度仅46人/km^2,森林覆盖率为39.52%;而白龙江两岸及其支流泥石流密集区,人口密度133人/km^2,森林覆盖率仅7.74%(黄江成等,2014)。从以上资料可以看出,人类不合理的开采和活动,使坡体失稳,诱发滑坡,直接为泥石流补给物质。

4.2　泥石流灾害防治措施

不管预防措施,还是治理措施,其目的都是相同的,一是控制泥石流灾害肆虐,将损失降到最低;二是避免泥石流灾害发生,消除泥石流灾害损失。而要达到此目的,方法、途径有很多,结合经验汇总于表4.9。

表4.9　泥石流灾害防治措施一览表

防治措施分类		措施名称	适用对象
预防措施	技术管理措施	1. 地质灾害危险性评估 2. 监测预警、预报 3. 搬迁避让	1. 所有沟谷流域及其沟口建设场地 2. 有泥石流记载或预判可能发生泥石流灾害的沟谷流域 3. 所有沟谷流域及其沟口建设场地
	工程建设措施	1. 穿越工程(明洞、廊道、隧道、渡槽) 2. 跨越工程(桥梁、涵洞等)	1. 灾害不明或治理投保比低的泥石流沟 2. 灾害不明或治理投保比低的泥石流沟
治理措施	拦挡工程措施	1. 拦挡坝(实体坝、格栅坝等) 2. 拦淤库和停淤场(储淤工程) 3. 底坎坝(铅丝笼、钢筋混凝土)	1. 拟治理的所有泥石流沟 2. 拟治理的所有泥石流沟、排导困难 3. 拟治理的所有泥石流沟、下游下蚀强烈
	支挡工程措施	护坡与挡墙	需要采用此措施的泥石流沟
	排(输)导工程措施	1. 蓄(引)水工程(调洪水库、截水沟和引水渠等) 2. 排导渠(沟) 3. 导流堤与顺水坝	1. 需要采用此措施的泥石流沟 2. 拟治理的所有泥石流沟、有排(输)条件 3. 需要采用此措施的泥石流沟
	生物工程措施	植树造林	拟治理的所有泥石流沟

下面就各种措施的适用性进行简要分析。

4.2.1 预防措施及其适用性分析

1. 地质灾害危险性评估

依据国家法令，对于所有在地质灾害易发区进行建设的工程项目，都必须进行此项工作。

2. 监测预警、预报

对于有泥石流记载或预判可能发生泥石流灾害的沟谷流域，沟内、沟口仍有居民、重要设施，暂时难以根除灾害的，应该实施此项措施。监测可用电视录像、雷达、警报器等现代及普通测量设备（专业调查研究），以及经纬仪、皮尺等工具和人的目估判断（简易监测）等方法，应注意编制详细、可行、有效的监测预警、预报方案。

3. 搬迁避让

对于性质不明、规模巨大、短期内又难以查明的泥石流灾害，经多方论证后，确认治理费用较大或难以治理者，应坚决采取搬迁避让措施，但应编制切实可行的搬迁避让方案和搬迁避让实施计划。

4. 穿越工程

穿越工程是指修建隧道、明洞从泥石流下方穿过，泥石流在其上方排泄。这是通过泥石流地区的又一种主要工程形式。对于灾害性质不明或治理投保比很低的泥石流沟，大型、重要建设工程（如铁路、高速公路等）必须通过的，则可以采用明洞、廊道、隧道、渡槽等穿过泥石流危害区，确保建设工程长期安全。根据1977年的考察资料，成昆铁路穿过泥石流共修建隧道、明洞和渡槽16座，占全部221项工程的7.2%。因投资较大，应考虑因地制宜。

5. 跨越工程

跨越工程是指修建桥梁、涵洞从泥石流上方凌空跨越，让泥石流在其下方排泄。对于灾害性质不明或治理投保比很低的泥石流沟，大型、重要建设工程（如铁路、高速公路等）必须通过的，则可以采用桥梁、涵洞等跨越泥石流危害区，确保建设工程长期安全。根据1977年的考察资料，成昆铁路沿线249条泥石流沟共修建桥梁157座，涵洞48座，占全部221项工程的92.8%，可见桥涵跨越是通过泥石流地区的主要工程形式。

4.2.2 治理措施及其适用性分析

1. 拦挡坝

拦挡坝是在流通区内修建拦挡泥石流的坝体。拦挡坝基本有两种类型；一种是高坝，它有比较大的库容，能保证发生最大泥石流时全部拦蓄，当坝体逐渐淤满时，予以清除或将坝体加高，此种坝体按水库设计，修建有溢洪道，水利部门在黄土地区修建较多，称为拦泥库；另一种为低坝，也叫砂坊、谷坊或埝。这种坝体常成群布设，坝体高度较小，泥石流直接从坝面流过。

2. 拦淤库和储淤场

拦淤库和储淤场统称储淤工程。前者设置于流通区内,就是修筑拦挡坝,形成泥石流库;后者一般设置于堆积区的后缘,工程通常由导流堤、拦淤堤和溢流堰组成。储淤工程的主要作用是在一定期限内、一定程度上将泥石流固体物质在指定地段停淤,从而削减下泄的固体物质总量及洪峰流量。

3. 底坎坝

底坎坝是针对青壮年期泥石流的一种抗下蚀措施,该措施常常布设于流通区下部区域,其作用是抬高侵蚀基准面和阻挡下蚀沟底。

4. 护坡与挡墙

护坡、挡墙等可称为支挡工程,也可称为防护工程。在形成区内崩塌、滑坡严重地段,可在坡脚处修建挡墙和护坡,以稳定斜坡。此外,当流域内某地段因山体不稳,树木难以“定居”时,应先辅以支挡建筑物稳定山体,生物措施才能奏效。

5. 蓄(引)水工程

这类工程包括调洪水库、截水沟和引水渠等。工程建于形成区内,其作用是拦截部分或大部分洪水,削减洪峰,以控制暴发泥石流的水动力条件。同时,蓄(引)水还可灌溉农田、发电或供生活用水等。大型引水渠应修建稳固而矮小的截流坝作为渠首,避免经过崩滑地段而应在它的后缘外侧通过,并严防渗漏、溃决。

6. 排导渠(沟)

排导渠(沟)是以渠(沟)道形式引导泥石流顺利地通过防护区段排向下游泄入主河的工程。排导渠(沟)是常见的防护工程,其吸引力常大于沟内的拦挡工程。此外,排导渠(沟)工程位于山外开阔地带,交通方便,施工容易、简单、投资少,并且对防范泥石流有立竿见影的效果,因此被大多数部门、单位首先考虑和采用。

7. 导流堤与顺水坝

导流堤、顺水坝工程的目的均为控制泥石流流向。导流堤始于泥石流堆积扇扇顶或山口直至沟口,大多为连续性建筑物;导流堤一般为单面护砌沙石土堤,也有一些为纯土堤或纯石堤,个别采用混凝土堤;顺水坝建于沟内,多为不连续建筑物,顺水坝一般为浆砌块石或混凝土构筑,顺水坝除控制主流线方向外,还保护山坡坡脚免遭洪水、泥石流冲刷。

8. 植树造林

植树造林,也就是生物工程,采用种植树灌、草皮以及合理耕种等方法,使流域内形成一种多结构的地面保护层,以拦截降水,增加入渗及汇水阻力,保护表土免受侵蚀。当植物群落形成后,不仅能防治泥石流,而且还能改变水分和大气循环,对当地农业、林业都有好处。

事实上,在泥石流灾害治理中,上述各项措施,在一条泥石流沟流域经常是综合采用的,这样既可以做到当年见效,又可在较短时间内防止泥石流的发生,这种方法称为综合治理。其中工程措施具施工期短、见效快等优点;而植树造林的优点是可以恢复生态平衡,长期有效。总体来看,在治理前期应以采用工程措施为主,可以稳定边坡,促进林木生长;治理后期则应以生物措施为主,减少水土流失。

4.3　泥石流防治工程设计

4.3.1　设计原则

(1)以防为主,防治结合的原则。结合国家、地区实际,泥石流灾害防治工程,要针对轻重缓急,分阶段实施,近期防灾,远期逐步根治。

(2)突出重点,因害设防,因地制宜,讲求实效的原则。根据泥石流的发生条件、活动特点及危害状况,全流域统一规划,统筹设防,突出效果。

(3)综合防治,整体最优的原则。泥石流灾害防治应是综合性的,应立足整体考虑,综合治理。不局限于对孕灾地质体采取支护、抗滑等工程措施,应投入一定的辅助手段和措施,如生物措施、环境措施和对致灾因素(降雨、地下水等)的措施,进行综合性治理。要求灾害防治措施组合作用的整体防治效益最优,不追求每项局部措施水平都达到最优状态。多种措施巧妙组合,综合应用,力争以最低投入获得最佳防治效果。

4.3.2　设计依据与设计标准

4.3.2.1　设计依据

设计依据主要包括三个方面:政策法规依据、技术规范依据和其他依据。

政策法规依据主要包括:

(1)《地质灾害防治条例》(国务院令第 394 号,2003 年 11 月 24 日);

(2)《国土资源部关于加强地质灾害危险性评估工作的通知》(国土资发〔2004〕69 号);

(3)《建设用地审查报批管理办法》(国土资源部令第 69 号,2016 年 11 月 29 日);

(4)各类国家、地方法律、法规文件。

技术规范依据主要包括:

(1)《地质灾害危险性评估规范》(DZ/T 0286—2015);

(2)《岩土工程勘察规范》(2009 年版)(GB 50021—2001);

(3)《地质灾害防治工程勘查规范》(DB 50/T143—2018);

(4)《建筑边坡支护技术规范》(DB 50/5018—2001);

(5)《崩塌、滑坡、泥石流监测规范》(DZ/T 0221—2006);

(6)《地质灾害防治工程监理规范》(DZ/T 0222—2006);

(7)《岩土锚杆与喷射混凝土支护工程技术规范》(GB 50086—2015);

(8)《混凝土结构设计规范》(2015 年版)(GB 50010—2010);

(9)《泥石流灾害防治工程设计规范》(DZ/T 0239—2004);

(10)《泥石流灾害防治工程勘查规范》(DZ/T 0220—2006);

(11)《混凝土重力坝设计规范》(SL 319—2018);

(12)《岩土工程勘察设计手册》;

(13)各类行业、地区技术要求、标准文件。

其他依据主要包括:

(1)建设项目批复文件;

(2)泥石流灾害防治可行性研究、勘查、设计、施工的合同书、委托书、任务书;

(3)泥石流灾害防治可行性研究报告;

(4)泥石流灾害工程地质勘查、设计报告;

(5)泥石流灾害防治可行性研究、勘查、设计、施工的分阶段审查、验收文件;

(6)已有区域地质、水文地质、工程地质成果资料。

4.3.2.2　设计标准

根据《泥石流灾害防治工程设计规范》(DZ/T 0239—2004),泥石流灾害防治工程设计标准的确定,应进行充分的技术经济比选,既要安全可靠,也要经济合理,使其整体稳定性满足抗滑(抗剪或抗剪断)和抗倾覆安全系数的要求(表4.10)。

表4.10　泥石流灾害防治主体工程设计标准

防治工程安全等级	降雨强度	拦挡坝抗滑安全系数		拦挡坝抗倾覆安全系数	
		基本荷载组合	特殊荷载组合	基本荷载组合	特殊荷载组合
一级	100年一遇	1.25	1.08	1.60	1.15
二级	50年一遇	1.20	1.07	1.50	1.14
三级	30年一遇	1.15	1.06	1.40	1.12
四级	10年一遇	1.10	1.05	1.30	1.10

泥石流拦挡坝坝体与坝基应具有足够的强度,坝体内或地基的最大压应力 σ_{max} 不超过筑坝材料的允许值,最小压应力 σ_{min} 不允许出现负值。

水文设防标准可以根据《泥石流灾害防治工程设计规范》(DZ/T 0239—2004)中泥石流灾害防治工程安全等级(表4.11),结合相关规范确定。

表4.11　泥石流灾害防治工程安全等级标准

地质灾害	防治工程安全等级			
	一级	二级	三级	四级
受灾对象	省会城市	地级市	县级城市	乡、镇及重要居民点
	铁道、国道、航道主干线及大型桥梁隧道	铁道、国道、航道及中型桥梁隧道	铁道、省道及小型桥梁隧道	乡、镇间的道路、桥梁
	大型的能源、水利、通信、邮电、矿山、国防工程等专项设施	中型的能源、水利、通信、邮电、矿山、国防工程等专项设施	小型的能源、水利、通信、邮电、矿山、国防工程等专项设施	乡、镇型的能源、水利、通信、邮电、矿山等专项设施
	一级建筑物	二级建筑物	三级建筑物	普通建筑物

续表

地质灾害	防治工程安全等级			
	一级	二级	三级	四级
死亡人数	>1000	≥100 ~ ≤1000	≥10 ~ <100	<10
直接经济损失/万元	>1000	≥500 ~ ≤1000	≥100 ~ <500	<100
期望经济损失/(万元/a)	>1000	≥500 ~ ≤1000	≥100 ~ <500	<100
防治工程投资/万元	>1000	≥500 ~ ≤1000	≥100 ~ <500	<100

注：表中的一、二、三级建筑物是指《建筑地基基础设计规范》(GB 5007—2011)中的一、二、三级建筑物。

4.3.3　主要防治工程设计与施工

这里，针对泥石流灾害常见的防治工程进行设计与施工的注意事项叙述。

需要了解泥石流防治工程设计中的几个重要参数的选取和计算。

1. *泥石流流体重度* γ_c

泥石流流体重度是最难确定的一个参数，目前的确定方法很多，如称重法、体积比法、现场调查试验法、形态调查法、经验公式等，精度值得商榷。

《泥石流灾害防治工程勘查规范》(DZ/T 0220—2006)给出现场调查试验法：

$$\gamma_c = \frac{G_c}{V} \tag{4.1}$$

式中，γ_c 为泥石流流体重度 (t/m^3)；G_c 为样品的总重量 (t)；V 为样品的总体积 (m^3)。

2. *泥石流流速* V_c

《泥石流灾害防治工程设计规范》(DZ/T 0239—2004) 给出了计算公式：

$$V_c = \frac{1}{\sqrt{\gamma_H \phi_v + 1}} \frac{1}{n_c} H_c^{2/3} I_c^{1/2} \tag{4.2}$$

式中，V_c 为泥石流流速 (m/s)；γ_H 为泥石流固体物质重度 (t/m^3)；H_c 为计算泥石流断面的平均泥深 (m)；I_c 为泥石流水力坡度；n_c 为泥石流沟床的糙率系数；ϕ_v 为泥石流泥砂修正系数 (表4.12)。

表4.12　泥石流流体重度 γ_c、泥石流固体物质重度 γ_H 与泥石流泥沙修正系数 ϕ_v 对照表

γ_H	γ_c										
	1.3	1.4	1.5	1.6	1.7	1.8	1.9	2.0	2.1	2.2	2.3
2.4	0.272	0.400	0.556	0.750	1.000	1.330	1.80	2.50	3.67	6.00	13.00
2.5	0.250	0.364	0.500	0.667	0.875	1.140	1.50	2.00	2.75	4.00	6.50
2.6	0.231	0.333	0.454	0.600	0.778	1.000	1.28	1.67	2.20	3.00	4.33
2.7	0.214	0.308	0.416	0.545	0.700	0.890	1.12	1.43	1.83	2.40	3.25

3. 泥石流流量计算

（1）现场形态调查法：

$$Q_c = V_c F_c \tag{4.3}$$

式中，Q_c 为泥石流流量（m^3/s）；F_c 为泥石流过流断面面积（m^2）。

（2）雨洪计算法：

$$Q_c = K_Q Q_B D_m \tag{4.4}$$

式中，Q_B 为清水洪峰流量（m^3/s），按所在地区省水利厅印发的水文手册中计算公式计算；K_Q 为泥石流流量修正系数，可按式（4.5）计算；D_m 为堵塞系数，可查表4.13获得。

$$K_Q = 1 + \frac{\gamma_c - 1}{\gamma_H - \gamma_c} = 1 + \phi \tag{4.5}$$

表4.13　泥石流堵塞系数 D_m 查阅表

堵塞程度	严重堵塞	中等严重堵塞	轻微堵塞	无堵塞
D_m 值	$D_m > 2.5$	$1.5 \leqslant D_m \leqslant 2.5$	$1.1 \leqslant D_m < 1.5$	1.0

4. 弯道超高 ΔH

$$\Delta H = \frac{V_c^2 B}{2gR} \tag{4.6}$$

式中，ΔH 为弯道超高（m）；B 为泥面宽（m）；R 为主流中心弯曲半径（m）。

5. 沿程泥砂级配及河床表面巨石的三轴向尺寸

通过实测获得。

4.3.3.1　排导渠（槽、沟）

1. 排导渠的布设

排导渠是一种槽形线性过流建筑物，其作用是既可提高输沙能力、增大输沙粒径，又可防止河沟纵、横向的变形，将泥石流在控制条件下安全顺利地排泄到指定的区域。

排导渠主要布设于泥石流堆积区，其纵向轴线布置应力求顺直，并与河沟中心线一致，尽可能利用天然沟道随弯就势；出口段与主河应锐角相交；其纵坡设计最好采用等宽度一坡到底；必须设计变坡、变宽度的渠段，两段纵坡的变化幅度不应太大，并应做水力验算。

2. 排导渠设计与计算

根据泥石流流量、输沙粒径选择窄深式排导渠断面形状为宜。

用类比法来计算排导渠的横断面积，应满足：

$$\frac{B_L H_L^{5/3} n_x I_L^{1/2}}{B_x H_x^{5/3} n_L I_x^{1/2}} = 1 \tag{4.7}$$

式中，B_x 为排导渠的宽度（m）；B_L 为流通区沟道宽度（m）；I_x 为排导渠纵坡降（‰）；

I_L 为流通区沟道纵坡降（‰）；H_L 为流通区沟道泥石流厚度（m）；H_x 为排导渠设计泥石流厚度（m）；n_x 为排导渠的糙率系数；n_L 为泥石流沟床的糙率系数。

排导渠的深度 H_q［图4.2（a）］可按式（4.8）计算确定。

$$H_q = H_{c1} + \Delta H_1 \tag{4.8}$$

式中，H_q 为排导渠深度（m）；H_{c1} 为设计泥深（m）；ΔH_1 为排导渠安全超高（m），一般取 $\Delta H_1 = 0.5 \sim 1\text{m}$。

排导渠弯道段，深度 H_w 还应考虑泥石流弯道超高，H_w［图4.2（b）］按式（4.9）计算。

$$H_w = H_q + \Delta H_w \tag{4.9}$$

式中，H_w 为排导渠弯道深度（m）；ΔH_w 为泥石流弯道超高（m），可根据式（4.6）计算获得。

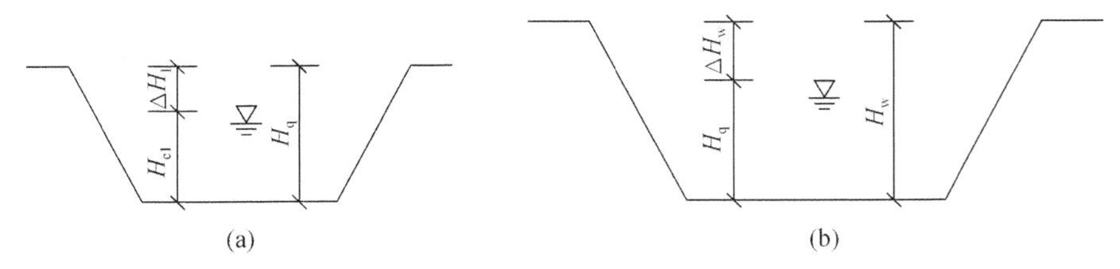

图4.2 排导渠深度计算简图

排导渠宽度与原河沟宽度收束比应在1/3以下，出口端与大河交角 $\alpha \leqslant 45°$，出口端沟底标高宜在大河高洪水位上，以防止大河顶托造成末端淤积影响排导渠正常使用。进、出口段均应做水力检算。

泥石流排导渠一般采用侧墙加防冲肋板和全衬砌两种结构。

肋板与墙基砌成整体，肋板顶部一般与沟底齐平，如图4.3所示。边墙可按挡土墙进行设计，基础深度一般为1.0～1.5m，底为砼或浆砌块石铺砌。肋板为钢筋混凝土，一般厚1.0m，其间距可按式（4.10）计算。

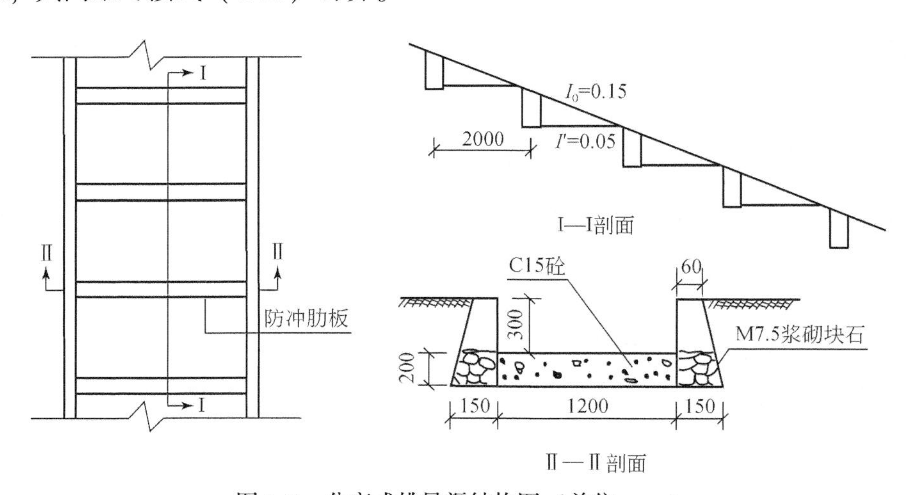

图4.3 分离式排导渠结构图（单位：cm）

$$L_b=\frac{H_b-\Delta H_b}{I_0-I'} \tag{4.10}$$

式中，L_b 为防冲肋板间距（m）；H_b 为防冲肋板埋深（m），一般取 1.5 ~ 4.0m；ΔH_b 为防冲肋板安全超高，一般取 0.5m；I_0 为排导渠设计纵坡降（‰）；I'为肋板下冲刷后的排导渠纵坡降（‰），一般取 $I'=(0.5\sim0.25)I_0$。

全衬砌排导渠的侧墙及槽底均用浆砌石护砌，一般适用于渠宽≤5.0m；坡降较大的小型渠，横断面一般采用 V 形，渠底横向斜坡坡降取 150‰ ~ 300‰。

3. 排导渠施工注意事项

（1）防治工程设计高程系应与地方城建高程系一致，不要与地方建筑物发生冲突。排导渠位置要求实地准确测量放线。受微地形影响，当设计与实地有出入时，根据实际情况，局部可适当调整。

（2）排导渠工程位于沟道外，易受洪水的袭扰，应安排在非汛期施工，施工中应加强防洪措施。

（3）按设计要求的深度进行基坑开挖，并由施工、设计、监理三方共同进行隐蔽工程验收，然后进行下一道工序施工。

4.3.3.2　拦挡坝

1. 拦挡坝的布设

拦挡坝是泥石流沟流域非常灵活的一种工程措施，它主要布设于主沟流通区以上的沟道中，形成区支沟沟口、沟道、沟脑部位也可以布设，坝体结构、形式可以灵活应用。

2. 拦挡坝设计与计算

一般地，为保障下游安全，在同一个河段内建造的拦挡坝不应少于 3 座，每座坝的调节能力不宜大于 1/3。拦挡坝坝址的选择应避开泥石流的直冲方向，多设在弯道的下游侧面，以充分发挥弯道的消能作用。泄流口应与下游沟道中安全流路的中心线垂直。过坝流量、沙量和沙石粒径，应根据下游安全输水、输沙要求，逐级向上分配，确定应建坝的座数。

以重力式实体拦挡坝为例，溢流坝段居中，尽量使非溢流坝段成对称结构布置。溢流口宽度取决于设计下泄流量的大小，按溢流坝水力计算决定。溢流口中心线与下游沟道流路中心线一致。溢流坝段坝高 H_d（m）与单宽流量 q_c［$m^3/(s\cdot m)$］按式（4.11）确定。

$$\left.\begin{array}{ll} H_d>10, & q_c<30 \\ H_d=10\sim30, & q_c=15\sim30 \\ H_d>30, & q_c<15 \end{array}\right\} \tag{4.11}$$

排泄孔尽可能成排布置在溢流坝段，孔数不得少于 2 个，多排布设时应作品字形交错排列。一般取值为以下范围。

单孔孔径：　　$D\geqslant(2\sim4.5)D_{max}$

孔间壁厚：　　$D_b\geqslant(1\sim1.5)D_{max}$

其中，D_{max}为过流中最大石块粒径。

排泄道进口段轴向尽量与主河流向一致，或者取小锐角相交，交角 $\alpha<30°$，引水段应布置成上宽下窄、圆滑渐变的喇叭形，底坡 $I_f>50‰\sim80‰$。

利用多年累计库容量或回淤纵坡法计算设计坝高。

非溢流坝坝顶高于溢流口底的安全超高 h 按式（4.12）确定。

$$h=h_s+H_e \tag{4.12}$$

式中，h_s 为根据坝的不同等级设计所需的安全超高，一般取 0.5～1.0m；H_e 为溢流坝段的泥深。

坝顶宽度 b 按构造要求，且低坝坝质宽度 b 不小于 1.5m；高坝坝顶宽度 b 不小于 3m；当有交通及防灾抢险等特殊要求时，应 $b>4.5$m。

坝底宽度 B_d按实际断面形式通过稳定性计算确定，如图 4.4 所示。

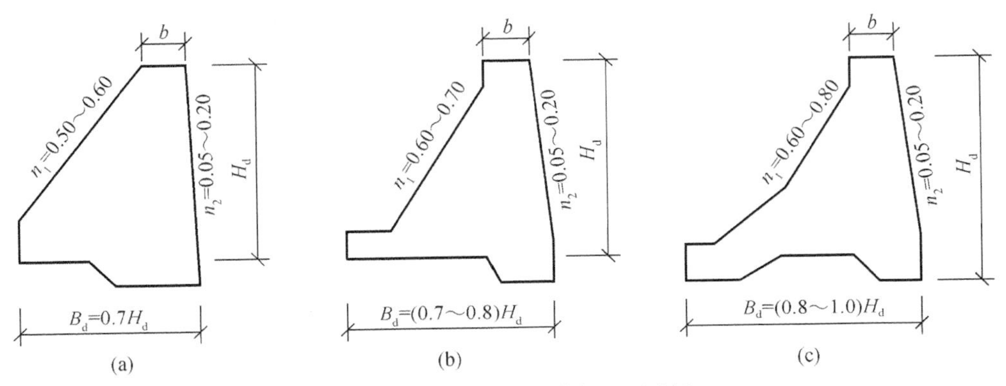

图 4.4　重力式拦挡坝横断面型式图

坝的设计需进行结构计算，主要包括抗滑稳定、抗倾稳定、坝基应力和坝体应力等。可参照土力学、坝工结构计算方法及其相关规范进行。

坝下消能防护工程包括副坝、护坝等，其结构类型如图 4.5 所示。大多数拦挡坝采用副坝消能。

副坝与主坝重叠高度 H'，按下式计算确定：

$$H'=\left(\frac{1}{3}-\frac{1}{4}\right)(H'_{d1}+H_e) \tag{4.13}$$

式中，H'_{d1}为拦挡坝坝顶到冲刷坑底的高度（m）；H'为副坝与主坝重叠高度（m）。

主、副坝间的距离 L_d，按下式确定：

$$L_d=(1.5\sim2)(H'_{d1}+H_e) \tag{4.14}$$

式中，L_d 为主、副坝间距（m）。

若副坝高出河底较多，在下游还应再设第二道副坝。

3. 拦挡坝施工注意事项

（1）防治工程设计高程系应与地方城建高程系一致，不要与地方建筑物发生冲突。拦挡坝位置要求实地准确测量放线。受微地形影响，当设计与实地有出入时，根据实际情况，局部可适当调整。

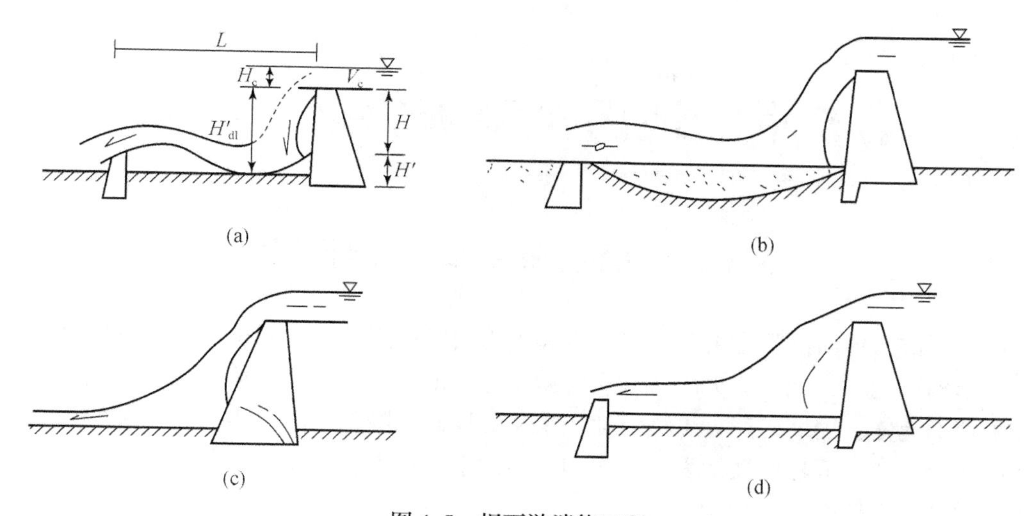

图4.5　坝下游消能工程

（a）副坝消能工程；（b）潜坝消能工程；（c）拱基型、桥式拱型；（d）护坝消能工程

（2）拦挡坝工程位于沟道内，易受洪水的袭扰，应安排在非汛期施工，施工中应加强防洪措施。

（3）按设计要求的深度进行基坑开挖，并由施工、设计、监理三方共同进行隐蔽工程验收，然后进行下一道工序施工。

复习思考题

1. 简述泥石流的基本概念及其研究意义。
2. 简述泥石流的类型。
3. 简述泥石流的形成条件。
4. 试述泥石流灾害防治的主要措施。

第5章 地面沉降灾害防治技术

5.1 地面沉降灾害防治概述

广义上讲，地面沉降是由于自然因素和人为因素作用而形成的地面高程的降低。自然因素包括构造运动、地震、火山活动、气候变化、地应力变化及土体固结等；人为因素是指开采地下流体、固体矿产等工程活动。狭义的地面沉降是指由人为因素引起的较为急剧的地面变形。地面沉降可概括为在自然和人为因素作用下，地壳表面某一局部范围内的总体下降运动（李智毅等，1990）。

地面沉降的主要特征：①发生过程缓慢，短时间不易察觉，靠精密仪器才能发现微量的沉降；②以向下垂直运动为主，只有少量或基本没有水平向的位移；③波及范围广，可能影响的平面范围可大至几万平方千米；④具有不可逆特性，一旦沉降发生，很难使沉降的地面恢复到原来的标高。

19世纪以来，随着世界范围内人类工程活动规模和强度的不断增大，在许多具备适宜地质环境的地区陆续出现了地面下沉现象。进入20世纪，尤其是20世纪后半叶，地面沉降在世界范围内普遍发生。在诸多实例中因人类抽取地下液体的工程活动而引起地面沉降的情况最为普遍。意大利的威尼斯城是最早被发现因抽取地下水而产生地面沉降的城市。之后，日本、美国、墨西哥、中国，以及欧洲和东南亚一些国家中的许多位于沿海或低平原上的城市或地区，由于抽取地下液体的工程活动，均先后出现了较严重的地面沉降问题（王得楷和胡杰，2010）。到目前为止，世界上已有50多个国家和地区发生了地面沉降，较为严重的国家有日本、美国、墨西哥、意大利、泰国和中国等（表5.1）。

表5.1 世界上地面沉降较严重地区一览表（据潘懋和李铁锋，2002）

地区	沉降面积/km^2	最大沉降/m	主要发生时期	防治措施
澳大利亚拉特罗布	100	1.6	1961～1978年	控制地下水开采
英国柴郡	1500	15	1933～1977年	减少地下水开采
意大利波河三角洲	2600	3.2	1951～1966年	控制地下水开采
日本东京	3420	4.59	1911～1978年	减少地下水开采
日本大阪	630	2.88	1935～1970年	减少地下水开采
日本新潟	430	2.65	1957～1978年	回灌、减少开采
新西兰怀拉基	30	7	1952～1978年	—
美国斯坦菲尔德	700	3.6	1950～1978年	—
美国埃洛伊	1000	3.8	1950～1978年	—

续表

地区	沉降面积/km²	最大沉降/m	主要发生时期	防治措施
美国圣克拉拉	650	4.1	1918～1970年	回灌
美国圣华金	6200	9	1930～1975年	减少地下水开采
美国休斯敦	1200	2.75	1943～1978年	减少地下水开采
墨西哥城	225	9	1891～1978年	减少地下水开采

1921年我国在上海发现地面沉降以来，目前我国共有96个城市或地区发生了不同程度的地面沉降现象，较为严重的有上海、天津、台北、西安和苏州等地（表5.2）。

表5.2　我国地面沉降较严重城市一览表（据潘懋和李铁锋，2002）

城市	沉降面积/km²	累计沉降量/m	最大沉降速率/(mm/a)	主要发生时期
上海	850	2.7	—	1921～1964年
天津	10000	2.78	80	1959～1988年
西安	177.3	1.035	136	1959～2002年
苏州	150	1.10	40～50	20世纪60～80年代
常州	200	1.05	15～25	20世纪60～80年代
无锡	100	1.9	40～50	20世纪60～80年代
阜阳	360	1.02	60～110	20世纪60年代～1992年
太原	453.3	2.96	37～114	1956～2000年
北京	313.96	0.579	—	20世纪50年代～2002年
福州	9	0.679	2.9～21.8	1957～2002年
台北	235	1.9	—	1955～1974年

随着经济和人口城市化的发展，地面沉降及其所造成的环境灾害已十分严重，地面沉降可能造成以下直接或间接的灾害。

（1）损坏道路及其他建筑物。地面沉降特别是不均匀沉降破坏建筑物地基，严重影响建筑物的正常使用和寿命；另外，还会影响地铁、越江隧道、桥梁、高速公路、高架道路、城市供水、供气等地下管网和高层建筑等的正常运营。

（2）引起近海和河流附近地面低于海潮或洪水警戒线，造成海潮和洪水袭击及海水倒灌恶化地下水质，促使土壤盐碱化等。例如，1944年美国加利福尼亚州滨海地区的地下水位尚处在海平面之上7.23m，10年之后，由于过度开采地下水，地下水位下降到海平面以下5.2m，从而引起海水倒灌，致使灌区水质恶化，使54万亩良田变成了作物无法生长的盐碱地（美国地质调查局，2010）。我国的大连、秦皇岛、天津、烟台、青岛、上海、福州、温州等城市都存在着海水入侵的危险。

（3）可产生大面积负向形变和地层水平位移，并加剧地裂缝活动。1999年Khalid等报道了沙特阿拉伯因地下水位下降产生的地面沉降和地裂缝；中国西安地面沉降和地裂缝在空间分布上有明显的一致性，它们的发展过程和强度变化在时间上也有明显的同步性

(李新生等，2001)；山西大同因为开采地下水引起不均匀的地面沉降导致地裂缝的发生(刘玉海和陈志新，1998)。

(4) 引起防汛能力降低，造成局部排水困难，发生洪涝灾害。从 1988 年在中国发生的洪灾可看出，地面沉降已经对我国大江大河防汛堤的防洪能力产生了严重影响（刘毅，1999)，沙市、武汉、哈尔滨和大庆等城市和地区是 1988 年夏季我国特大洪水的重灾地区，而这些地区实际上已经存在地面沉降问题多年，主要为采油、采水引起的沉降和构造沉降。

(5) 城市地下水位大面积、大幅度的降落，改变了地质体的热容量，可能会造成热岛现象，破坏原有的生态环境。

(6) 地面沉降会引起地面水准点失准。地面沉降造成的破坏是巨大的。1961 ~ 1977 年日本东京地面沉降引起的海潮入侵，造成了 825.5 亿日元的重大经济损失（何庆成，2004)。截至 1985 年，我国天津市区累计地面沉降量已达 2.46m，造成了重大经济损失，直接防灾投入达 5.44 亿元（董克刚等，2007)。我国沿海地面沉降大多为严重缺水地区，地下水开采量仍居高不下，并且有增大趋势，另外，沿海地区由于城市化规模的扩大，经济工程引起的地面沉降在日益加剧。21 世纪相当长时间内，我国沿海地区地面仍以 10 ~ 50mm/a 的速率下沉（郑铣鑫等，2002)。大幅度的地面沉降仍是我国沿海地区海平面上升的主导和决定因素。

区域性的地面沉降造成的危害除突发性的地裂缝可能发生突发性事故以外，主要是通过缓慢而累进性下沉的后果致灾。然而一旦灾害形成，则往往是大范围的综合性的灾害，造成生态环境的严重破坏，且难以恢复早先的状态。也许正是这一特点，人们容易对这一灾害的危害程度和需要及早采取系统控制措施缺乏足够的认识，这是在防治这类灾害工作中应引以为鉴的。地面沉降是由多种动力地质因素特别是人类活动因素所引起的工程动力地质作用，这种作用的后果无论对城市环境还是对各种类型工程建筑物的稳定都是不利的，因此对地面沉降进行治理是有必要和有意义的。

5.1.1 地面沉降灾害分类与分级

按形成原因，地面沉降可分为构造沉降、抽水沉降和采空沉降三种类型（表 5.3)。

表 5.3　地面沉降成因分类

类型名称	简要描述
构造沉降	地壳的构造运动和地表土壤的自然压实造成地面下沉现象
抽水沉降	过量抽汲地下水（或油、气）引起水位（或油、气压）下降，在欠固结或半固结土层分布区，土层固结压密而造成的大面积地面下沉现象
采空沉降	地下大面积采空引起顶板岩（土）体下沉而造成的地面碟状洼地现象

按地面沉降的规模可分为特大型、大型、中型和小型地面沉降四种类型，具体划分如表 5.4 所示。

表5.4　地面沉降规模等级分类

指标＼等级	特大型	大型	中型	小型
沉降面积/km^2	>500	≥100～≤500	≥10～<100	<10
最大累计沉降量/m	>1.0～≤2.0	≥0.5～≤1.0	≥0.1～<0.5	<0.1

注：中华人民共和国地质矿产行业标准《地质灾害分类分级（试行）》（DZ 0238—2004）。

按地面沉降形成的地质环境可分为河流冲积平原地面沉降、三角洲平原地面沉降、断陷盆地地面沉降三大类型，其中断陷盆地地面沉降又可分为临海地面沉降、内陆地面沉降两类（肖和平，2000）。

5.1.2　地面沉降灾害形成条件

地面沉降的发生和发展应具备必要的地质环境和诱发因素，即其形成条件包括内在条件和外在条件两大类。内在条件主要是指产生地面沉降的地质环境；外在条件主要是指产生地面沉降的诱发因素，包括自然动力地质因素和人类活动因素（皇甫行丰等，2004）。

1. 内在条件

世界许多实例表明，地面沉降一般发生在未完全固结成岩的近代沉积地层中，其密实度较低，孔隙度较高，孔隙中常被液体所充满。地面沉降过程实质上是这些地层的渗透固结过程的继续。由此可将产生地面沉降的主要地质环境分为近代河流冲积环境模式、近代三角洲平原沉积环境模式和断陷盆地沉积环境模式（李智毅等，1990）。

1）近代河流冲积环境模式

以河流中向下游高弯度河流沉积相为主。属于这种模式的河流处于现代地壳沉降带中，河床迁移频率高，因而沉积物特征为多旋回的河床沉积土，表现为上粗下细，并以细粒黏性土为主的多层交错叠置结构。一般情况，粗粒土层平面分布呈条带状或树枝状，侧向连续性较差。不同层序的细粒土层相互衔接包围在砂体的上下及两侧。我国东部许多河流冲积平原，如长江中下游平原、黄淮海平原、松嫩平原等均属于此种类型。

2）近代三角洲平原沉积环境模式

三角洲位于河流入海地段，介于河流冲积平原与滨海大陆架的过渡地带。随着地壳的节奏性升降运动，河口地段接受了陆相和海相两种沉积物。其沉积结构具有由陆源碎屑到以中细砂为主有机黏土与海相黏性土交错叠置的特征。位于我国长江三角洲的上海、常州、无锡等城市地面沉降的发生和发展均受这种地质环境模式的控制。

3）断陷盆地沉积环境模式

一般位于三面环山，中部以断块下降为主的近代活动性地区。盆地下降过程中不断接受来自周围剥蚀区的碎屑物质，堆积了多种成因的粒度不均一的沉积层。沉积物结构受断陷速率和节奏的控制。在这种地质环境中诱发因素可能导致较严重的地面沉降。按地理位置可分为临海式断陷盆地和内陆式断陷盆地。临海式断陷盆地位于滨海地区，常受到海侵影响，其沉积结构由海陆交互相地层组成。我国台北和宁波盆地均属于这种模式，并已产生了地面沉降现象；内陆式断陷盆地位于内陆高原的近代断陷活动地区，盆地内接受来自周围物源区的多种成因的陆相沉积，由于断陷运动的不均一性，造成沉积物粒度变化和不同的旋回韵律。我国汾渭地堑中的盆地属于此种类型，其中大同盆地随着采煤工业及电厂的建设，工业抽用地下水量与日俱增，地下水位大幅度下降，地面沉降速率约为2mm/a，表明这类地质环境中由人类工程活动引起地面沉降问题的可能性和敏感性。

2. 外在条件

1）自然动力地质因素

自然动力地质因素包括地球内营力作用和地球外营力作用两大类。

a. 地球内营力作用

包括地壳近期下降运动、地震、火山运动等。由地壳运动所引起的地面下降是在漫长的地质历史时期中缓慢地进行的，其沉降速率较低，一般不构成灾害性后果。例如，我国天津地区第四纪以来的地壳年平均沉降速率为0.17～0.2mm/a，近期的年平均下降速率为1～2mm/a。但是，在地壳沉降区内的不同地点下降速率并非完全一致，常常表现出相对不均一性，这种相对沉降差可能对某些地区的水准基点产生影响，从而影响地面沉降量的测量精度。图5.1反映了京津唐地区三个主要水准基点在1969～1983年的高程变化。地震或火山活动常引起地面的陷落，一些已经发生地面沉降的地区，在大震后可能引起短时期的沉降速率增加。1976年唐山7.8级强震后，附近地区出现了三个下沉中心，其展布方向（NE30°）与发震主断裂走向一致，最大沉降速率达1358mm/a（图5.2），但震后一年即转为平稳。这表明上述作用一般不会造成长期沉降后果。

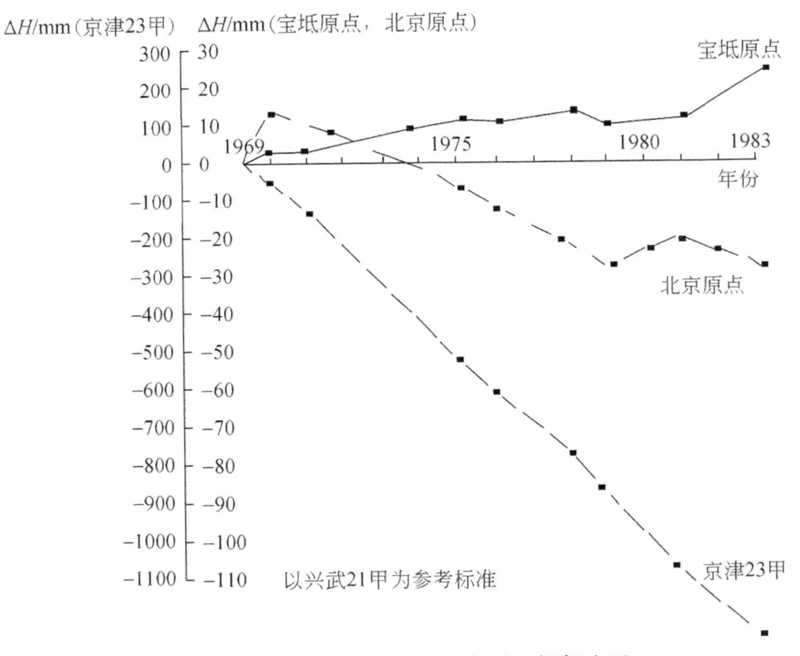

图5.1 京津唐地区水准基点平均速率图（据胡惠民，1987）

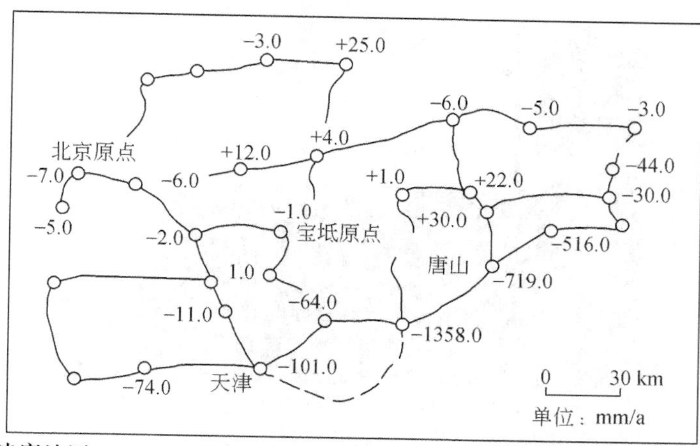

图5.2　京津唐地区1975～1976年（地震期）水准点平均沉降速率图（据胡惠民，1987）

b. 地球外营力作用

它包括溶解、氧化、冻融等作用。地下水对土中易溶盐类的溶解、土壤中有机组分的氧化、地表松散沉积物中水分的蒸发等，均可能造成土体孔隙率或密度的变化，促进土体自重固结过程而引起地面下降。就全球范围而言，大气圈的温度变化可以引起极地冰盖和陆地小冰川的融化或冻结，其后果除在气候上的累积效应外，还将引起海水体积的变化和海平面的升降（郑铣鑫等，2001）。据NASA统计数据，2000～2009年是有气温纪录以来最热的10年，而2011～2016年是全球连续的最热年，2016年是有记录以来地球上最热的一年，全球气温相对于1961～1990年间的平均14℃，高出0.88℃。2009年，《哥本哈根诊断》报告指出，近25年来，地球气温每10年上升0.19℃，从当前的温室气体排放情况看，本世纪全球气温平均可能提高4～7℃；NASA数据表明，目前全球平均海平面较1870年升高了20cm（莫杰和彭娜娜，2018）。这一方面导致了大陆沿海地带地面相对降低，出现现代海侵和海岸后退现象；另一方面，由于海水基准面的变化给陆地水准测量带来误差，直接影响对地面沉降量的精确测定。

2）人类活动因素

人类活动是诱发高速率地面沉降的重要因素。在诸多人类活动因素中，与地面沉降的发生和发展关系最为密切的因素是抽取地下液体的活动。

a. 持续性超量抽取地下水

在松散介质含水系统中，长期地周期性开采地下水，当开采量超过含水系统的补给资源（即动储量）限额时，将导致地下水位的区域性下降，从而引起含水砂层本身的压密以及其顶底部一定范围内饱水黏性土层中的孔隙水向含水层运移（即越流作用）。在渗流的动水压力和土层孔隙水排出相当于附加有效应力作用下，黏土层发生压密固结，从而综合影响导致地面沉降（图5.3）。此外，通过大量的观测资料还可以得出以下关系：地面沉降中心与地下水开采所形成的漏斗形中心区相一致；地面沉降的速率与地下水的开采量以及开采速率成正比；地面沉降区与地下水集中开采区域基本相一致（薛禹群等，2006）。因此，地面沉降与地下水开采的动态变化同样有着密切关系。

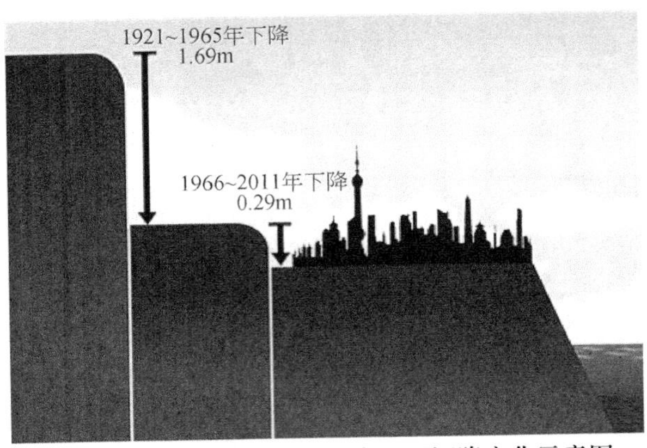

图 5.3　1921 ~ 2011 年上海市地面沉降变化示意图

b. 开采石油

开采石油是人工抽取地下液体的另一种重要形式。在某些埋藏较浅的半固结砂岩含油层中，抽取石油可引起砂岩孔隙液压的下降，未完全固结的砂岩在上覆岩层自重压力作用下继续固结，引起采油区地面下降。典型实例是美国长滩威明顿油田，该地区含油气层位于地下 600 ~ 1500m 深度内，1926 ~ 1968 年共钻 2800 口油井，采出油气 $5.2\times10^9m^3$，其地面总沉降量达 9.0m，使油田设施遭到严重破坏（张文昭，1999）。经向油层注水（$1.75\times10^5m^3/d$）后沉降停止并有少量地面回弹。此外，某些封闭油藏中存在着异常孔隙压力（超孔隙液体压力），当采油过程导致超孔隙液压消散时，含油砂岩孔隙结构将发生调整，孔隙率下降，岩层总体积减小，在上覆地层随之“松动”的条件下，可能导致油田地面沉降。

图 5.4　上海陆家嘴地面沉降

c. 开采水溶性气体

日本新瀉因开采水溶性天然气——甲烷，而持续地大量抽水，导致开采层地下水位下降及含气层的压缩，产生了大幅度的地面沉降（何庆成，2004）。

d. 其他

大面积农田灌溉引起敏感性土的水浸压缩；地面高荷载建筑群相对集中时，其静荷载超过土体极限荷载而引起的地面持续变形；在静荷载长期作用下软土的蠕变引起的地面沉降（图 5.4）；地面震动荷载引起的地面沉陷等。

5.2　地面沉降灾害防治措施

5.2.1　预防措施

地面沉降是一种缓变型地质灾害，其形成和发展具有以下规律性。

（1）地面沉降量变化趋势往往与地下水开采量的变化趋势一致。在我国很多地面沉降地区，如20世纪80年代中期，苏州市地下水开采量大幅增加，地面沉降量呈现递增趋势，最大沉降量达90mm；而到20世纪80年代后期，尤其是90年代中期以后，地下水开采量逐渐减少，地面沉降量也逐渐减小，地面沉降量基本控制在30mm以下（陈崇希和裴顺平，2001）。

（2）地面沉降速率往往呈现季节性变化。地下水开采的季节性变化以及降水的季节性变化导致地下水位也出现季节性波动，年内沉降量随地下水位的升降而变化，表现出沉降与回弹的周期性变化。

（3）地面沉降中心与地下水漏斗中心具有较好的对应关系。水文地质条件及井群分布等因素对地面沉降的影响，主要体现在地面沉降量大的地区，这些地区往往是承压水水位下降大的地区。

地面沉降的发生很缓慢，并且一旦发生就很难治理，所以地面沉降的防治重在预防，但对已经发生地面沉降的地区仍需采取措施进行治理。针对地面沉降灾害的预防方法可分为以下几种。

1. 危险性评估

在地面沉降易发区内编制详细规划及进行地下水开采、建设工程时，应对地面沉降进行危险性评估。地面沉降的危险性评估包括以下三个部分。

（1）现状评估：通过相关调查、试验、测试、计算与分析，在深入分析拟建工程场区地质条件、地下水位动态等基础上，对地面沉降发育现状进行评价，作为地面沉降控制的依据。

（2）预测评估：应根据地面沉降发育现状规律及拟建工程特点，采用适当方法对地面沉降发展趋势进行评估。

（3）综合评估：对地面沉降发育现状及发展趋势对拟建工程产生影响的可能性和危险性进行综合评价，并分析评价拟建工程诱发或加剧地面沉降的可能性。

2. 地面沉降监测

建立健全地面沉降监测网络，加强地下水动态和地表变形的长期监测，为地面沉降的防治提供科学依据（肖和平，2000）。通常采用的地面沉降监测方法有：

（1）在地面沉降区或研究区内布设水准测量点，定期进行测量，监测地面沉降的变形。

（2）监测含水层地下水的抽排量、回灌量及地下水位的变化，观测地面沉降。

（3）用室内试验（常规试验、微观结构研究、高压固结、三轴剪切、长期流变、孔隙水压力消散、室内模型试验等）和野外试验（抽水试验、回灌试验、静力触探等），研究地面沉降发生、发展规律，并运用试验取得的数据进行经验性、理论性预测。

（4）在地面沉降区及附近，设立相对沉降、孔隙水压力和基岩等标志，监测各岩土层和含水层的变形及地下水动态变化，以便深入研究其规律，为地面沉降监测提供依据。

3. 地下水开采和回灌数学模型研究

进行地下水开采和回灌数学模型的研究，从而指导城市的地下水合理开采，可有效预防地面沉降的发生。

4. 合理避让

做好沉降区建筑场地的选勘工作，尽量避开断层活动引起的差异沉降、荷载造成软弱地基的差异沉降、地震引起砂土液化的不均匀沉降等沉降区。高大建筑应避开抽取地下水井的沉降漏斗区；新建城镇要尽量避开地面沉降致灾区，先找到充足的水源后再规划城市，不得先建市后寻找水源。

5. 加强对地下水和地下矿藏开发利用的统一管理

运用法规、行政管理手段，加强沉降区地下开采方面的统一管理，制定控制审批增打新井制度，倡导居民节约用水、压缩用水，严格控制地下水的开采量，达到用水与供需平衡，控制降落漏斗的扩展，在城区严禁采掘、城区外围限量开采地下矿藏，防止或控制地面沉降的继续发展（潘懋和李铁锋，2002）。上述方法已在我国很多城市实践，并取得很好的效果。例如，上海市明文规定水井的管理办法，严格控制市区的地下水开采量，开采量由原来20世纪50年代的30万m^3/d减少到80年代的4万m^3/d，地面沉降量得到控制，地面沉降速率由原来的22mm/a减少到5mm/a，地下水位明显回升（刘毅，2000）。应该指出的是在未发生地面沉降的地区，也应避免过量开采地下资源，防止地面沉降的发生。

6. 其他预防措施

（1）加强建筑工程场地的地基坚固性处理。首先，应做好工程前地基的勘探，摸清地基力学性质，按照不同岩土层的承载能力，合理设计和施工；其次，应注意建筑物地基的整体性，不得用未掺任何胶结物搅拌的松散砂卵石填坑塞塘，确保建筑物的建造质量，防止地基的不均匀沉降。

（2）在地面沉降区或已发生地面沉降区的建筑物高度不宜过高，高宽比值适度。相邻建筑物规模或载荷差异较大时，两建筑物应拉开一定距离；房屋的纵墙和横墙均匀对称布置；减少楼顶的自重，加强楼顶的刚度，设置整体性建筑结构。在以下建筑物部位设置沉降缝：①建筑平面形态拐折处；②建筑高度或载荷差异处；③过长的承重结构或框架结构的适当部位；④地基力学性质显著差异处；⑤建筑结构或基础类型差异处；⑥房屋分期建造的交界处。

5.2.2　治理措施

在地面沉降灾害治理工作中，可采用的治理措施很多，按治理工程措施作用方式，可分为表面治理措施和根本治理措施两大类。实际治理工作中，可采用一种或多种措施构成综合治理方案，效果更好。但需要注意的是，治理方案应根据地面沉降灾害的特征、成因、危险性、发展趋势、受灾范围、对象和经济承受能力等具体情况综合确定。

1. 表面治理措施

对已产生地面沉降的地区，要根据其灾害规模和严重程度采取地面整治及改善环境，其方法主要有：

（1）在沿海低平原地带修筑或加高挡潮堤、防洪堤，防止海水倒灌、淹没低洼地区。

（2）改造低洼地形，人工填土加高地面。

（3）改建城市给排水系统和输油气管线，整修因沉降而被破坏的交通线路等线性工程，使之适应地面沉降后的情况。

（4）修改城市建设规划，调整城市功能分区及总体布局，规划中的重要建筑物要避开沉降区。

2. 根本治理措施

从研究消除引起地面沉降的根本因素入手，谋求缓和直到控制或终止地面沉降的措施。主要方法有以下两个方面。

（1）人工补给地下水（人工回灌）。选择适宜的地点和部位向被开采的含水层、含油层施行人工注水或压水，使含水（油、气）层中孔隙液压保持在初始平衡状态上，使沉降层中因抽液所产生的有效应力增量 Δp_e 减小到最低限度，总的有效应力 p_e 低于该层的预固结应力 p_c。在抽水引起海水入侵和地下水质恶化的海岸地带，人工回灌井应布置在海水和淡水体的分界线附近，以防止淡水体的缩小或水质恶化。利用不同回灌季节灌入水的温度不同调整回灌层次及时间，实施回灌水地下保温节能措施。冬季灌低温水作为夏季工业降温水源，夏季灌高温水作为冬季热水来源。把地表水的蓄积储存与地下水回灌结合起来，建立地面及地下联合调节水库，是合理利用水资源的一个有效途径。一方面利用地面蓄水有效补给地下含水层，扩大人工补给来源；另一方面利用地层孔隙空间储存地表雨水，形成地下水库以增加地下水储存资源。

（2）限制地下水开采，调整开采层次，以地面水源代替地下水源。其具体措施为：①以地面水源的工业自来水厂代替地下水供水源地；②停止开采引起沉降量较大的含水层而改为利用深部可压缩性较小的含水层或基岩裂隙水；③根据预测方案限制地下水的开采量或停止开采地下水；④在减少地下水开采的同时，引调远方的客水，如天津的引滦工程及西安引调黑河水等。

5.3　地面沉降防治工程设计

5.3.1　设计原则

地面沉降防治工程设计要遵循以下原则：

（1）以防为主，防治结合，综合治理原则。由于地面沉降是一种缓变型地质灾害，发生过程缓慢，短时间不易察觉，但影响范围大，并且具有不可逆特性，一旦沉降发生，很难使沉降的地面恢复到原来的标高。因此其防治必须以预防为主，结合工程措施、监测预报预警措施、行政管理措施及监督措施等诸方面，多种措施综合应用，力求以最低投入获得最佳防治效果。

（2）针对性原则。进行防治工程设计时，必须系统分析地面沉降的形成机制，针对致灾因素、岩土体特征及形成机理等具体情况，进行工程方案选择。另外需分析防治工程实施后对稳定性及环境的影响，力求在不产生负面效应前提下达到最佳防治效果。

（3）技术可行性原则。防治工程的方案能否成立，很大程度上取决于防治工程技术上的可行性。技术可行性，包括施工技术方法、施工技术水平、施工设备、施工安全等诸多因素的可行性，应针对防治工程的具体方案和具体施工条件进行详细论证。

（4）经济合理性原则。经济上合理性，包括投资水平的承受能力和减灾效益两个方面，一般投入与取得效益比值为1∶20～1∶10。基于政治上的原因和以社会效益、环境效益为主时，则另行考虑。

5.3.2 设计依据

设计依据主要包括：政策法规依据、技术规范依据和其他依据。

政策法规依据主要包括：

（1）《地质灾害防治条例》（国务院令第394号，2003年11月24日）；

（2）《国土资源部关于加强地质灾害危险性评估工作的通知》（国土资发〔2004〕69号）；

（3）《建设用地审查报批管理办法》（国土资源部令第69号，2016年11月29日）；

（4）各类国家、地方法律、法规文件。

技术规范依据主要包括：

（1）《地质灾害危险性评估规范》（DZ/T 0286—2015）；

（2）《地质灾害防治工程勘查规范》（DB 50/T 143—2018）；

（3）《地质灾害防治工程监理规范》（DZ/T 0222—2006）；

（4）《地面沉降监测技术要求》（DD2006—02）；

（5）《地面沉降水准测量规范》（DZ/T 0154—1995）；

（6）《地下水动态监测规程》（DZ/T 0133—1994）；

（7）《岩土工程勘察规范》（2009年版）（GB 50021—2001）；

（8）《建筑地基基础设计规范》（GB 50007—2011）；

（9）《混凝土结构设计规范》（2015年版）（GB 50010—2010）；

（10）各类行业、地区技术要求、标准文件。

其他依据主要包括：

（1）地面沉降灾害治理可行性研究报告；

（2）地面沉降灾害治理工程地质勘查报告；

（3）地面沉降灾害治理工程设计任务书；

（4）已有的地面沉降监测成果报告；

（5）已有的区域地质、水文地质、工程地质成果资料。

5.3.3 主要防治工程设计

这里针对地面沉降灾害常见的防治工程设计进行叙述，主要为人工回灌工程和防洪排涝工程。

5.3.3.1　人工回灌工程

我国上海市、天津市及华北平原等地区，运用人工回灌等手段控制地面沉降，取得了较好成效。目前上海的地面沉降已得到基本控制。天津市也采取了包括减小地下水开采量，在地面沉降区进行一定量的回灌等措施，使地面沉降也得到了有效遏制。河北省正在探讨把“南水北调”调过来的水注入地下，利用地下漏斗建成“地下水库”，控制地面沉降（李明良，2006）。

1. 人工回灌的条件

1）水文地质条件

水文地质条件对是否可以进行人工回灌起到控制作用。水文地质条件包括含水层的可利用容积、埋藏深度、导水和储水能力以及径流条件等。如果含水层可利用的容积不大、地下径流条件好、导水能力强、埋藏深度大，则会使获得的补给水很快就排走，显然不适于进行人工补给。大量试验研究表明，人工补给含水层的厚度较大、含水层产状平缓、广泛分布渗透性能中等的各类砂质岩层或裂隙岩层时，最适合于人工回灌。

2）人工回灌水源

对于是否可以采用人工回灌，水源条件起着决定性作用。人工回灌水源主要包括地表水、降水、经过处理的城市污水。在我国南方河网地区，人工回灌水源问题主要有取水远近、水质好坏、净水难易、费用高低等。

在考虑以上两个主要条件的基础上，是否利用人工回灌来治理地面沉降还要考虑工程投资，以及工程方案在其他方面的综合效益和对环境可能带来的影响。

2. 人工回灌的方法

治理地面沉降的人工回灌方法有两种，即直接回灌补给和间接回灌补给。直接回灌补给是指以单纯的人工回灌为直接目的的方法，包括管井注入法和地面入渗法。间接回灌方法是指在修建其他工程时所起到回灌作用的方法，包括人为修建水库，可以抬高地表水的水位，加大地表水与地下水的水位差，增加地表水的入渗量；进行农田灌溉时，过剩的土壤水下渗，形成对地下水的补充；城市绿化及植树造林增加了地表水分的涵养，也改变了气候和降水的入渗条件，增加地下水的补给。

3. 人工回灌的水质要求

为了防止地下水的污染，在进行人工回灌时，回灌水的水质必须满足一定的要求，主要控制参数包括微生物指标、无机物总量、重金属含量、有机物含量等，回灌水的水质要求因回灌地区水文地质条件、回灌方式、回灌用途不同而有所不同。目前我国未正式颁布人工回灌水质标准。通常对于回灌水质，应根据不同的用途而有不同的要求，如生活饮用水、工业用水、农业用水水质均有相应的要求。同时还考虑回灌水与回灌区地下水可能产生的化学反应、对管井和含水层可能产生的腐蚀和堵塞、地层的净化能力等因素而有所不同。

1）回灌水的物理性质要求

就回灌水的物理性质来说，最大的影响因素是温度和浑浊度。

（1）温度的影响主要体现在温度变化将会改变回灌后混合水的黏度和密度。水的黏度随着温度的升高而降低；水的密度在大于4℃时，随着温度的升高而减小，最终影响水在地层中的渗透和过滤速度，温度升高将加大水渗入土层的能力。此外，水温的变化也可能引起地下水的某些化学反应和微生物的活动，矿物质也会因温度变化而沉淀或溶解，从而引起水质的变化。试验表明，人工补给水源的最佳温度为20～25℃。

（2）回灌水的浑浊度也严重影响补给效率，并与管井和含水层的堵塞有关，导致渗透速度下降，可能使渗透完全停止。一般要求补给水的悬浮物浓度必须控制在20mg/L以下。

2）回灌水的化学性质要求

回灌水化学性质的影响主要表现在以下几个方面。

（1）补给水进入含水层，可能破坏含水层中原有的地球化学平衡，而引起不良的化学反应或离子交换，导致金属沉淀；悬浮于水中的黏土颗粒，可能因离子交换作用而膨胀，产生絮凝作用。

（2）气体成分：地表水与大气接触很充分，所以地表水中的空气处于高度饱和状态，当地表水进入含水层后，其中的空气可充填孔隙，使土体的有效孔隙度和渗透性降低。

（3）空气中的氧与岩石发生氧化还原反应，一些反应使水得到净化，一些反应使水的质量变差。另外，回灌水中氧气含量过大，还会与Fe^{2+}作用生成不溶于水的$Fe(OH)_3$胶体，使其对含水层产生化学堵塞。因此，溶解氧含量以5～7mg/L为宜。

（4）地下水中二氧化碳的含量应尽可能少，这关系到对碳酸盐的浸出能力。地下水中二氧化碳的浓度高时，水的侵蚀性增强，溶滤作用加强，水中的化学成分发生变化。碳酸盐在溶液中过饱和时，可能沉淀析出，堵塞孔隙。

（5）pH对混合水的化学性质有很大影响，氢离子浓度决定了反应的方向，从而引起Ca^{2+}、Mg^{2+}、Fe^{3+}等成分产生沉淀或溶解。

（6）关于补给水中钙、镁、氯化物等常见可溶盐成分及毒性元素含量的要求，主要视补给地下水的用途而定。

（7）关于“三氮”即氨氮、亚硝酸盐氮、硝酸盐氮，以及细菌指标，因含水层具有一定的自净能力，故可适当放低要求，但针对不同地区的地质条件应制定相应的水质标准。对于有毒有害的重金属（汞、铬、砷、镉、铅、铀等）、酚、氰以及油类和难降解有机物（如多环芳烃、氯代烃等），需制定严格的水质标准，以防止其污染地下水。

4. 人工回灌地下水设计步骤

现以利用沟渠入渗回灌地下水方法说明人工回灌地下水的设计步骤。

1）调查回灌区的自然条件

包括回灌区的地形地貌、地势条件，如地面坡度、海拔；河流水系分布情况；回灌区水文地质条件；气象条件，如多年平均降雨量、最大年降雨量、最小年降雨量、年际及年内雨量分布情况、多年平均蒸发量；地质条件、含水层岩性及组成；地下水开采条件。

2）回灌设计及工程布局

包括计划使用的回灌方法，如利用以前修建，但现已不能保证灌溉的地面灌溉渠道系统及废弃的水井等，计划使用的回灌水源、回灌面积。

a. 设计所需基础资料

（1）水文地质条件，包括含水层的分布、深度、厚度、岩性、渗透性和富水性、地下水的流向、补给来源、天然补给量、水位变化、水化学成分等。

（2）已有开采井的分布情况，包括开采深度（层位）、用途和开采动态，按不同开采层次统计地下水年、季、月的开采量。

（3）地下水位的动态和区域地下水位降落漏斗的发展情况，包括漏斗的范围、深度以及年、季、月的变化幅度等资料。

（4）以往管井的水文地质参数，如单位出水量、单位出水率、单位回灌量、单位回灌率等。

（5）人工补给的水源情况。

（6）根据开采层位、开采水量、地面沉降量、回灌水量、地面回升（或控制）情况，进行水文地质计算，求得需要回灌的水量。主要计算内容包括：开采水量与地下水位下降值的计算；地下水位下降值与地面沉降量的计算；地下水位升高值与地面回升量的计算；地下水位升高值与回灌水量计算。

b. 布设原则

（1）根据区域地面沉降量的大小和水位下降值的大小，确定回灌井的数量与分布。水位下降值大或地面沉降量大时，要多布设；反之，少布设。

（2）根据地下水的开采现状和具体的水文地质条件，分区域和层次分配回灌井的数量。在粗颗粒含水层中，回灌井应布设在地下水开采区的上游或地下水径流大的区域；在细颗粒含水层中，回灌井可以均匀分布。在开采井集中的地区，回灌井井距小些；集中开采区的外围，井距可大些。回灌井布设应在开采区降水漏斗影响范围内。

（3）在河流或海岸区域，因地下水位下降可能引起地下水污染时，回灌井应沿河岸布设排井。井的排数、排距以及井距应视含水层的水动力条件和回灌水量、压力而定。

c. 进行地下水回灌井水文参数计算及回灌量计算

根据上述抽水井和回灌井作用机理可知，抽水与回灌的地下水动力学原理是相同的，但其作用的方向相反。故在进行水文地质计算时，所引用的计算公式、参数均基本相同。

Ⅰ. 单位回灌量

往井中灌水时，单位时间内地下水位每上升1m所能灌入的水量：

$$q_g = Q_g / s_g \tag{5.1}$$

式中，q_g 为单位回灌量［$m^3/(d \cdot m)$］；Q_g 为回灌水量（m^3/d）；s_g 为水位升幅（m）。

Ⅱ. 单位回灌率

往井中灌水时，在含水层单位厚度内地下水位每上升1m时单位时间内所能灌入的水量：

$$n_g = q_g / M_h \tag{5.2}$$

式中，n_g 为单位回灌率［$m^3/(d \cdot m^2)$］；M_h 为含水层厚度（m）；其他符号意义同前。

根据多年降水资料确定回灌期的降雨量及引用地表水量，确定回灌面积。根据计划回灌后地下水位平均上升高度，对该年度地下水的补给量及开采量进行平衡计算。

采用式（5.3）进行地下水平衡计算。

$$\mu_m \Delta H_m A_m = W_i - W_0 \tag{5.3}$$

式中，μ_m 为潜水层给水度；ΔH_m 为计算时段内地下水位变幅（m）；A_m 为回灌区面积（m^2）；W_i 为计算时段内地下水总补给量（m^3/d）；W_0 为计算时段内地下水总排泄量（m^3/d）。

地下水总补给量包括降雨入渗补给、河道渗漏补给、湖泊渗漏补给、沟渠入渗回灌量、坑塘入渗回灌量、渠灌田间入渗补给量、井灌田间入渗补给以及地下水侧向补给等。各项补给量根据具体情况确定。

地下水总开采量包括农业开采量、工业开采量、人畜用水量、侧向流出量、潜水蒸发量和地下水向河道沟渠的排泄量。

由上面计算结果可进行地下水均衡分析，计算出地下水的补给量与开采量。

5.3.3.2　防洪排涝工程

在已经发生地面沉降的地区，尤其是已发生地面沉降的城市，常因地面沉降而造成雨季排洪系统的失效，地表积水，引起洪涝灾害。为防止洪涝灾害的发生，必须实施防洪排涝工程。

实施防洪排涝工程，可以在一定程度上减轻或防止因地面沉降而引起的洪涝灾害。

1. 加强市政建设、完善给排水设施

在地面沉降地区的市政工程建设中，应充分考虑预留沉降量，使市政工程尽量不受到地面沉降的破坏。同时，完善给排水设施，使排水管网与城市的发展相适应，以便及时排水。也可以利用城市地下空间修建调节水池，将雨水暂时储存在调节水池，既可以防洪，又可以在旱季的时候作为供水水源。

另外，可以在城市建设过程中，采用一些新技术、新材料，增大地面的渗透性，使降水入渗量增大，减少滞留在地表的水量，达到防洪排涝的目的，同时也起到人工回灌的作用。

2. 沿岸堤防工程

地面沉降造成河道防洪能力降低。在沿海地区，由于高程严重损失，加剧了风暴潮灾害的发生。因此，沿岸修砌防汛墙工程是防灾的一种有效措施。修建堤防工程，可提高防洪标准，防止洪涝灾害。上海市是我国地面沉降比较严重的地区之一，由于地面沉降，自20世纪20年代以来，在黄浦江两岸3次加高防汛墙，将防汛标准由不足100年一遇提高到1000年一遇的水平，形成了抵御台风、暴雨、天文高潮位和来自太湖流域洪水侵袭的屏障（刘伦华等，2009）。

3. 地面垫高工程

对于因地面沉降而造成内涝的城市来说，可以通过地面垫土，增加标高的方法来进行治理。我国苏州市在城市规划中，要求建筑基础高于海拔315m。由于该市多年平均沉降量在1m左右，为达到城市规划要求，新建区要进行垫土增加标高工程，按规划其垫土面积达50km²，按垫高500mm估算，工程费用达310亿元（刘伦华等，2009）。

复习思考题

1. 简述地面沉降的基本概念及其危害。
2. 简述地面沉降的形成条件。
3. 简述地面沉降的类型有哪些。
4. 试述地面沉降的防治措施。

第6章　地面塌陷灾害防治技术

6.1　地面塌陷灾害防治概述

地面塌陷或沉陷是地面垂直变形破坏的另一种形式，指地表岩土体在自然或人为因素作用下向下陷落，并在地面形成塌陷坑（洞）的一种动力地质现象（图6.1、图6.2）。它与地下地质环境中存在的天然洞穴或人工采掘活动所留下的矿洞、巷道或采空区等密切相关。其地面表现形式是局部范围内地表岩土体的开裂、不均匀下沉和突然陷落（图6.3、图6.4）；其平面范围有限，与地下采空区的面积、有效闭合量或洞穴容量等量值有关，一般可由几平方米到几平方千米，或者更大一些。

图6.1　贵州构件厂抽水塌陷

图6.2　贵州六盘水塌陷

图6.3　宁夏石嘴山矿区采煤塌陷造成的岩土体开裂

图6.4　宁夏磁窑堡煤矿采煤引起的塌陷

地面塌陷在岩溶地区是一种常见的自然动力地质现象，但是更多的地面塌陷事件与现代人类活动的影响有着密切联系。人类对固体矿床如煤、石膏矿、岩盐矿、磷矿、铁矿的采掘，对岩溶地下水的开采以及岩溶充水矿床的排水疏干等活动都可能导致相当规模的地面塌陷事件。

我国是世界上碳酸盐岩系最发育的国家之一，因此岩溶塌陷分布较广，主要集中分布在贵州、广西、滇东、湘西和鄂西等地区。据统计，全国岩溶塌陷总数达2841处（自然塌陷占塌陷总数的33%，人为塌陷约占总数的60%，还有7%的塌陷成因不明），塌陷坑33192个，塌陷面积约332km^2（潘懋和李铁锋，2002）。自然塌陷大多零散分布，影响范围小，危害不大；而人为塌陷主要是在岩溶区抽水、排水和水库蓄水等人类工程活动诱发的塌陷，其危害远远大于自然塌陷。据统计，全国每年因岩溶塌陷造成的直接经济损失达1.2亿元以上，更为严重的是其影响仍在加剧（刘伦华等，2009）。

矿山塌陷广泛发育于井下开采的矿山及其周围地区，几乎在我国所有的采煤、采矿区均有出现，黑龙江、山西、安徽、江苏、山东等省是采空塌陷的严重发育区（赵德深和范学理，2001）。经有关部门测算，全国平均每采1万t煤就造成塌陷3亩，高者达3.85亩，截至2011年底，全国井工煤矿采煤沉陷损毁面积已达1万km^2（胡炳南和郭文砚，2018）。矿山塌陷与采矿量成直线关系，开采越多，塌陷的强度就越大，范围越广，塌陷坑越多。矿山塌陷一般较大，面积均在几百平方米，大者如湖南杨梅山塌陷，长2km，宽1km，深12m，塌陷面积达100万m^2。经估算，矿山塌陷每年造成的直接经济损失约为3.17亿元（胡炳南和郭文砚，2018）。

地面塌陷虽比地面沉降的范围小，大多数只限于局部地区，但因其具有突发性，在特定地质条件下可以由一系列突然塌陷事件所组成，因而增强了其灾害性。地面塌陷使大量的建筑物变形或倒塌、道路坍塌、田地毁坏、水井干枯或报废、名胜古迹和风景点被破坏等，给国民经济建设和人民生命财产造成了很大的损失。现就地面塌陷危害最为突出的几个方面叙述如下。

1. *危害铁路运输*

铁路遭受岩溶地面塌陷的危害及引起的经济损失非常突出。据不完全统计，我国铁路及车站场发生重大塌陷50余处，造成车站建筑物毁坏、路基沉陷、道路悬空、桥涵裂缝倒塌、隧道施工受阻等，共颠覆列车3次，累计中断行车2000多小时，部分塌陷的根治工程费就达亿元以上（肖和平，2000）。给铁路部门造成了巨大的经济损失。岩溶地面塌陷灾害较为严重的铁路线有：京广、贵昆、浙赣、津浦、沈大、渝达等铁路线。

2. *危害矿山*

在矿山开采中，地下矿坑的抽排地下水及矿坑突水、涌水等都可引起矿区地面塌陷。矿区地面塌陷可造成其地面及附近建筑物开裂、农田毁坏、道路中断、采矿滞产、停产、矿井报废等。矿山遭受塌陷的危害仅次于铁路运输。

3. *危害农田水利*

地面塌陷不但直接毁坏农田，而且破坏水利设施，使水利工程不能发挥应有的灌溉效能。广西河池市肯研水库（库容260万m^3）蓄水后于1959～1963年，库区发生塌陷15

个，并在坝首及两侧伴有长达30m，裂口宽3~20cm的地裂缝，引起库区严重渗漏，坝下多处渗水，使之不能正常发挥灌溉（设计灌溉面积2.67km^2）效能（肖和平，2000）。

4. 危害城市建设

地面塌陷给我国许多城市建筑物、道路、管线及市政设施、风景点造成很大的危害。例如，1988年，武汉市武昌区陆家街突然发生地陷，地陷的巨大塌坑毁坏居民宿舍、工厂围墙和学校门房（郭殿权和刘连喜，1990）；2002年2月22日，离陆家街不远的武汉市司法学校再度发生地陷，塌陷坑呈椭圆状，其东西约50m、南北约30m，使该校食堂、锅炉、供水加压等设备无法使用；2008年11月15日14点30分左右，浙江省杭州市风情大道地铁一号线施工现场发生塌陷事故，塌陷坑长100m左右、深度20m左右，附近的河水倒灌向塌陷的地铁坑道内，造成工程停工，20多人被埋在陷坑中，10余人丧生（蕊华，2008）。

随着人类活动范围的扩展，在一些虽然具备地面塌陷的潜在地质背景，但历史上尚处于稳定状态的地区，由于人类工程活动因素的影响，改变了原有平衡条件而向不稳定状态转化，出现非预料性的地面塌陷灾害。另外，我国在现代化建设中，需要开采大量矿产资源，进行工程建设和矿山建设。因此，地面塌陷的防治无论在理论上还是在实际的社会、经济和环境效益上都有其重要意义。

6.1.1　地面塌陷灾害分类与分级

1. 成因分类

按照地面塌陷的形成原因，可将其分为自然地面塌陷、人为地面塌陷和复合型塌陷（肖和平，2000）。

(1) 自然地面塌陷：地表岩土体由自然因素作用，如地震、大气降水、干旱、河水位升降、自重及地球化学、地质风化等作用，致潜伏洞穴顶部向下陷落或坍塌（图6.5~图6.7）。

图6.5　地震诱发地面塌陷
2008年日本东北部7.2级地震

图6.6　广西玉林大旱导致地面塌陷
2015年广西玉林遭遇50年一遇大旱导致地下水位下降6m

图6.7　2013年江西宜昌强降水导致地面塌陷

（2）人为地面塌陷：人为工程活动（矿山开采、挖掘隧道、防空洞等地下工程）形成的洞穴，并引起洞顶支撑力小于表层岩土体自重而致地面塌陷，包括排水塌陷、渗水塌陷、抽水塌陷、荷载塌陷、蓄水塌陷、振动塌陷等（图6.8～图6.11）。

图6.8　呼伦贝尔草原因采矿导致地面塌陷

图6.9　湖南益阳抽取地下水导致地面塌陷

图6.10　湖北鄂州大铜坑矿区采矿抽水导致地面塌陷

图6.11　湖南长沙隧道施工导致地面塌陷

（3）复合型（自然-人为）塌陷：自然及人为因素共同作用引起的塌陷，如人为改变地表径流环境，因降雨入渗和表水渗漏、干旱灌溉等引起的塌陷。

2. 发育地段分类

根据塌陷区是否在喀斯特地区，可分为岩溶地面塌陷和非岩溶地面塌陷。

（1）岩溶地面塌陷：在岩溶地区，隐伏下部岩溶洞穴扩大致顶板岩体塌陷，或者上覆岩土层的洞顶板在自然或人为因素作用下失去平衡产生的下沉或塌陷，导致地面塌陷（图6.12、图6.13）。

图6.12　四川广元岩溶地面塌陷

图6.13　湖南益阳岩溶地面塌陷

（2）非岩溶地面塌陷：指非岩溶地区的土洞或岩洞在自然或人为因素作用下产生的下沉或塌陷。该类塌陷又分为基岩塌陷和土层塌陷。根据塌陷区岩土体性质又细分为黄土塌陷、火山熔岩塌陷和冻土塌陷等类型。

3. 规模分类

主要是根据塌陷坑个数进行分类，可分为巨型、大型、中型和小型地面塌陷四种类型（表6.1）。另外，岩溶地面塌陷可根据塌陷影响范围分为特大型、大型、中型和小型四种类型（表6.2）。

表6.1　地面塌陷规模等级分类（肖和平，2000）

指标	等级			
	巨型	大型	中型	小型
塌陷坑个数/个	>100	≥50～≤100	≥10～<50	<10

表6.2　岩溶地面塌陷规模等级分类

指标	等级			
	特大型	大型	中型	小型
塌陷影响范围/km^2	>20	≥10～≤20	≥1～<10	<1

注：据中华人民共和国地质矿产行业标准《地质灾害分类分级（试行）》（DZ 0238—2004）。

在各类地面塌陷中，我国以岩溶地面塌陷分布最广（已有22个省、区发生此类地面塌陷），危害最重。矿山采空区地面塌陷的分布和危害仅次于岩溶地面塌陷。

6.1.2　地面塌陷灾害形成条件

地面塌陷，实质上是岩土体内洞穴的抗塌力（洞穴顶部支撑力）小于致塌力的结果。

致塌力与抗塌力为一对方向相反的对抗力。归纳致塌力有：①洞顶部岩土体的自重；②建筑物及堆积荷载重量，公路、铁路上机动车辆荷载；③地下水在含水层中产生的渗透压力；④大气降水渗入产生的渗透力；⑤地下水位下降致洞穴内产生的吸蚀力；⑥当地下水位迅速升高，于密闭洞穴内气体被压缩形成的气体正压力；⑦大气压作用力；⑧由于地震、爆破、机械、车辆及固体潮汐等产生的震（振）动力。抗塌力包括：①岩土体内的凝聚力（黏结力）；②岩土体位于地下水位中的地下水浮托力；③洞穴顶部岩土体坍塌时与周边产生的摩阻力。

地面塌陷的形成条件可归纳为自然因素和人为因素两大类。自然因素主要为：地震、大气降水、干旱、河水位升降、自重及地球化学、地质风化等。人为因素包括：抽取地下水、坑道排水、突水、地表水和大气降水渗入、荷载及振动等。现将地面塌陷的主要形成条件分述如下。

1. 河水涨落

岩溶裂隙、洞穴管道中的地下水与附近河水相通时，随着河水位的升降，横向发育的岩溶裂隙、管道中的地下水位也随之升降，这种作用可导致地面塌陷。

2. 抽取地下水

洞穴的岩土体位于地下水位中，便产生对洞穴顶板的静水浮托力。当抽取地下水使水位下降时，支撑洞顶岩土体的浮托力随之降低，洞顶岩土体的自重相对增加。另外，洞穴空腔与松散介质接触面上下侧水、气流体，以及田地下暗管道内的水流发生变化而产生压强差效应，因此，出现了与抽取地下水同步发展的塌陷现象。

（1）民用井抽取地下水致地面塌陷：过量抽取地下水，使地下水位降低，潜蚀作用加剧，岩土体平衡被破坏，当地下潜伏有洞穴时，便可产生地面塌陷。1964年以前，山东省泰安市未曾发生过塌陷，在其抽水井逐渐发展到26个时，抽取地下水量达5000t/d之后，地下水位下降40m，地面开始出现塌陷。在抽水井增加至100多个时，抽水量已达100000t/d，水位降深增加，降水漏斗不断扩大，塌陷日渐增多，严重威胁火车的行车安全，造成路基下沉、房屋开裂或倒塌（成世才等，2009）。

（2）地下工程排水、突水致地面塌陷：采矿坑道、隧道、人防及其他地下工程，排疏地下水或突水作用，使地下水陡然下降，顶部地表岩土体平衡失调，便会产生塌陷。位于山间岩溶盆地边缘的广东省仁化县凡口铅锌矿，地面海拔106～122m，采矿前盆地内有少量古塌陷坑。1963年4月，该矿在+50m、0m、−4m三个水平面上布置了疏干巷道地下水工程，群孔抽水，水位下降12小时后，便在钻孔附近出现了24个塌陷坑，随后因采矿继续放水、坑道排水、排泥沙等，塌陷坑逐渐增加，至1985年已发展到1950个。

3. 地表水、大气降水入渗

当地表水、大气降水渗入地下时，水在岩土体内的孔隙中运动，产生了一种垂向渗透力，改变了岩土体的力学性质。当渗透压力值达到一定强度时，岩土体结构遭到破坏，随着水流产生流土或管涌运移，进而形成土洞，最后导致地面变形、塌陷。地表渗水包括河湖地表水、输水管渗漏或场地排水不畅引起地表水、工厂排污的化学污水和雨水等下渗。其中以雨水渗入致塌最为常见，尤其是碳酸盐岩分布的岩溶地区，人为挖掘的场地、机场、道路等降雨渗入后产生塌陷较为突出。1986年，广西忻城大塘乡遭遇春旱，地下水位下降产生了40多个塌陷坑，4月底一场大雨后，塌陷坑增至140多个，使两幢房屋倾倒，地面多处裂缝。村舍变电所场地开挖后雨水蓄积渗入，也导致地面塌陷（冯跃封，2011）。

4. *震（振）动*

震（振）动可引起砂质土的液化和黏质土由凝结状态发生液化而成为溶胶或悬液（即触变现象）与失去液化能力（即失去原有触变性的陈化现象），土体强度降低、抗塌力减弱，在震（振）动产生的波动、冲击波的破坏作用下，可导致潜伏洞穴的塌陷。

震（振）动致塌效应的关键在于震（振）动致使土体液化。土体液化过程中，砂质土是一种没有或有很少黏性的散体，其主要靠砂粒间的摩擦力维持本身的稳定和承受外力，摩擦力与摩擦面上作用的垂直应力（即土体自重）成正比增加。当砂土体砂粒间的空隙中含水呈饱和状态时，受到震（振）动后，砂粒则趋于紧密状态，孔隙水被挤压，但水具有体积难以压缩的力学特性，其土层内的水压力增大，土体骨架的垂直应力相应减少，不断地震（振）动使水压递增，而垂直应力却呈递减，最终等于零，使砂土体完全呈现液状。

震（振）动源有地震、爆破、机械等产生的震（振）动力。震（振）动仅是诱发塌陷的因子，其内在因素是有潜伏趋于失稳的洞穴。

5. *荷载*

在有隐伏洞穴部位上人为增载（建筑物荷载、人为堆积荷载等），当这些外部荷载超过洞穴拱顶的承受能力时，将引起洞穴直接受压破坏，从而产生地面塌陷。

静水压力（人工蓄水使水体荷载增加）也是导致地面塌陷的因素之一。然而，人工蓄水设施不仅在一定范围内增加荷载，而且使地下水位抬升和地下水潜蚀、冲刷作用加强，这些也是破坏下伏洞穴平衡状态的作用力。

6. *矿山采空*

地下采掘活动形成的采空区，其上方岩土体失去支撑，导致地面塌陷。这种矿山采动引起地面塌陷的主要原因是人为活动。此类地面塌陷在许多矿区都有发生，并造成相当程度的危害，损坏了交通设施、水利设施、建筑物、道路、农田等，甚至引起山体滑坡和崩塌。

另外，由于岩溶塌陷在我国分布较广，且危害最为严重，在此将岩溶塌陷的形成条件进行详细分析。岩溶塌陷的产生一般需具备以下三个条件。

1. *存在开启的岩溶洞隙*

岩溶洞隙的发育主要归因于两种作用：一是水对可溶矿物的溶解；二是流水对可溶岩的动力侵蚀。开启的岩溶洞隙的存在，是岩溶塌陷产生的基础。向上开口的洞隙越大、越多、洞隙间的连通性越好、洞隙水的循环交替越快，就越有利于岩溶塌陷的发生。

水对可溶岩的溶解和侵蚀作用，通常在可溶岩浅部和构造破裂部位最活跃，岩溶洞隙最发育段的深度通常不大。我国许多勘查资料表明，岩溶发育带常在可溶岩顶面以下50～60m或100～150m深度内，还有些岩溶发育带沿断裂、背斜轴部分布，导致岩溶塌陷多发生在浅埋岩溶区或出现在上述构造部位。

2. 有不厚的未固结沉积物盖层

土层厚度、岩性和结构，以及是否存在土洞控制着岩溶塌陷的发生和发展。大量的塌陷发生在土层厚度小于10m或小于20~30m的地方。土层厚度大于30m的地方也出现过不少塌陷，但土层厚度超过50m的地区，塌陷发生的可能性要小得多。一般来说，松散砂层最易发生塌落，双层结构的河流冲积物也易发生塌落（皇甫行丰等，2004）。而黏性土，或多层黏土夹砂砾的盖层，由于黏土的黏结性，抗塌性较好。松散盖层中的土洞能大大减小土层抗塌性能，易引起塌陷发生，而且是识别潜在塌陷的一个标志。

3. 水动力条件

水活动是岩溶塌陷形成十分重要的动力条件，而人类水活动引起的水动力作用，要比水的自然活动作用强烈得多。如果没有水活动造成水动力条件的剧烈改变，则目前所见到的大多数人为塌陷就不会发生。在水位大幅度升降、波动和流速、水力梯度发生强烈变化的地段，岩溶塌陷也最易发生。这些地段包括以下几个区域。

（1）岩溶水排泄区：低洼的河谷常常是岩溶水的自然排泄区，当抽水或排水使水位大大低于河水位时，河水强烈倒灌，破坏盖层并带走洞隙充填发生大量塌陷。

（2）岩溶水强径流带：强径流带也是岩溶洞隙最发育、连通性好、地下水活动活跃的地方。抽水和排水时水位下降流速加快而形成塌陷。

（3）地下水位从高于灰岩顶面降到顶面以下，或者水位在盖层与基岩界面上下波动的地段：我国的一些因水源地抽水引起的塌陷多出现在这类地区，而且多数塌陷发生在水位降到基岩面以下，并在基岩面上下波动时期。

（4）水位降落漏斗区：水位下降引起的诱发补给、流速和水力梯度增大，使盖层受破坏、洞穴充填物被掏空，从而在漏斗区形成大量密集塌陷。我国一些矿区、水源地漏斗区岩溶塌陷资料显示，塌陷区的半径与漏斗半径存在一定的比例关系，两半径的比值为0.29~0.97，平均为0.63。

6.2　地面塌陷灾害防治措施

6.2.1　预防措施

地面塌陷的预防措施包括以下几方面。

（1）对已经发生地面塌陷且其稳定性差、尚有活动迹象的地段，应坚决避让，不能作为居民居住地和重要建筑设备厂房、公路等建设用地。

（2）建筑物应尽量避开地下有采空区的地段，原则上应使主要建筑避开塌陷地段。

（3）在井下开采的矿区，要留设保护矿柱，即在需要保护的对象如建筑物、井筒等下部留出足够尺寸的矿柱，使建筑物处于开采影响范围之外；另外，采取充填法管理顶板、条带式开采、协调开采等方法预防或减缓地面塌陷的发生。

（4）做好地面塌陷灾害的监测工作。监测的目的是在塌陷发生前提出警报，以便及时采取措施。监测主要包括：长期观测（包括地面、建筑物、各种水点的动态观测）、地面水准和地震仪监测、钻孔可伸缩性分层桩监测。

（5）工程设计和施工中要注意消除或减轻人为因素的影响。例如，尽可能不放炮或放小炮；修建完善的排水系统，避免地表水大量入渗；对已有塌陷坑及裂缝进行填堵，防止地表水向其汇聚注入而加剧塌陷的措施等。

（6）建设场地或交通、地下管道及缆线等线路应选址于覆盖层厚的地方或基岩裸露、抽排地下水井孔影响以外的地段。

（7）在岩溶地区的洼地、谷地等负地形和岩溶平原内，有建筑物或地下工程时，应在附近 2km 范围内，不得大量抽排地下水及采掘地下矿藏资源。对已有的抽排井孔与坑道，随时进行降水、抽水量监测，控制水位降深低于塌陷的临界水位，如有可能应保持或恢复地下水位。

（8）在建设工程施工前，应进行场地地质灾害危险性评估和地质环境的安全性评价工作，运用地质雷达、浅层地震及电磁波 CT 等方法探测场地是否有潜伏洞穴，如有洞穴应进行稳固性处理。

（9）在塌陷危险潜在区，应对地面河床进行铺砌、加固、改道，以及堵塞落水洞、填补溶蚀坑洼、压浆固结岩土体、剥离地表较薄覆盖层（王得楷和胡杰，2010）。

（10）在建设工程场地或建筑物附近，为减缓地下水活动产生致塌力，可在地下水的径流方向上设置压浆帷幕；建筑物的主要承重、受力构件的基础应置于坚硬的基岩或经过坚固处理的地基上。

当地面塌陷发生时，可采取如下应急措施。

（1）在发现前兆时应制订撤离计划，视险情发展将人、物等及时撤离险区。

（2）塌陷发生后对邻近建筑物的塌陷坑（洞）应及时填堵，以免影响建筑物的稳定。其方法一般是先投入片石，上铺砂卵石，再铺上沙，表面用黏土夯实，经一段时间的下沉压密后用黏土夯实补平。

（3）对建筑物附近的地面裂缝应及时堵塞，拦截地表水防止其注入已经形成的塌陷坑。

（4）对严重开裂的建筑物应暂时封闭，不许使用或自行维修，待专业人员进行危房鉴定后再确定应采取的相应措施。

6.2.2 治理措施

1. 地面塌陷治理的原则

（1）对于土洞和塌陷，除已充分论证其确属稳定不再发展的以外，都需要进行治理，未经治理的不能作为建筑物天然地基。

（2）治理措施应针对“病根”，因地制宜。例如，岩溶地下水位升降波动引起的塌陷，一般应阻截地下水流通道；表水渗漏引起的塌陷，应注意完善地表排水系统，防止地表水渗漏等。

（3）地面塌陷影响因素很多，且主次因素在条件变化时可以转化。因此，一般应采取综合治理措施，如填堵结合灌浆、灌浆结合排水等，以符合既经济又可靠的原则。

（4）在治理阶段，应结合监测工作进行，以验证治理措施的效果，便于发现问题及时补救。

2. 地面塌陷的治理措施

根据地面塌陷的成因与影响因素，在已经出现地面塌陷的地段，为防止地面塌陷的进一步发展或危及工程建设，必须采取工程措施进行治理。常用的治理措施可分为三大类：地表封闭防渗措施、地下加固措施、结构物跨越措施（何芳等，2003；张丽芬等，2007）。

1）地表封闭防渗措施

地表水及雨水入渗后，可溶蚀、冲刷或潜蚀洞壁和洞顶，造成裂隙和洞体扩大或洞顶坍塌，是导致地面塌陷的原因之一。因此，采用防渗工程可以减缓或避免地面塌陷。具体措施有：

（1）在土体边坡上种植草本植物，减少水土流失及边坡冲刷，防止雨水集中深入导致塌陷。

（2）排导措施。为防止降雨入渗，应确保地表水流畅，不至于积水渗漏。另外，可采取挖方堑顶外的天沟、路堑侧沟及填方坡脚的排水沟、建筑物基底的铺砌、桥涵排水等排水工程措施。

（3）用混凝土层、玻璃纤维涂料等防渗隔水材料铺设，作为铁路中基床封闭防渗。

（4）清除填堵法。常用于塌坑较浅或浅埋的土洞，首先清除其中的松土，填入块石、碎石，做成反滤层，然后上覆黏土夯实。对于重要建筑物，一般需要将坑底或洞底与基岩面的通道堵塞，可开挖回填混凝土或设置钢筋混凝土板，也可灌浆处理。

2）地下加固措施

为了防止地下水活动导致新的塌陷，对已成土洞及封堵开口的岩溶洞隙，一般采用地下加固措施。具体措施有：

（1）在治理大量抽排地下水和矿坑与地下洞穴工程坑道涌水、排泄造成的地面塌陷时，应恢复地下水位、维持地下水位平衡。因此要采取废弃坑道施行堵水、停止取水或人工回灌、补偿地下水等措施。

（2）在密闭的岩溶腔中钻孔，采用消除真空状态措施，可以减少或免除由于地下水位下降，在密闭岩溶腔中形成真空吸蚀引起的塌陷。

（3）在增强顶板抗塌力方面，常用压浆措施充填洞隙，固结岩土体，还可以形成帷幕隔绝水位变化。压浆的效果取决于压浆参数（包括压浆深度、压浆段长、浆液浓度、凝结时间、压浆时间及压浆孔距）的选择及压浆工艺。压浆分为堵塞洞隙的充填压浆、增强土体强度的固结压浆、防止地下水入渗的帷幕压浆。另外，对于埋藏较深的溶洞或土洞，不可能采用挖填和跨越方法处理时，可在洞体范围内的顶板上钻孔后，灌注水泥与黏土的混合浆液，浆液渗入土层或回填土内部，可起到很好的胶结加固作用，但应注意灌满并达到一定密度。

（4）强夯法。强夯法是通过重锤下落时的强烈冲击波对土体进行夯实加固。此方法既可夯实塌陷区松软的土层和塌陷坑内的回填土，又可消除隐伏土洞和软弱带，是一种治理与预防相结合的措施。

（5）桩基础法。当土洞埋深较大时，可用桩基处理，如采用混凝土桩、钢桩、砂桩或爆破桩等，除提高支承能力外，还可挤密土层和改变地下水渗流条件。

（6）高压旋喷法。高压旋喷法是用高压脉冲泵通过钻杆底部的喷嘴向周围土体喷射化学浆液，高压射流使土体结构破坏并与化学浆液混合、胶结硬化，从而起到加固作用的一种地基处理方法。高压旋喷法可在浅部形成一硬壳层，若在硬壳层上再设置筏板基础，则可以有效地治理岩溶塌陷区的地基。

（7）为截阻深部洞穴充填物被挤出、坍塌，导致塌陷，可用钻孔做钢筋混凝土桩栅栏。

（8）可采用横向交叉布设锚杆治塌技术，增强填方路基的抗塌力，不致因下部岩溶受到影响。

3）结构物跨越措施

（1）在治理跨度较大的塌陷穴或隐伏洞穴时，开挖回填有困难，可采取横跨洞穴、架于周围非塌陷的稳定基础上的桥梁稳固措施。

（2）在治理地形平坦，难以预测塌陷坑位的地段时，可采用以整体结构抗衡塌陷形成的局部悬空和应力集中的钢筋混凝土网络梁，如网络梁上还需填方时，应在网络梁上加筑钢筋混凝板。

（3）在治理直径较大、较深的塌陷坑或直径小、密集群体塌陷坑，且其塌陷外围有稳定的岩土体，上部有较大的荷载需承载时，可采用两端置于稳定基础上的钢筋混凝土梁或板跨治理措施。跨越结构物有桥梁跨越、网络梁跨越、地基板跨越、钢轨梁跨越、框架梁跨越、渡槽跨越等。

此外，还有平衡地下水、气压法、振动压密、置换法、针对采空区的土地复垦等。在实际工作中，单一治理措施往往达不到理想的治理效果，需要因地制宜，采用多种方法进行综合治理，以使治理工程更加科学可靠。

6.3 地面塌陷防治工程设计

6.3.1 设计原则

地面塌陷防治工程设计要遵循以下原则。

（1）地面塌陷防治工作是一个系统工程。一方面它包括勘察评价和预测、监测预报、预警及防治工程等三个环节，环环相扣；另一方面各项防治工程应互相配合，有机联系，组成一个完整的防治工程体系。

（2）防治工程应统一规划，针对“病根”，有的放矢。一方面要避免盲目治理、贪大求全；另一方面又要防止单打一、简单从事。因此要在分析地面塌陷形成机制和成灾因素的基础上，进行有针对性的工程方案选择，分析工程设置过程中对稳定性的影响及设置可能形成的后果，力求在不产生负面效应的前提下达到最佳防治效果。

（3）以防为主，防治结合，综合治理。防治工作涉及防治工程措施、监测预报预警措施、抢险措施、行政管理措施及监督措施等诸方面。应从全局角度妥善部署，形成高效的有机整体。

（4）防治工程措施要求务实与创新相结合，既要因地制宜，讲求实效，又要大胆创新，勇于实践，采用新技术、新方法，提高防治工程的技术水平。

（5）防治工程的方案能否成立，很大程度上取决于防治工程技术上的可行性。技术可行性，包括施工技术方法、施工技术水平、施工设备、施工条件等诸多因素的可行性，应针对防治工程的具体方案进行详细调研论证。

（6）经济上合理性，包括投资水平的承受能力和减灾效益两个方面，一般投入与取得效益比值为 1 : 20 ~ 1 : 10。基于政治上的原因和以社会效益、环境效益为主时，则另行考虑。

6.3.2　设计依据

设计依据主要包括：政策法规依据、技术规范依据和其他依据。

政策法规依据主要包括：

（1）《地质灾害防治条例》（国务院令第 394 号，2003 年 11 月 24 日）；

（2）《国土资源部关于加强地质灾害危险性评估工作的通知》（国土资发〔2004〕69 号）；

（3）《建设用地审查报批管理办法》（国土资源部令第 69 号，2016 年 11 月 29 日）；

（4）各类国家、地方法律、法规文件。

技术规范依据主要包括：

（1）《地质灾害危险性评估规范》（DZ/T 0286—2015）；

（2）《地质灾害防治工程勘查规范》（DB 50/T 143—2018）；

（3）《地质灾害防治工程监理规范》（DZ/T 0222—2006）；

（4）《岩土工程勘察设计手册》；

（5）《建筑桩基技术规范》（JGJ 94—2008）；

（6）《建筑地基基础设计规范》（GB 50007—2011）；

（7）《混凝土结构设计规范》（2015 年版）（GB 50010—2010）；

（8）《地下水动态监测规程》（DZ/T 0133—1994）；

（9）《岩土工程勘察规范》（2009 年版）（GB 50021—2001）；

（10）各类行业、地区技术要求、标准文件。

其他依据主要包括：

（1）地面塌陷灾害治理可行性研究报告；

（2）地面塌陷灾害治理工程地质勘查报告；

（3）地面塌陷灾害治理工程设计任务书；

（4）已有的地面塌陷监测成果报告；

（5）已有的区域地质、水文地质、工程地质成果资料。

6.3.3 主要工程设计

1. 强夯加固

1）方法简介

强夯法是1969年法国Menard技术公司首创的一种地基加固方法。它一般通过8～30t的重锤（最重可达200t）和8～20m的落距（最大可达40m），对地基施加强大的冲击能，强制压实地基（张庆国和毕秀丽，2003）。

工程实践表明，强夯法具有施工简单、加固效果好、使用经济等优点，因而被世界各国工程界所重视。20世纪70年代末我国首次在天津新港3号公路进行强夯法试验研究（钱征等，1980）。强夯法在开始创立时，仅用于加固砂土和碎石土地基。经过20多年的发展和应用，它已适用于碎石土、砂土、低饱和度的粉土、黏性土、湿陷性黄土等地基的处理。在浅部岩溶发育地区，通过强夯法对地基土体的压实，可消除土洞和浅部溶洞，对防治岩溶塌陷具有明显的效果。

2）加固机理

通常情况下，第一锤夯击可使夯锤陷入地面以下1m左右深度，在这个深度范围内，土中的固体物大部分被强制性挤压到夯坑以下土的孔隙中，从而使土体呈超压密状态。因此，强夯法加固地基有以下3种不同的加固机理。

（1）动力密实：强夯加固多孔隙、粗颗粒、非饱和土为动力密实机制，即强大的冲击能强制超压密地基，使土中气相体积大幅度减小。

（2）动力固结：强夯加固颗粒饱和土为动力固结机理，即通过强大的冲击能冲击破坏土的结构，使土体局部液化并产生许多裂隙，作为孔隙水的排水通道，土体发生触变，强度逐步恢复并增强。

（3）动力置换：强夯加固淤泥为动力置换机理，即强夯将碎石整体挤入淤泥成整式置换或间隔夯入淤泥成桩式碎石墩。

3）强夯法设计

a. 有效加固深度

根据我国大量的工程实践经验，有效加固深度的计算公式如式（6.1）所示。

$$H_h = a_h \sqrt{W_h h_h} \tag{6.1}$$

式中，H_h为强夯的有效加固深度（m）；W_h为夯锤重（t）；h_h为落距（m）；a_h为与土的性质和夯击能有关的系数，一般变化范围为0.5～0.9，对于细粒土，夯击能较大时可取该范围的大值。

b. 强夯的单位夯击能

强夯的单位夯击能应根据地基土的类别、结构类型、荷载大小和要求处理的深度等综合考虑，并通过现场试夯确定。在一般情况下，粗颗粒土可取1000～3000kN·m/m²；细颗粒土可取1500～4000kN·m/m²。

c. 夯锤与落距

对施工单位已有的夯锤与起重机型号进行调查后，根据所需有效加固深度与单击夯击能，选择夯锤与落距。实践表明：在单击夯击能相同的情况下，增加落距比增加锤重更有效。

d. 确定每个夯点重复夯击次数

通常每个夯点应多次重复夯击，才能达到有效加固深度。最佳夯击次数可由现场试夯所得夯击次数与夯沉量关系曲线确定，且应同时满足下列条件。

（1）最后两击的平均夯沉量：当单击夯击能小于4000kN·m时为50mm；当单击夯击能为4000～6000kN·m时为100mm；当单击夯击能大于6000kN·m时为200mm。

（2）夯坑周围地面不应发生过大隆起。

（3）不因夯坑过深而发生起锤困难。

e. 夯点平面布置

（1）按设计起重机开行路线、顺序布置夯击点。

（2）强夯夯击时，应力向外扩散，因此，夯击点必须间隔5～9m夯距，如图6.14（a）所示的为正确布置。若夯距太小，则应力叠加，效果降低，图6.14（b）为不正确的布置。通常夯击平面按行列式（正方形）布置施工较为方便，也可采用梅花形（等边三角形）布置。

（3）确定夯击遍数。根据土的性质、夯击能与有效加固深度确定，一般情况为2～3遍，最后再以低能量满夯一遍。对于渗透性弱的细粒土，夯击遍数可适当增加。

图6.15为采用强夯4遍的平面布置。第一遍夯击（如图6.15中“1”所示）时，两个夯击点相隔7m，按行、列将整个场地夯击完后，开始第二遍夯击（如图6.15中“2”所示），依此类推。

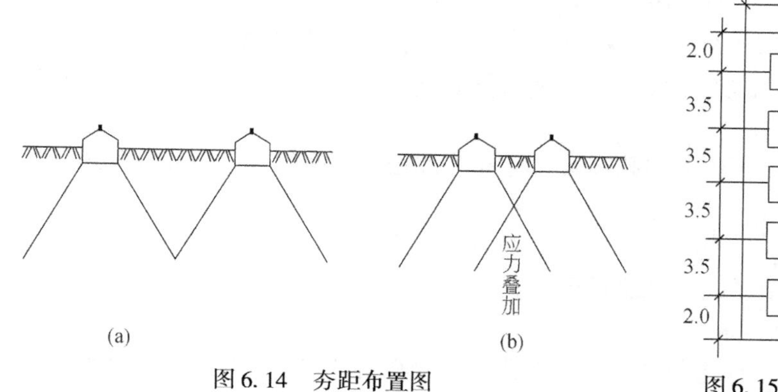

图6.14　夯距布置图

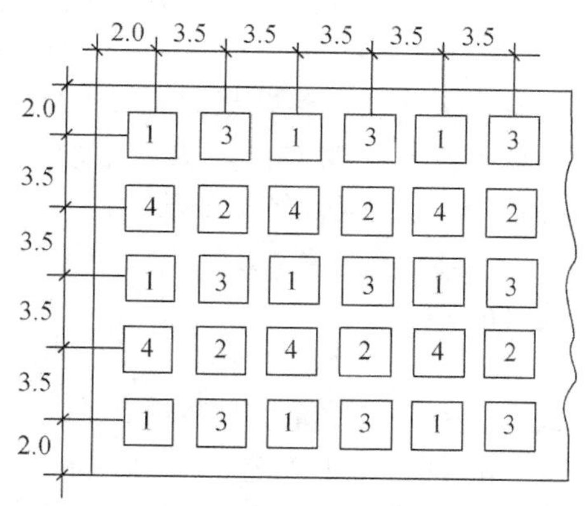

图6.15　夯击平面布置图（单位：m）

f. 两遍夯击之间的时间间隔

两遍夯击之间的时间间隔取决于土中超孔隙水压力的消耗时间。对碎石与砂土可连续夯击；对渗透性差的黏性土，应不少于3周。

g. 现场试验测试调整

初定强夯参数，提出强夯试验方案，进行现场试验，经间隔时间后进行夯后测试并与夯前数据对比，检验强夯效果，确定正式强夯参数。

2. 灌注填充法

1）方法简介

对岩溶塌陷区的灌注填充（即岩溶注浆）是通过钻孔灌注水泥浆液，堵塞浅部的岩溶洞穴空间，截断地下水对上覆土体的潜蚀运移通道，消除产生岩溶塌陷的基本条件，从而达到防止塌陷的目的（张景考等，2002）。灌注填充一般应用于岩溶发育深度不大、形态以溶蚀裂隙为主、大型溶洞很少、填充率高，而且具有较厚的第四系土层的岩溶地区。这些特点，使岩溶注浆方案的技术可靠性和经济合理性明显优于其他整治方案。

另外，岩溶注浆方案还具有施工简单、对环境影响干扰小、不污染地下水源、不增加维护工作等特点，因而在实际工作中得到了广泛应用。

2）岩溶注浆工程设计与施工

由于覆盖型岩溶的特殊性、复杂性及目前勘测手段的局限性，岩溶注浆工程的设计与施工一般采用“探-注结合”的方法，即详细勘查与注浆试验工程结合进行，要求地质人员、设计人员参与施工全过程，并通过实地的注浆试验，取得较为可靠的注浆设计与施工参数。

a. 注浆设计主要技术参数

（1）注浆处理范围一般延至场地外 5m。

（2）注浆孔孔距不大于 8m，并结合场地条件布置，一般采用直孔，有时候也采用斜孔。

（3）注浆孔深至基岩顶面以下 2～3m，注浆段孔径 110～130mm。

（4）浆液采用抗压强度为 41.7MPa 的普通硅酸盐水泥，掺加速凝剂配制，水灰比一般选用（0.8∶1）～（1∶1）。

（5）岩溶注浆量的计算可采用式（6.2）进行计算。

$$Q_j=\pi R_j^2 H_j \mu_j \alpha_j (1-\gamma_j) \lambda_j \tag{6.2}$$

式中，Q_j 为设计注浆量（m^3）；R_j 为浆液扩展半径（m）；H_j 为基岩注浆深度（m）；μ_j 为平均岩溶裂隙率；γ_j 为岩溶填充率；α_j 为超灌系数（与岩溶空间形态及注浆技术有关）；λ_j 为地区性经验系数。

实际注浆工程都是一定范围内的多孔注浆，将 πR_j^2 改用注浆面积 S_j，则计算公式变为式（6.3）。

$$Q_j=S_j H_j \mu_j \beta_j \alpha_j (1-\gamma_j) \tag{6.3}$$

式中，β_j 为有效充填系数；其他符号意义同前。

b. 注浆施工工艺

（1）按先外围后中间的顺序进行注浆。注浆孔采用取心钻进方法，并进行简易水文地质观测。第四系潜水层需用套管封闭，注浆管下至基岩面以上 0.5m，并嵌固于第四系土体中。当土体很薄时，应采用黏土球回填夯实的方法嵌固。

（2）清洗孔底基岩注浆段，清洗时间不应过长，一般以 3～5min 为宜。对不漏水的孔，洗孔最大孔口压力不超过 500kPa。

（3）进行注水试验，测出基岩注浆段单位吸水率，其计算见式（6.4）。

$$q_j=\frac{2\pi r_j^2(h_{1j}-h_{2j})}{(h_{1j}+h_{2j}-h_{0j})\ h_{0j}t_j} \tag{6.4}$$

式中，q_j 为单位吸水率；r_j 为套管内半径（m）；h_{1j}、h_{2j} 分别为第一次、第二次测定的孔内水柱高度（m）；h_{0j} 为基岩注浆段高度，m；t_j 为两次水位测定间隔时间（h）。

（4）根据钻孔岩心及注水试验资料选用适宜的浆液浓度、速凝剂配比、注浆压力、注浆流量等参数，并根据注浆过程中吸浆量及注浆压力的变化进行调整。在实际工作中，会遇到多种情况与多种变化过程的各种组合，关系较为复杂。一般地，对于吸浆量较小的孔，采用先稀后浓的浆液进行连续压力注浆；对于吸浆量较大的孔，采用先浓后稀再浓的浆液进行多次定向间歇注浆；对于遇到较大岩溶通道、吸浆量又较大的孔，应在注浆的同时加注粗骨料，并选用适宜的投砂量。

（5）岩溶注浆结束的标准为：孔底压力达到600～700MPa，吸浆量小于4L/min，并稳定30min。由于岩溶发育的不均匀性，各注浆孔的实际耗浆量一般大于平均单孔耗浆量，后期注浆孔则较小，所以，切不可以单孔耗浆量作为注浆结束的标准。

（6）岩溶注浆结束后，提拔套管，进行土层注浆，注浆压力一般小于100kPa。

3. 桩基工程

对于一些深度较大的土洞、岩溶洞穴，为防止岩溶塌陷，通常采用基桩穿越塌陷坑和岩溶洞穴，将荷载传递到稳定基岩上（尚掩库，2012）。

根据成桩方法的不同，基桩可分为灌注桩和预制桩两大类。其中，灌注桩按成桩过程中桩土相互影响的特点，可分为非挤土灌注桩（如钻孔灌注桩、洛阳铲成孔灌注桩、人工挖孔灌注桩）、部分挤土灌注桩（如冲孔灌注桩）、挤土灌注桩（如沉管灌注桩）；预制桩主要有普通钢筋混凝土预制桩和预应力钢筋混凝土桩两类。

通常，用于防治岩溶塌陷的基桩为钻孔灌注桩，有时也采用人工挖孔灌注桩。下面介绍钻孔灌注桩的设计。

1）桩的类型设计

a. 确定桩的承载性状

根据建筑桩基的等级、规模、荷载大小，结合场地各岩土层的性质与层厚，确定桩的受力工作类型。一般情况下，岩溶塌陷易发区上部第四系土体以砂性土为主，且厚度较小，其下为浅部岩溶发育的碳酸盐岩类岩石。在这样的地质条件下施工的钻孔灌注桩，桩端需穿透土洞、浅部岩溶发育带而进入完整坚硬的基岩，因此，桩的承载性状多以端阻力为承载标准，即桩的类型为端承桩。

b. 选择桩的材料

根据当地材料供应、施工机具与技术水平、造价、工期及场地环境等具体情况，选择桩的材料与施工方法。例如，中小型工程可用素混凝土灌注桩，以节省投资；大型工程应采用钢筋混凝土桩。

2）确定桩的规格与单桩竖向承载力

a. 确定桩的规格

一般应选择完整坚硬的基岩作为桩端持力层，桩的长度取决于第四系土体的进取度以及浅部岩溶发育带的厚度，另外，桩顶需嵌入承台。设计时宜根据这些因素综合确定桩长。

桩的横截面面积根据桩顶荷载大小与当地施工机具及建筑经验确定。若小工程用大截面桩则浪费；大工程用小截面桩，因单桩承载力低，需要桩的数量增多，不仅桩的排列难、承台尺寸大，而且打桩费工，不可取。

b. 确定单桩竖向承载力

根据建筑场地持力层的性质和确定的桩型与规格，确定单桩竖向承载力。

3）计算桩的数量进行平面布置

a. 桩的数量估算

（1）在按《建筑桩基技术规范》（JGJ 94—2008）进行设计时，可按下述方法估算。

轴心竖向力作用时，计算见式（6.5）。

$$n_z=(F_z+G_z)/R_z \tag{6.5}$$

式中，n_z 为桩的数量（个）；F_z 为作用于桩基承台顶面竖向设计值（kN）；G_z 为承台及其上覆土自重（kN）；R_z 为单桩竖向承载力设计值（kN）。

偏心竖向力作用时，计算见式（6.6）。

$$n_z=\mu_z(F_z+G_z)/R_z \tag{6.6}$$

式中，μ_z 为桩基偏心受压系数，通常取1.1～1.2；其他符号意义同前。

（2）在按《建筑地基基础设计规范》（GB 50007—2011）进行设计时，可按下述方法估算。

轴心竖向力作用时，计算见式（6.7）。

$$n_z=\frac{F_k+G_k}{R_a} \tag{6.7}$$

式中，F_k 为相应于荷载效应标准组合时，作用于桩基承台顶面的竖向力（kN）；G_k 为桩基承台自重及承台上土自重标准值（kN）；R_a 为单桩竖向承载力特征值（kN）；其他符号意义同前。

偏心竖向力作用时，计算见式（6.8）。

$$n_z=\mu_z\frac{F_k+G_k}{R_a} \tag{6.8}$$

式中符号意义同前。

b. 桩的平面布置

在桩的数量初步确定后，可根据上部结构的特点与荷载性质，进行桩的平面布置。

（1）桩的中心距：通常，钻孔灌注桩的中心距宜取2.5D_z（D_z 为桩的直径或边长）。若中心距过小，则可能影响桩的承载能力；反之，桩的中心距过大，则桩承台尺寸太大，不经济。

（2）桩的平面布置：桩的平面布置如图6.16所示。布桩时，应尽量使桩群承载力合力点与长期荷载重心重合，并使桩基受水平力和力矩较大方向即承台的长边有较大的截面模量。桩离桩承台边缘的净距应不小于$\frac{1}{2}D_z$。同一结构单元，宜避免采用不同类型的桩。

4）单桩承载力验算

a. 按《建筑桩基技术规范》（JGJ 94—2008）进行的设计方法

在中心荷载作用下，要求每根桩实际承受的荷载不大于单桩竖向承载力设计值，按式

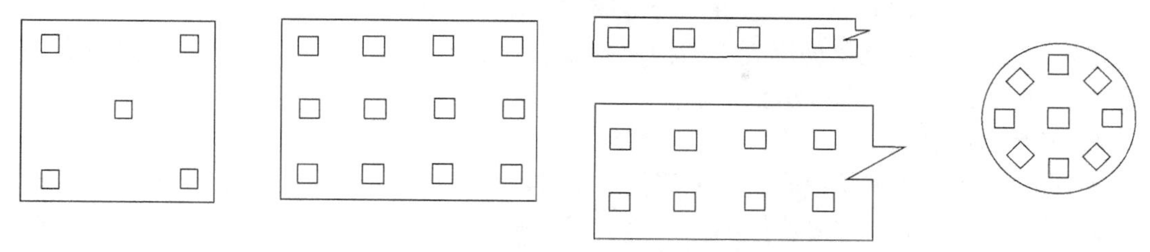

图6.16　桩的平面布置图

(6.9) 验算。

$$N_s = \gamma_0 \frac{F_z + G_s}{n_z} \leqslant R_z \tag{6.9}$$

式中，N_s 为桩基中单桩所承受的外力设计值（kN）；G_s 为桩基承台自重设计值和承台上的土自重标准值（kN）；R_z 为单桩竖向承载力设计值（kN）；γ_0 为承台底土阻抗力分项系数；其他符号意义同前。

在偏心荷载作用下，除满足式（6.9）外，尚应满足式（6.10）的要求。

$$N_{\text{smin}}^{\max} = \lambda_0 \left[\frac{F_z + G_s}{n_z} \pm \frac{M_x y_{\max}}{\sum y_i^2} \pm \frac{M_y x_{\max}}{\sum x_i^2} \right] \leqslant 1.2 R_z \tag{6.10}$$

式中，$N_{\text{smin}}^{\max}$ 为桩基中单桩所受的最大外力或最小外力设计值（kN）；M_x、M_y 为作用于桩群上的外力对通过桩群重心的 x、y 轴的力矩设计值（kN · m）；x_i、y_i 为桩 i 至通过桩群重心的 x、y 轴线的距离（m）；$x_{\max}$、$y_{\max}$ 为最远桩至通过桩群重心的 x、y 轴线的距离（m）；λ_0 为建筑桩基重要性系数，据建筑桩基安全等级，一、二、三级分别取 1.1、1.0、0.9；其他符号意义同前。

b. 按《建筑地基基础设计规范》（GB 50007—2011）进行的设计方法

轴心竖向力作用下，群桩中单桩承载力要求不大于单桩竖向承载力特征值，按式（6.11）验算。

$$N_z = \frac{F_k + G_k}{n_z} \leqslant R_a \tag{6.11}$$

式中，R_a 为单桩竖向承载力特征值（kN）；N_z 为相应于荷载效应标准组合轴心竖向荷载作用下，单桩所承受的竖向力（kN）；其他符号意义同前。

偏心竖向力作用下，除满足式（6.11）外，尚应满足式（6.12）的要求。

$$N_{\text{zmin}}^{\max} = \frac{F_k + G_k}{n_z} \pm \frac{M_x y_{\max}}{\sum y_i^2} \pm \frac{M_y x_{\max}}{\sum x_i^2} \leqslant 1.2 R_a \tag{6.12}$$

式中，$N_{\text{zmin}}^{\max}$ 为相应于荷载效应标准组合偏心竖向荷载作用下，单桩所承受的最大或最小竖向力（kN）；其他符号意义同前。

5）桩承台设计

a. 桩承台的作用

桩承台的作用包括下列 3 项：

（1）把多根桩联结成整体，共同承受上部荷载。

（2）把上部结构荷载，通过桩承台传递到各根桩的顶部。

（3）桩承台为现浇钢筋混凝土结构，相当于一个浅基础，因此，桩承台本身具有类似于浅基础的承载能力，即桩承台效应。

b. 桩承台的种类

桩承台分高、低桩承台两类。桩顶位于地面以上相当高度的承台称为高桩承台。桩顶位于地面以下的桩承台称为低桩承台，通常建筑物基础承重的桩承台都属于这一类。低桩承台与浅基础一样，要求承台底面埋置于当地冻结深度以下。

c. 桩承台的材料与施工

（1）桩承台应采用钢筋混凝土材料，采用现场浇筑施工。因各桩施工时桩顶的高度与间距不可能非常规则，要将各桩紧密联结成为整体，故桩承台无法预制。

（2）承台的混凝土强度等级不低于C15。

（3）承台配筋按计算确定。矩形承台不宜少于 $\Phi 8@200$，并应双向均匀配置受力钢筋。

（4）钢筋保护层厚度不宜小于50mm。

d. 桩承台的尺寸

桩承台的平面尺寸，依据桩的平面布置，承台每边由桩外围外伸不小于 $\frac{1}{2}D_z$，承台的宽度不宜小于500mm。

桩承台的厚度要保证桩顶嵌入承台，并防止桩的集中荷载造成承台的冲切破坏。承台的最小厚度不宜小于300mm。对大中型工程，承台厚度应进行抗冲切计算确定。我国西南一幢大楼采用桩基础，因桩承台厚度太小，承台发生冲切破坏，导致了整幢大楼倒塌的严重事故，应引以为戒。

e. 桩承台的内力

桩承台的内力可按简化计算方法确定，并按《混凝土结构设计规范》（2015年版）（GB 50010—2010）进行局部受压、受冲切、受剪及受弯的强度计算，防止桩承台破坏，保证工程的安全。

复习思考题

1. 简述地面塌陷的基本概念及其危害。
2. 简述地面塌陷的类型有哪些。
3. 简述地面塌陷的成因有哪些。
4. 试述地面塌陷的防治措施。

第7章　地裂缝灾害防治技术

7.1　地裂缝灾害防治概述

地裂缝是指在内力作用（地壳活动、水的作用等）或外力作用（地下开采、抽水、灌溉等）下岩土体发生变形，当力的作用与累积超过岩土体本身强度时，岩土体发生破裂，其连续性遭到破坏，并在地表形成一定长度和宽度裂缝的一种宏观地表破坏现象。在地下因遭受周围岩土层的限制和上部岩土层的重压作用其闭合比较紧密，而在地表则由于其围压作用力减小，又具一定的自由空间，裂隙一般较宽，表现为裂缝，即地裂缝。

不言而喻，地裂缝属于裂隙的一种特殊形态，因其本质与裂隙不同，故表现形式有别。地裂缝出露于地表，张开成缝，宽度变化大，存在时间短，时隐时现；裂隙多隐伏于地下，宽度窄，稳定延伸，在岩土层中永存而不消失。地裂缝与断层构造也有区别，地裂缝发生在地表，长度小，成因多样；而断层深入地下，延伸长，系较强的构造运动所致。

地裂缝灾害的主要特征：

（1）方向性和延展性。地裂缝常沿一定方向延伸，在同一地区发育的多条地裂缝延伸方向大致相同，在平面上多呈带状分布（一般呈直线状、雁行状或锯齿状），剖面上多呈弧形、V形或放射状。

（2）非对称性和不均一性。地裂缝以相对差异沉降为主，其次为水平拉张和错动，地裂缝的致灾强度在横向上由主裂缝向两侧逐渐减弱，并且地裂缝两侧的影响宽度以及对建筑物的破坏程度具有明显的非对称性。同一条地裂缝的不同部位，地裂缝活动强度及破坏程度也有差别，在转折和错列部位相对较重，显示出不均一性。

（3）渐进性。地裂缝灾害是因地裂缝的缓慢蠕动扩展而逐渐加剧的。因此，随着时间的推移，其影响和破坏程度日益加重，最后可导致房屋及建筑物的破坏和倒塌。

（4）周期性。地裂缝活动受区域构造运动及人类活动的影响，因此，在时间序列上往往表现出一定的周期性。当区域构造运动强烈或人类过量抽取地下水时，地裂缝活动加剧，致灾作用增强，反之则减弱。

地裂缝灾害是一种地质灾害，在世界许多国家都发生过，其发生频率和灾害程度逐年加剧，已成为一个新的、独立的自然灾害类型，并引起国际地学界的强烈关注。我国是地裂缝分布最广的国家之一，仅对河北、山西、山东、江苏、陕西、河南、安徽七省的不完全统计，已有200多个县（市）发现地裂缝，共有700多处。这些地裂缝穿越城镇民居、厂矿、农田，横切道路、铁路、地下管道和隧道等，造成大量建筑物破损、农田毁坏、道路变形、管道破裂等，严重影响了人民生活、厂矿生产和安全。每年因地裂缝灾害造成的经济损失达数亿元。

我国主要有汾渭盆地地裂缝带、太行山东麓倾斜平原地裂缝带和大别山北麓地裂缝带三条巨型地裂缝带，其中汾渭盆地地裂缝带不仅规模最大、裂缝类型多，而且危害十分严重。据不完全统计，迄今已造成数亿元的经济损失。西安地裂缝灾害已闻名中外，影响范围超过 150km^2，给城市建设和人民生活造成了严重的危害。地裂缝所经之处道路变形、交通不畅，地下输排水管道断裂、供水中断、污水横溢，楼房、车间、校舍、民房错位，围墙倒塌，文物古迹受损。据程凤楼和李卫华（2012）统计，西安市主要地裂缝有 13 条，其中最长的一条达 10km，合计总长度约 40km。地裂缝均呈北东偏东方向平行伸展，各年平均位错率为 1.33mm。地裂缝活动使多所大专院校和中小学、91 家工厂、97 个企事业单位和 41 个村庄受害；有 132 幢楼房遭受破坏，1057 间房屋受损；有 60 处主干道、10 处地下管道、3 眼深水井和 427 堵围墙等遭受不同程度的破坏，仅房屋毁坏造成的经济损失就达 2165 万元。

地裂缝活动使其周围一定范围内的地质体产生形变场和应力场，进而通过地基和基础作用于建筑物。地裂缝两侧出现的相对沉降差以及水平方向的拉张和错动，可使地表设施发生结构性破坏或造成建筑物地基的失稳。各种地裂缝对人类的影响主要表现为破坏地表建筑和其他人工设施，造成房屋开裂、地面设施破坏和农田漏水，危害居民生命财产安全。

地裂缝导致的房屋建筑物受损主要包括：墙体开裂、侧移，地面倾斜、开裂及下沉，屋顶面开裂、漏水，屋架变形，椽头拔出，楼梯断裂，门、窗变形。例如，1983 年 7 月 28 日傍晚和 29 日早晨，山西省万荣县下过两次暴雨后，该县薛店村地面出现开裂，地裂缝长 1.5km，一般宽为 1 ~ 2m，最宽达 5.2m，一般深 1.5 ~ 3.0m，最深达 12m，所经之处，房屋开裂或倒塌，受损房屋 300 余间（受害居民 67 户）；1999 年 8 月 3 日，陕西省泾阳县出现一条 2km 长的地裂缝，从东到西穿过该县龙泉乡沙沟村，时宽时窄，最宽处超过 1m，经过村中数十户民房，墙上、地上全部出现程度不等的砖缝错位、土墙开裂和地面凹陷等。

地裂缝对道路的危害主要包括对路基的危害和对路面的危害。其中对路基的危害主要是造成路基的不均匀沉降，使道路通行条件恶化，行车速度减缓。严重的将引起路基错位变形，影响公路的正常通行。路基开裂后，水由裂缝渗入路基土层，进一步导致路基强度降低和地基变形加剧，危及行车安全。而对于跨地裂缝的公路，由于路面位于地裂缝带影响的范围内，常常会出现开裂及错位，尤其是当裂缝与公路小角度相交时，路面受损范围进一步增大，且因地裂缝引起的路面修复困难，往往在修复后使用不久又出现开裂破坏，缩短了路面的维修周期，增大了维修费用。

地裂缝对桥梁的危害主要是地裂缝的运动引起地面垂直差异沉降，从而对桥梁结构施加间接作用，导致桥梁的破坏。地裂缝的活动会引起桥台的变形及倾斜，严重的可使桥台开裂或失稳。由于桥台的变形，桥面与道路接壤处不均匀沉降，车行至此，常出现桥头跳车现象，危及行车安全。

地裂缝的发生频率和灾害程度正在逐年加剧，不仅造成各类工程建筑，如城市建筑、生命线工程、交通、农田和水利设施等的直接破坏，也引起了一系列的环境问题。尤其是城市地裂缝的出现，给城市建设和人民生活带来了严重危害。由于城市建筑物密集、人口密度大、基础设施网络化，系统本身存在脆弱性，所以城市地裂缝比其他地裂缝更易成灾，带来的损失也是巨大的，给城市建设和经济发展造成了严重阻碍。因此，对地裂缝防治进行研究势在必行，无论在理论上或社会、经济和环境效益上都有极其重要的意义。

7.1.1　地裂缝灾害分类与分级

将地裂缝进行分类，对于深入研究地裂缝是必不可少的。目前，地裂缝分类最常见的有形态分类、力学分类、成因分类及活动特征分类，现分述如下。

1. 地裂缝的形态分类

地裂缝的形态分类主要依据是它在平面上所展现的图形。一般来说，在地裂缝的形态分类中，既要考虑单条地裂缝的形态，又要考虑多条地裂缝的组合形态，并需要把这两者有机地结合起来进行分类，见表 7.1。

表 7.1　地裂缝形态分类及特征

类型名称	简要描述
直线形	地裂缝平直，延伸方向稳定，整条裂缝没有发生转折
弧形	在某种自然条件控制下或影响下，地裂缝呈弧形弯曲，表现为一条弧形曲线
S 形与反 S 形	地裂缝中段比较平直，首尾两段呈方向相反的弧形弯曲，以致整条呈现往返转折的弯曲，并依据弧形方向的不同可分为 S 形与反 S 形两种形态
锯齿形	地裂缝像锯齿一样弯曲转折，但整条地裂缝朝一定方向延伸，每一线段与其总体走向均具一定夹角，其中所夹的锐角一般小于 45°
Z 形或 N 形	地裂缝中段和首尾两段都比较平直，但它们之间却发生突然转折，首尾两段与中段的走向明显不同，整个形态呈现 Z 形或 N 形
环形	地裂缝围绕着某一环形构造或环形地质体或环形地貌形态而呈环状展布，或者呈近似圆形曲线，或者由若干条弧形曲线断续环绕成为近似的圆形图像
雁列式	若干条大致平行的地裂缝，彼此首尾遥相呼应，呈现雁列式排列，这些地裂缝可以是直线形的，也可以是 S 形与反 S 形的
入字形或人字形	主干地裂缝的一侧，有一条分支地裂缝以一定交角与其相汇，但未切穿主干地裂缝，而呈入字形或人字形图像
X 形与格子状	两组不同走向的地裂缝，彼此相互交切呈 X 形，但每一组常由若干条相互平行的地裂缝组成，它们往往与另一组相互穿插与交织，以致构成了格子状图像
扫帚状	主干地裂缝端部的某一侧，发育了一系列规模较小的地裂缝，它们与主干地裂缝的交角大小不一，大的小于 90°，小的几度，呈现向某一方向撒开的扫帚状图像
放射状	地裂缝自中心部位向周围撒开，犹如自行车轮的辐条一般，呈放射状图像，中心部位一般呈现比其外围高的地貌形态，地裂缝的宽度由中心部位向边缘逐渐变细
向心状	地裂缝自四周向中心部位聚合，其图像与放射状地裂缝相似，但中心部位表现为凹陷或降落，地裂缝的宽度由边缘向中心部位逐渐变细

地裂缝的形态与发生地裂缝区域的介质和边界条件、地裂缝形成的力学机制，以及地裂缝形成原因等均具有密切的联系。在一定的介质与边界条件下，不同的应力作用方式或不同成因的地裂缝，它们的形态往往不同，各具特点；反过来，其一种形态的地裂缝，可

能是某一种力学性质与某一种成因的地裂缝的表现。因此，对地裂缝的形态进行研究与分类可以说是侧面分析地裂缝的力学性质与成因。

2. 地裂缝的力学分类

地裂缝的发生发展都是在力的作用下进行的。力的性质和作用方向不同，地裂缝的形态特征亦不相同。因此，根据力学性质的差异，可将地裂缝分为压性地裂缝、张性地裂缝、扭性地裂缝、压扭性地裂缝和张扭性地裂缝五种类型，见表7.2。

表7.2　地裂缝力学分类及特征

类型名称	力学成因	主要特征
压性地裂缝	在压力作用下，可以产生一组与最大主压应力作用方向垂直的地裂缝	该类裂缝比较细小，线形呈舒缓波状，延伸比较短，在裂缝附近可能出现鼓包或凹陷。鼓包与凹陷的长轴与压性地裂缝平行，升降幅度一般在10cm以内，大者可达数十厘米。在自然界，压性地裂缝是极其罕见的，因为岩石的压碎破裂强度等于剪切破裂强度的2～84倍。土质的压碎破裂虽然与剪切、拉张的破裂强度差异不大（一般相差2～3倍），但土质因具有较大的可塑性，在压应力作用下容易发生塑性变形。显然，岩石与土质都不容易产生压性地裂缝，在野外要找到一条典型的压性地裂缝比较困难
张性地裂缝	地裂缝的走向与最大主压应力的作用方向平行，或者与最大主张应力的作用方向垂直	裂缝宽阔，裂缝面粗糙不平整，裂缝线常呈锯齿状。线性延伸较差，每一线段延伸不远就转折为另一延伸方向，但整条裂缝的总体延伸方向仍比较稳定。在两线段的锯齿转折处，常常形成一个相对宽阔的深洞和顺着某一线段延伸的小尾巴。在一条规模较大的张性地裂缝两侧，常有一系列与其平行的小裂缝。在主干地裂缝尾部，则可以见到杏核状或树枝状、辫子状分叉等小裂缝。不论是岩石还是土质，它们的拉张破裂强度比压缩破裂强度低得多，在同一应力作用下，比较容易出现张开破裂，所以张性地裂缝是一种最常见的地裂缝
扭性地裂缝	在理论上，扭性地裂缝的走向与最大剪切应力的作用方向平行，与最大主压应力的作用方向大约呈45°交角，但由于边界条件的影响，扭性地裂缝与主压应力的交角可以略大于45°或略小于45°	扭性地裂缝的线性延伸较好，产状稳定，线形平直，有时犹如刀切一样整齐。有些扭性地裂缝的一侧或两侧，可以见到一系列与其斜交的羽状小裂缝，或者在一侧出现了入字形或人字形的分支小裂缝。在扭性地裂缝的尾部，有时可以见到折尾，或者菱形结环，或者分叉等现象。扭性地裂缝往往成带出现，它们首尾遥相呼应，呈现雁列式或多字形排列，在两条雁列式地裂缝的首尾之间，常常出现雁列式的小裂缝。在平面上，有些地段扭性地裂缝比较密集，有些地段比较稀少，密集带和稀疏带的宽度与间距大致相近，以致呈现疏密相间的韵律变化特征。不同走向的两组扭性地裂缝彼此常常相互交切呈X形，这是识别一对共轭扭性地裂缝的重要依据，它们的锐角平分线为最大主压应力的作用方向。当两组扭性地裂缝都很发育时，可以将地面切割成为格子状或菱块状

续表

类型名称	力学成因	主要特征
压扭性地裂缝	地裂缝的走向与最大主压应力的作用方向的交角小于90°、大于45°时，其中交角接近于90°者呈现以压性为主，交角接近于45°者呈现以扭性为主	其形态兼具压性和扭性两种地裂缝的特征，裂缝线呈平缓的S形与反S形，且常常由若干条地裂缝组合成雁列式。压扭性地裂缝时宽时窄，裂缝面比较平整光滑。此外，有些扫帚状地裂缝也可能属于压扭性
张扭性地裂缝	地裂缝的走向与最大主压应力的作用方向的交角小于45°、大于0°时，其中交角接近于0°者呈现以张性为主，交角接近于45°者呈现以扭性为主	其形态兼具张性和扭性两种地裂缝的特征，裂缝线比较平直，但局部地段常常迁就另一组扭性地裂缝而发生转折，以致其形态图像呈现Z形或N形。此外，有些扫帚状地裂缝也可能属于张扭性

一般来说，在同一个地区，在统一应力作用下，上述五种不同力学性质的地裂缝都可能发育生成。但是，鉴于自然条件的差异、地裂缝形成原因的不同，以及应力作用的变异，在一个区域中我们不一定能齐全地见到上述五种不同力学性质的地裂缝。实践证明，压性地裂缝不仅不容易发育形成，而且因地裂缝细小，在野外往往被人们忽视。

3. 地裂缝的成因分类

地裂缝按其成因分为构造地裂缝、非构造地裂缝和混合成因地裂缝三类。构造地裂缝是指由内动力地质作用产生的，包括地震地裂缝（也称构造速滑地裂缝）、构造蠕变地裂缝和区域微破裂开启型地裂缝三种。非构造地裂缝是指由自然外动力地质作用和人类活动作用而引起的岩土层裂缝，如膨胀土地裂缝、黄土地裂缝、冻土地裂缝、盐丘地裂缝、干旱地裂缝、地面塌陷地裂缝、滑坡地裂缝、地面不均匀沉降引起的地裂缝等。一些典型地裂缝照片如图7.1所示。实际上，有许多地裂缝是几种因素综合作用的结果，称为混合成因地裂缝。表7.3列举了一些常见地裂缝的特征。

(a)构造地裂缝
湖北恩施云龙河地裂缝

(b)黄土高原构造地裂缝
青海甘德地裂缝

(c)地震地裂缝
2015年4月25日尼泊尔发生8.1级地震产生的地裂缝

(d)地面塌陷地裂缝
宁夏石嘴山采煤沉陷区

(e)滑坡地裂缝
重庆云阳滑坡体上的裂缝

(f)地面沉降引起的地裂缝
2006年河北邢台地面沉降引起的地裂缝

图 7.1　典型地裂缝照片

表 7.3　地裂缝成因分类及特征

类型名称	主导原因	动力类型	种别	地裂缝特征
构造地裂缝	内动力地质作用	断裂活动	地震地裂缝	1. 规模大，延伸远，有明显的方向性； 2. 不同方向的地震断层往往呈有规律的组合，反映了震区主要的构造方向和控制地质构造的区域应力场或局部应力场； 3. 裂隙两侧在水平方向和垂直方向上都有明显的位移，位移量的大小取决于震级； 4. 不受岩性和其他边界条件的影响

续表

类型名称	主导原因	动力类型	种别	地裂缝特征
构造地裂缝	内动力地质作用	断裂活动	构造蠕变地裂缝	1. 裂缝与蠕滑断层活动方式一致； 2. 裂缝活动是断层活动的表现； 3. 裂缝发生时间不受季节限制； 4. 裂缝时隐时现，时强时弱，时断时续； 5. 规模较大，延伸长，长几千米至十几千米，裂缝带宽度几米到几十米
		区域微破裂开启活动	区域微破裂开启型地裂缝	1. 多组共生，各地区地裂缝相互对应，具有区域性发育特征； 2. 共轭的剪切地裂缝常构成网络状； 3. 单条地裂缝延伸较短，常成群成片出现； 4. 初期地裂缝常隐伏于地表层之下，降雨或浇地后显露出来； 5. 常伴生陷坑、陷穴，多呈串珠状
非构造地裂缝	自然外动力地质作用	特殊土	膨胀土地裂缝	1. 数量多，分布广，危害大； 2. 规模小，长度一般在数十米之内，超过100m者极少见； 3. 一般以竖向开裂为主，尤其在地面以下2m之内最为常见，往下斜交剪切裂隙发育，并将土体切割成菱形小块，裂隙间距小而密集； 4. 膨胀土地裂缝常以暗裂形式发育
			黄土地裂缝	1. 地裂缝常常环绕着洼地周围，或者呈向心状展布，或者呈环形状展布； 2. 延伸短，且无一定方向； 3. 裂面粗糙、直立，上宽下窄，延伸小
			冻土地裂缝	1. 与冻胀丘有关，个体较大的冻胀丘常伴随放射状地裂缝；坡度较缓的冻胀丘常常被地裂缝切割成块状；多个冻胀丘呈线形排列时，主干地裂缝则呈现断续的雁列式。 2. 规模一般较小，单条裂缝长数米，宽度几厘米，深度数十米
			盐丘地裂缝	1. 受盐丘形状、大小所控制。一般地，平顶状盐丘可产生平行地裂缝；穹隆状、蘑菇状盐丘，多产生放射状地裂缝；近似直立圆柱体盐丘的边缘常形成弧状或者环状的地裂缝；顶部低凹的盐丘，形成向心状地裂缝。 2. 盐丘地裂缝平面范围一般限制在盐丘范围内，盐丘直径一般在数千米之内
			干旱地裂缝	1. 主要在土层的表层，切割深度一般在1m左右，个别也有深达4～5m的情况； 2. 一般规模较小，不规则，没有明显的方向性和组合关系，常表现为龟裂形式； 3. 只见于松散沉积物内，裂缝两侧没有明显的相对位移，裂缝呈楔形，宽度随深度和沉积层的湿度增大而减小，至含水层即消失； 4. 在松散沉积物中，裂缝也只发生在地势较高的低丘和波状平原高处的脊部与前缘，而不在接近地面的低洼地带出现； 5. 出露范围小，仅数平方千米

续表

类型名称	主导原因	动力类型	种别	地裂缝特征
非构造地裂缝	自然外动力地质作用	自然重力作用	岩溶塌陷地裂缝	1. 地裂缝与局部塌陷经常同时突然发生； 2. 与原岩构造有关，分布有一定规律； 3. 裂缝的宽度和深度较大，其两侧常见大幅度的垂直位移，而水平位移极少见； 4. 局限于易溶岩分布地区； 5. 裂缝形态为弧形、直线形、封闭圆形或同心圆形，裂面倾角陡，一般在70°～80°
	人类活动作用	次生重力或动荷载	滑坡地裂缝	1. 在滑坡的孕育和滑移过程中，一般沿着山坡等高线开裂或呈弧形开裂； 2. 裂缝走向与其在滑体上所处的部位有关；一般地，滑体前后缘的裂缝基本平行于滑动方向，中部的裂缝垂直于滑动方向，两侧的裂缝与滑动方向斜交，其中垂直于滑动方向的裂缝最常见； 3. 裂缝两侧有明显的垂直位移，垂直于滑动方向的裂缝，常将滑坡切成阶梯状； 4. 因滑坡往往是缓慢地、间歇性地移动，故其地裂缝通常是反复多次形成
			地震次生地裂缝	1. 多呈树枝状，少数为管状、蘑菇状、袋状，线形裂缝连续性好，且边界齐整； 2. 常以垂直错动为主，兼有水平错动； 3. 多呈张性； 4. 规模和分布面积与地震大小有关，分布面积可达几万平方公里； 5. 裂缝一般出现在地震烈度Ⅵ度以上的地区
			人工洞室塌陷地裂缝	1. 规模受人工洞室规模和洞室上覆岩土厚度及性质等控制； 2. 规模大小不等，一般长达十几米至几十米，最长可达几百米，一般宽度在1m以内； 3. 几何形态有直线状、折线状、弧状、分叉状

在我国，除地震裂缝外，以构造蠕变地裂缝的规模和危害最大，一般分布在活动构造带或区中，如汾渭盆地等，这种地裂缝具有明显的方向性，并且在水平、垂直方向上均有位移，以陕西西安、山西大同地裂缝最为典型。区域微破裂开启型地裂缝在分布上具有一定的方向性，规模不大，以陕西泾阳、山西万荣和河北邯郸、正定等地为典型。地面塌陷裂缝多呈环状，各类矿区、岩溶塌陷区和地面沉降区等均有发育。其余各类型地裂缝规模较小，但分布范围广，一般不具有规则的方向性。松散地层潜蚀地裂缝以河南黄泛区和河北、山东等地区为主。黄土地区、膨胀土和软土地区、滑坡地带则分别为黄土湿陷地裂缝、胀缩地裂缝和滑坡地裂缝。地震次生地裂缝常与地震活动同时产生，我国各个地震区，如唐山、澜沧–耿马、炉霍等地区，在地震中均产生了大量的地裂缝。

4. 地裂缝的活动特征分类

以地裂缝灾害严重的西安市为例，其活动特征如表7.4所示。

表7.4　地裂缝活动特征及其分类

分类标准	类型	主要特征
地裂缝活动强度	弱活动的	活动速率<2mm/a
	中等活动的	活动速率≥2～<20mm/a
	强活动的	活动速率≥20～≤80mm/a
	超强活动的	活动速率>80mm/a
地裂缝活动方式	垂直升降的	—
	水平拉张的	
	水平扭动的	
地裂缝活动范围	线状分布的	—
	片状分布的	小范围的（<1km^2）
		中等范围的（≥1～<10km^2）
		大范围的（≥10～≤100km^2）
		超大范围的（>100km^2）

7.1.2　地裂缝灾害形成条件

在自然界中，有时地裂缝的形态或力学性质相似，但它们的成因各异。不同成因的地裂缝对生产建设常常具有不同的影响，并需要不同的防治措施。地壳活动、水的作用和部分人类活动是导致地面开裂的主要原因。据此，地裂缝的形成条件可概括为自然因素和人为因素两大类。其中自然因素包括大地构造背景、地壳动力学与地震活动、第四纪沉积物、水文地质条件、降水及水文条件；人为因素包括人工开采地下水、农田灌溉、地下采矿活动、工程建筑等。现将地裂缝的主要形成条件分述如下。

1. 自然因素

（1）大地构造背景。地裂缝一般发育在新生代沉降区域，深部地壳界面上隆，地壳浅部处于引张应力状态或弱挤压应力状态。活动断裂发育，并切割至浅表新地层，易形成地裂缝。

（2）地壳动力学与地震活动。区域地球动力导致地壳运动，产生区域地壳应力场，驱使地裂缝深处断裂活动而在地表产生地裂缝。

（3）第四纪沉积物。第四纪沉积物是地裂缝发育的物质基础，不同性质的沉积物地裂缝的特征不尽相同，沉积物松散则地裂缝宽度大，反之则地裂缝宽度小。不同沉积物、不同基底地形和地质构造条件下地裂缝发育特点各不相同（图7.2）。

（4）水文地质条件。第四纪松散沉积物中潜水和承压水状态的改变是导致地裂缝发育的重要因素。

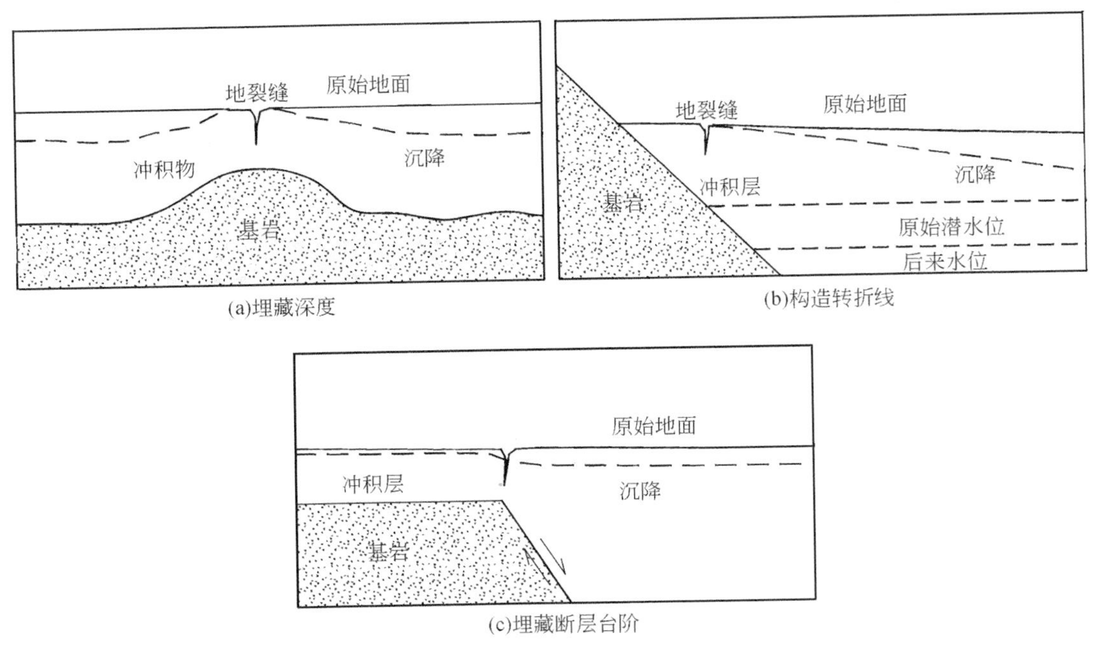

图 7.2　地裂缝形成的三种地质条件（据 Larson and Pewe，1986）

（5）降水及水文条件。由于雨水、雪水及河水沿地裂缝渗透及对地裂缝附近沉积物的湿润软化作用，加速了地裂缝的活动和发展。

2. 人为因素

随着人类经济活动的加剧，地裂缝呈指数上升趋势发育和活动。这主要根源于开采地下水、开采石油及大规模城市施工建筑。当今，人类经济活动成了产生地裂缝的主导因素，据西安地裂缝和大同地裂缝的研究，80% 以上的地裂缝活动由人为因素引起。

（1）人工开采地下水引起地面沉降导致地裂缝。人工过量抽取地下水引起了大中城市严重的地面沉降。由于地质构造环境的不同和水文地质条件的不同，地面沉降往往呈现不均匀性，断裂两侧的不均匀性更为明显，严重的便以不连续的断裂错动表现出来，断裂的错动便导致地表地裂缝的发育和加剧。

（2）人工开采地下水或农田灌溉直接导致地裂缝。人工开采地下水不仅间接由地面沉降引起地裂缝，而且也直接导致地裂缝发生水平张裂。主要是由于水井附近抽取地下水形成局部涌水产生局部挤压应力场，而在涌水区外围则产生拉张区域，若拉张区域存在产生地裂缝的断裂，断裂则受拉张而导致上部地裂缝发生水平张裂。

（3）地下采矿活动。包括采煤、石油、天然气等，其诱发地面沉降及地裂缝机理与地下水开采相似，并且其影响范围和规模更大，危害时间更长。

（4）工程建筑对地裂缝的影响。由于建筑物的基础经过加固处理，抗拉、抗剪强度增加，地裂缝通过建筑物时受到阻抗，便会沿松动带或软弱地层破裂，表现出迁移现象，在局部地段导致地裂缝走向的改变。另外，在地裂缝附近或地裂缝隐伏段进行建筑，建筑物的重量增加了地裂缝附近的应力，从而产生地裂缝。

总体来说，地裂缝的成因与自然条件和营力作用密切相关。地球内部和地球表面的自然条件是复杂的，营力作用也是多种多样的。这些营力可能来自地球内部，也可能来自地球表面。地球内部的地壳运动、岩浆活动、地热传递等产生的力，属于内营力，它们都可能导致地表产生地裂缝；地球表面的重力作用、气候变化、流水作用、波浪与潮汐、化学作用等产生的力属于外营力，它们也可能导致地表产生地裂缝。内营力地裂缝主要包括地震地裂缝、火山地裂缝、构造蠕变地裂缝等；外营力地裂缝主要包括膨胀土地裂缝、崩塌地裂缝、滑塌地裂缝、塌陷地裂缝、陷落地裂缝、湿陷地裂缝、渗蚀地裂缝、干旱地裂缝、融冻地裂缝、盐丘地裂缝、泥火山地裂缝等。

7.2　地裂缝灾害防治措施

7.2.1　预防措施

地裂缝灾害多数发生在由主要地裂缝所组成的地裂缝带内，所有横跨主裂缝的工程和建筑都可能受到破坏。对人为成因的地裂缝关键在于预防，合理规划、严格禁止地裂缝附近的开采行为。对自然成因的地裂缝则主要在于加强调查和研究，开展地裂缝易发区的区域评价，以避让为主，从而避免或减轻经济损失。

1. 控制人为因素的诱发作用

对于非构造地裂缝，可以针对其发生的原因，采取各种措施来防止或减少地裂缝的发生。例如，通过控制过度抽取地下水防止和减轻地面沉降引发的地裂缝等；对于黄土湿陷裂缝，主要应防止降水和工业、生活用水的下渗和冲刷；在矿区井下开采时，根据实际情况，控制开采范围，增多、增大预留保护煤柱，防止矿井坍塌诱发地裂缝等。

2. 建筑设施避让措施

对于构造成因的地裂缝，因其规模大、影响范围广，在地裂缝发育地区进行开发建设时，应调查研究区区域构造和断裂活动历史，进行详细的岩土工程勘察，对拟建场地查明地裂缝发育带及隐伏地裂缝的潜在危害区，做好城镇发展规划，即合理规划建筑物布局，使工程设施尽可能避开地裂缝危险带，特别要严格限制永久性建筑设施横跨地裂缝。

3. 监测预测措施

通过地面勘查、地面变形量测、断层位置量测以及音频大地电场量测、高分辨率纵波反射量测等方法监测地裂缝活动情况，预测、预报地裂缝发展方向、速率及可能的危害范围。

7.2.2　治理措施

1. 构造地裂缝的治理措施

在现今科技水平下，要想避免构造地裂缝的发生是不可能的。因此，对构造地裂缝的治理主要是采取以下措施。

1）裂缝置换法

耿大玉等（1992）提出断裂置换法作为地基土的特殊处理方法，是一种以裂治裂的方法，其理论依据在于地裂缝的扩展也遵循能量最小的原理。这样就可在地裂缝通过处或预测其要通过处的附近，避开建筑物开挖一条堑壕，并使其与地裂缝贯通，成为一条“人造地裂”，诱发构造地裂沿“人造地裂”发育，并切断已受破坏的建筑物地基与构造地裂缝的联系，从而使建筑物避免破坏。

2）部分拆除法

张家明（1990）提出拆除局部、保留整体的原则，对于正交（及大角度交叉）跨在构造地裂缝上的建筑，可将已受到破坏的拆除，将一幢建筑分割为两幢建筑，以免整幢建筑受到地裂缝的影响或破坏。如果是多层建筑且仅有底层受到破坏，可将已受破坏的底层拆除，并切断该层地基与地裂缝的联系，同时对其上部各层采用加固与支撑，也能收到较好的减灾效果。

3）基础加固措施和上部结构加强措施

这种措施主要针对因受场地条件限制，在设防区内或无法避让的特殊情况下的建筑而言。例如，对于设防带内的框架结构，其基础做成交叉基础梁；如果兼顾处理湿陷性而使用灰土地基，则考虑做成带肋的筏板片式地基；普通民用建筑，采用浅埋式钢筋混凝土圈梁基础；平行地裂缝方向设置沉降（收缩）缝，将较大建筑分解成几个结构简单的独立单元等。

2. 非构造地裂缝的治理措施

非构造地裂缝的成因有多种。对不同成因的非构造地裂缝需采用不同的治理措施，方能取得较好的减灾效果。有些沿海城镇，地表数米以下存在一层厚度较大的海淤层（如连云港市），一旦遇有适宜的气象、水文及荷载条件，便可触发该层海淤胀缩、滑动、压实甚至蠕动，从而形成地裂缝，因此对这层海淤的治理就是防治地裂缝的首要措施。

在非构造地裂缝形成过程中起主导作用的因素是表层土质条件和水环境，且它们是局部条件变化，因此非构造地裂缝的防治对策也有其共性所在，主要是考虑消除这些局部条件的影响。

1）清除不良地基

该措施是防治非构造地裂缝的根本措施，可采用挖除、换土等方法将建筑地基中的膨润土、软土、回填土等清除干净。对于厚度、面积较大的软土层（如海淤层）还可采用强夯挤淤置换、砂井固结、真空预压排水固结等方法处理。

2）局部浸水法

该法适用于湿陷性黄土地基。采用控制局部浸水，可使因地裂缝、地面沉陷而倾斜的建筑物得以矫正。

3）夯填法

该法适用于研究区内的地裂缝发展已稳定，沿地裂缝延展方向进行回填夯实，并做防水处理。

7.3 地裂缝防治工程设计

7.3.1 设计原则

地裂缝防治工程设计要遵循以下原则。

1. 正确认识地裂缝的原则

当地裂缝具有足够的规模和活动度时，才可能对人类生产和生活产生影响或破坏。地裂缝灾害调查结果表明，造成灾害的地裂缝长度绝大多数在百米以上；长度小于百米的地裂缝对建筑物破坏或危害小；微小的地裂缝对人类生产和生活的影响很小。因此，应特别重视资料收集工作，力求全面地在深层次上认识地裂缝的成因，为布置设计实物工作打好基础。

2. 坚持避让为主的原则

地裂缝灾害具有横生性，跨越地裂缝的建筑无一幸免地会遭受破坏，因此防止地裂缝破坏和减轻地裂缝灾害最根本的是坚持避让为主的原则，特别是对于那些高层建筑和重大工程尤其重要，应采取合理的避让距离。

3. 预防为主的原则

地裂缝灾害危害性严重，且治理费用昂贵，因此对于非构造地裂缝，可以针对其发生的原因或诱发因素，采取各种措施来防止或减少地裂缝的发生。例如，在矿区井下开采时，根据实际情况，控制开采范围，做好预留保护煤柱工作，防止采空区塌陷诱发地裂缝等。

4. 综合治理的原则

地裂缝常常是多种因素作用的结果，而具体到某条地裂缝又有其不同的主要作用和诱发因素。因此，地裂缝的治理总是针对主要因素采取主要工程措施消除或控制其影响，同时辅以其他措施进行综合治理，以限制其他因素的作用。这样做一方面是防止有时主要作用因素确定得不一定准确，另一方面是随着时间的推移和外界条件的改变，主要因素也会发生变化。例如，1958年西安就发现了地裂缝，1962～1964年、1972年～1975年又在多处出现，但因其稀疏、零星、分散、位移量微小而未造成灾害，也就没引起人们的注意，此后，随着抽取地下水的量骤增，西安地面沉降加剧，1983～1993年地面沉降量最大达到2m以上，引发对建筑物的破坏。地裂缝的主要诱发因素是随着时间和地下水抽取量改变的，因此防治工作也应有所改变。

5. 技术可行经济合理的原则

任何一项工程都应要求技术上可行，经济上合理，对地裂缝灾害防治工作来说也不例外，在保证预防和治理地裂缝的前提下应尽量节约投资。所谓技术上可行，即根据地裂缝的成因及诱发因素和保护对象的重要性，提出多个预防和治理方案进行对比，其治理措施应该是技术先进、耐久可靠、施工方便、就地取材和经济有效的。

7.3.2 设计依据

设计依据主要包括政策法规依据、技术规范依据和其他依据三个方面。

政策法规依据主要包括：

(1)《地质灾害防治条例》(国务院令第394号，2003年11月24日)；

(2)《国土资源部关于加强地质灾害危险性评估工作的通知》(国土资发〔2004〕69号)；

(3)《建设用地审查报批管理办法》(国土资源部令第69号，2016年11月29日)；

(4) 各类国家、地方法律、法规文件。

技术规范依据主要包括：

(1)《地质灾害危险性评估规范》(DZ/T 0286—2015)；

(2)《地质灾害防治工程勘查规范》(DB 50/T 143—2016)；

(3)《地质灾害防治工程监理规范》(DZ/T 0222—2006)；

(4)《岩土工程勘察设计手册》；

(5)《建筑桩基技术规范》(JGJ 94—2008)；

(6)《建筑地基基础设计规范》(GB 50007—2011)；

(7)《混凝土结构设计规范》(2015年版)(GB 50010—2010)；

(8)《地下水动态监测规程》(DZ/T 0133—1994)；

(9)《岩土工程勘察规范》(2009年版)(GB 50021—2001)；

(10)《建筑抗震设计规范》(2016年版)(GB 50011—2010)；

(11) 各类行业、地区技术要求、标准文件。

其他依据主要包括：

(1) 地裂缝灾害治理可行性研究报告；

(2) 地裂缝灾害治理工程地质勘查报告；

(3) 地裂缝灾害治理工程设计任务书；

(4) 已有的地裂缝监测成果报告；

(5) 已有的区域地质、水文地质、工程地质成果资料。

7.3.3 主要工程设计

1. 建筑物总平面布置设计

在地裂缝场地，同一建筑物的基础不得跨越地裂缝布置。对采用特殊结构跨越地裂缝的建筑物应进行专门研究。在地裂缝影响区内，建筑物长边宜平行地裂缝布置。大量工程实例表明，一幢建筑跨越地裂缝布置，由于上盘、下盘相对升降，建筑产生不均匀沉降，这种不均匀沉降随时间累积，裂缝宽度随时间加大，造成建筑开裂。因此，原则上任何建筑不得跨越地裂缝布置。个别特殊情况，如地裂缝两侧的两幢建筑之间要设一连接体，该连接体允许跨地裂缝布置，但建筑物的基础在地裂缝两侧的位置应满足最小避让距离的要求，连接体的设计应轻便、梁柱铰接可调。应定期监测沉降，及时调整不均匀沉降和修筑地坪。

建筑物基础底面外沿（桩基时为桩端外沿）至地裂缝的最小避让距离，应符合以下规定：

（1）一类建筑应进行专门研究或按表7.5采用。

（2）二类、三类建筑应满足表7.5的规定，且基础的任何部分都不得进入主变形区内。

（3）四类建筑允许布置在主变形区内。

表7.5　地裂缝场地建筑物最小避让距离

结构类别		各重要性类别建筑物最小避让距离/m		
		一类	二类	三类
砌体结构	上盘	—	—	6
	下盘	—	—	4
钢筋混凝土结构、钢结构	上盘	40	20	6
	下盘	24	12	4

注：①底部框架砖砌体结构、框支剪力墙结构建筑物的避让距离应按表中数值的1.2倍采用；②勘探精度修正值Δ_k大于2m时，实际避让距离等于最小避让距离加上Δ_k；③桩基础计算避让距离时，地裂缝倾角统一采用80°。

总平面设计应妥善处理雨污水排水系统，场地排水不得排进地裂缝。各种管道应避免跨越主地裂缝和次生地裂缝。必须跨越时，应采用可靠设防措施，并做出沉降记录，必要时可进行调整。

确定地裂缝场地建筑避让安全距离时，还应注意下列问题：

（1）区域地震活动强弱会影响地裂缝带的破坏强度，因此，应根据区域地震活动性，对安全带距离及各带宽度作必要调整。

（2）未来地下水开采及水利建设将极大地影响地裂缝的活动，因此，应对未来地下水开采和水利建设做出预测，对安全带距离及安全带宽度作必要调整。

（3）为有效地利用宝贵的土地资源，在强调安全的前提下，对各带提出容许建筑物类型，并给出相应的评价。

2. 建筑工程设计措施

建筑工程设计措施主要分为两个方面，一是对已有建筑的工程设计措施，二是对规划拟建建筑的减灾防灾措施。地裂缝带上的建筑物不同程度地都会遭受到破坏和变形，如果不采取有效措施，局部的损坏将会危及整体。因此，应认真研究地裂缝造成建筑物破坏的规律，提出有效的治理对策。以下措施主要针对因受场地条件限制，在设防区内或无法避让的建筑而言，需注意以下几点。

（1）加强地基的整体性。地裂缝对建筑物的破坏有特殊性，即三维破坏。但对于修建于裂缝两侧的建筑，其破坏主要为差异沉降，这与一般地基不均匀沉降破坏有相似之处，因此要求建筑物不但在纵向上有足够的强度，以抵抗差异沉降的破坏，同时还要使地基和上部结构构成一个足够强的抗张整体，以免地基开裂导致上部建筑物的破坏。

对于设防带内的框架结构，其基础要做成井字形交叉地基梁，构成封闭式的框架基础，即使靠近地裂缝带近侧的场地土体发生沉降，该基础和上部框架也可靠强度形成悬壁式建筑；如果兼顾处理湿陷性而使用灰土地基，则考虑做成带肋的筏板片式基础，这个基础像一个“托盘”，其上部结构不会出现问题；对于一般普通民用建筑，可采用浅埋式钢筋混凝土圈梁基础，目前许多高层和重要建筑使用箱式基础，其整体性强、效果更好，但费用较大；对于下盘上的建筑物可考虑使用桩基，因为桩的长度越长，距地裂缝的距离就越远。

（2）加强建筑物上部结构刚度和强度，抵抗差异沉降产生的拉裂。另外，可采用分解应力的方法，这种方法主要通过减小建筑物的规模，如平行地裂缝设置沉降缝，将较大建筑物分解成几个结构简单的独立单元；在多层砖房的各层放置楼板处，均应设置现浇钢筋混凝土圈梁或直接现浇楼板等，使各单元有足够的强度；对于大跨度单层厂房，如受条件限制，必须在安全带内修建，否则考虑能适应差异沉降的结构形式，如铰接排架等。

（3）对直接跨越地裂缝的建筑，无论是横跨还是斜跨，最有效的办法是局部拆除，即将破坏部分拆除，切断应力应变传递介质，在部分拆除时，要拆除到安全距离内；其次是分离加固，以地裂缝为分离界线，分成两个以上加固个体，对已经跨越地裂缝又不得不保留的建筑，可作特殊处理。

（4）对于虽未跨地裂缝带，但处于地裂缝不安全带内已经开裂的建筑，原则是局部拆除或不再加固；对于处于不安全带内，但未明显开裂的建筑物，原则上不再加固，除非考虑短期内使用，可作适当加固，加固时应以强度加固为主，如加铁箍、钢筋拉索。

（5）对于位于地裂缝两侧设防区以外、影响带以内，尚未有开裂显示的建筑物，应该进行加固。如图 7.3 所示的三种类型，可以采用拆除地裂缝通过的一个单元，保留其他 3 个单元的方案。

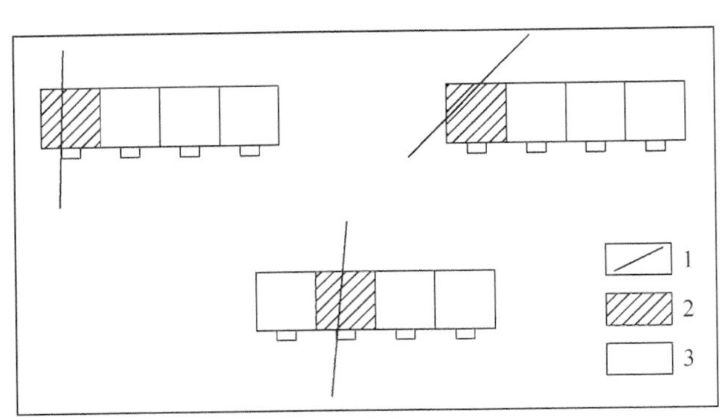

图 7.3　地裂缝垂直或近垂直穿楼体时的处理方案示意图

1-地裂缝；2-应拆除的楼体；3-保留的楼体

在实施上述方案时，应考虑以下几点：①选择好拆除局部损坏建筑物的时机，地裂缝对建筑物的破坏是一个长期缓慢的过程，从建筑物开始变形出现裂缝，直到需要拆除一般需要 10 年以上的时间，过早地拆除局部受损建筑，势必影响建筑物的使用价值，但是，过晚拆除将使保留下来的建筑物产生更大损坏，增加加固费用；②拆除受损局部建筑后，保留下来的部分不能跨主地裂缝，一幢因地裂缝受损的建筑物，应该拆除多少，取决于地裂缝的破裂宽度、垂直地形变形以及建筑物的结构等因素，在时间允许的情况下，进行为期一年的短期水准观测，可取得较准确的资料。

（6）对于已跨地裂缝或减灾地裂缝不安全带、次不安全带的建筑物和不宜拆除的重要建筑物，可采用基础托换法、基础压密灌浆法等措施加固。

（7）对地基土的特殊处理方法。以西安市地裂缝为例，可采用局部浸水法和裂缝置换法作为地基土的特殊处理方法。

局部浸水法。当黄土湿陷成因的地裂缝影响建筑物时，可以采用针对湿陷性黄土的地基处理方法，如局部浸水法，对地基土进行有控制地局部浸水（必要时还可以加压），使下沉量较小的局部获得一部分人工补偿的下沉量，以使整个基础下沉均匀。实践证明，用局部浸水法纠正因黄土湿陷成因的地裂缝所造成的建筑物倾斜是有效的，尤其是对于破坏不严重的建筑物。

使用该方法时，应摸清地裂缝的活动速率及其变形阶段。对于地裂缝活动速率较快者，应适当“矫枉过正”，以保证浸水处理后在比较长的时间内建筑物的倾斜变形保持在允许值内。在实施浸水前，应针对建筑物的具体情况及地裂缝的位置进行设计和试验；实施中要严格控制渗流速度，宁慢毋快；实施后要定期测量，检验效果，防止水渗入地裂缝加快开裂和加大裂缝。

裂缝置换法。为了挽救地裂缝上的建筑物，可以在其近旁设置一条人工地裂缝，并对建筑物进行一般性加固，即可起到裂缝置换的效果。裂缝置换以后，原有的地裂缝不再活动，而人工地裂缝则成为活地裂缝。

3. 生命线工程防治工程设计

生命线工程是指城市或工业区维持生活及工业生产的煤气、天然气、饮用水等管道工程，以及通信电缆、道路、桥梁等工程。这些系统是线性的，在一些地段无法避让，而且许多管线工程强度低、刚度大，对于地裂缝活动的抵抗力极低，因此，减小刚度、增加强度是生命线工程防灾的基本原则。由于这些工程网状分布，无法避免跨越地裂缝，可采取下列措施：

（1）管线工程分地面管线和地下管线，对于一般管道工程，如上、下水管道，在地面上主要是防止管道与地表土体一起运动，一般可作跨越地裂缝的简单处理，如做预应力拱梁，将管道置于拱顶上，或者在管道底部铺设一定厚度的碎石垫层；其他地下管线可改直埋式为悬空式，以混凝土廊道或环管消除因土体管道摩擦而产生的剪应力的剪断和张应力的拉断破坏，目前，一般采用钢筋混凝土浇成U形槽沟，在槽沟中设置活动式支座或收缩式接头，还可设置弹性支座，管线接口要采用橡胶等柔性接头，使管线能在较长时间内吸收其形变量，增强管线自身安全，这样能较好地消除地裂缝三维活动的各种应力作用，避免破坏管道；对重要的管线工程，如供气、供油等管道，除采取工程措施外，还应安装简易的观测装置，定期观测。

（2）对于铁路、公路、市政桥梁工程，场地及附近存在地裂缝时，应进行场地地裂缝勘察，查明地裂缝的位置、产状和活动性；当桥梁长度方向与地裂缝走向重合时，应适当调整铁路、公路或道路线位，宜置于相对稳定的下盘；桥墩基础的避让距离，单孔跨径大、中、小桥可按三类建筑物的避让距离确定，单孔跨径特大桥可按二类建筑物的避让距离确定；跨越地裂缝的桥梁上部结构应采用静定结构，特大桥宜选用柔性桥型；要经常填平地表裂缝，防止地表积水，避免地裂缝带出隐伏陷坑，这对于铁路线尤其重要；采取适当的预防措施，定期监测地裂缝的活动，及时进行调整。

4. 矿山开采地裂缝防治工程

在矿山开采条件下应最大限度地减少地裂缝产生的机会，下面两点可供矿山开采时防治地裂缝灾害作参考：

（1）开展回填采矿法。目前，一些发达国家已采用了这种方法，开矿弃渣不运出矿井或洞，而将其充填到采空区，从而保证采空区围岩的稳定性，可避免产生地裂缝。

（2）治理地裂缝，消除隐患。对于一些老矿区，特别是已闭坑的矿区，对已发育的地裂缝进行治理是非常必要的。治理前，应先调查其几何特征、成因，对于沉降盆地边缘的地裂缝，可采用灌浆方法治理；对于采空塌陷地裂缝，治理方法也较多，条件具备时甚至可改造成地下水库等。

复习思考题

1. 简述地裂缝的基本概念及其危害。
2. 地裂缝有哪些类型？
3. 地裂缝的形成条件有哪些？
4. 试述地裂缝灾害的主要防治措施。

第8章　地质灾害防治案例分析

8.1　滑坡灾害防治案例

以甘肃省天水市椒树湾滑坡为例进行分析。

1990年8月11日9时20分至11时50分，天水市突降百年不遇的大暴雨，降雨量达113mm，引发洪水泛滥，诱发多处滑坡、泥石流，造成22人死亡，直接经济损失约5000万元。椒树湾滑坡就是这次暴雨诱发、复活的滑坡。它地处天水市北山人口密集区，一旦发生灾害，将危及14个单位，6个居民委员会，1974户共7780人的生命财产安全，并将破坏天（水）—甘（谷）公路，灾情十分严重。

由于该滑坡地理位置重要，危害巨大，受到了甘肃省各级政府领导的关心和重视，为此，椒树湾滑坡成为甘肃省历史上投入较大、旨在根治的为数不多的黄土滑坡治理范例。

8.1.1　滑坡概况

椒树湾滑坡位于天水市秦州区北侧黄土梁—冯家山南侧斜坡下部，如图8.1所示。

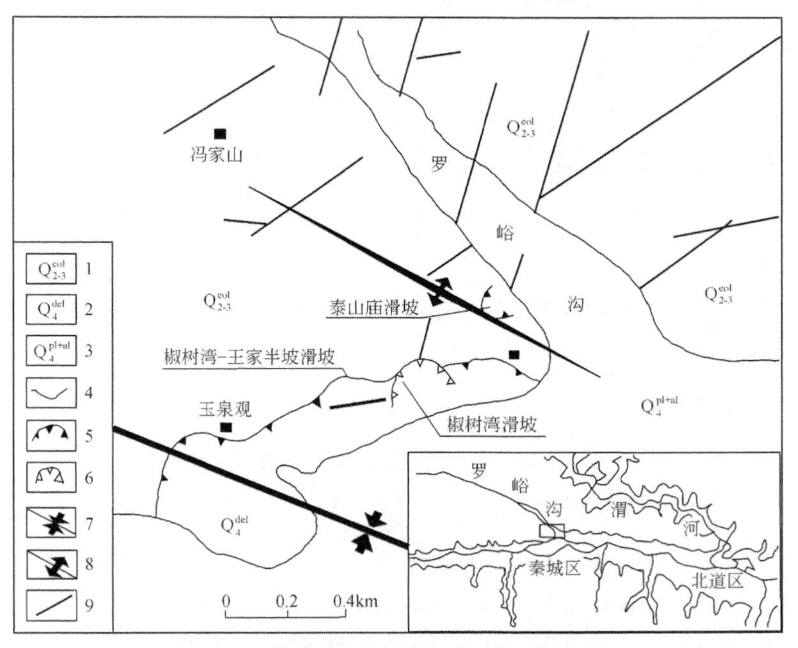

图8.1　椒树湾滑坡位置及构造地质略图

1-风成黄土；2-黄土状土；3-冲洪积亚黏土、砂砾层；4-地层界线；5-老滑坡；6-新滑坡；7-向斜；8-背斜；9-断层椒树湾滑坡系椒树湾-王家半坡老滑坡的局部复活（图 8.1），据调查，该滑坡自 1985 年雨季后，连续发生变形，后缘裂缝在 5 年内下错 0.7m。1990 年 8 月 11 日大暴雨造成了各种变形的加速发展，后缘裂缝逐日变化，形成了一条长达 200m、宽约 0.3m、下错约 17cm 的弧形拉张裂缝、滑坡前缘出现地面隆起和放射状裂缝、滑坡两侧出现丰富的羽状剪切裂缝（图 8.2），且变形发展很快。

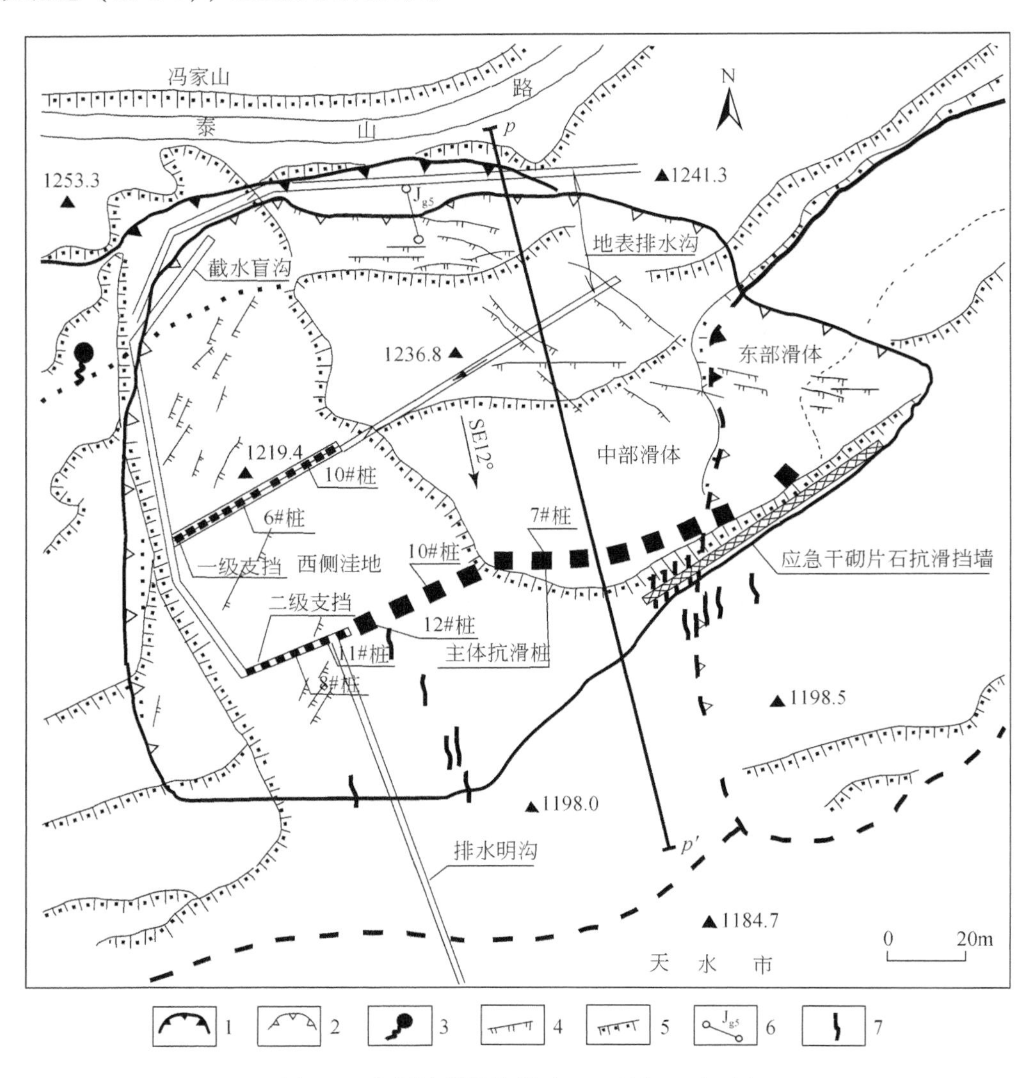

图 8.2　椒树湾滑坡抗滑治理工程布置平面图

1-老滑坡；2-新滑坡；3-泉；4-地面拉张裂缝；5-陡坎；6-裂缝监测点；7-鼓胀裂缝

该滑坡长 150m，平均宽 170m，滑体平均厚 12～14m，前缘高程 1204m，后缘高程 1247m，相对高差 43m，面积 2.3 万 m^2，体积约 45 万 m^3。依据滑带（面）位置，该滑坡属黄土基岩接触面滑坡。根据滑体各部分高程、物质组成、滑体厚度及地形变化，该滑坡明显可分为中部滑体、东部滑体和西侧洼地三个部分（图 8.2）。

中部滑体指地形较高的黄土台状斜坡，长115m，平均宽85m，平均坡度18°，滑体平均厚16m，组成滑体的主要物质为黄土状亚砂土、亚黏土。底部有1～5m厚的受老滑坡扰动的新近系破碎泥岩（主滑带），可见清晰的擦痕，指向SE12°，倾角13°。滑带土含水量20%～28%。残余强度黏聚力为1.0～1.5kPa，内摩擦角为10°～11°。

西侧洼地指滑坡西侧地形低凹的洼地，由于长期的人类活动（洼地原名砖窑）而形成，长约150m，宽40～70m，滑体平均厚6m，总体坡度12.5°，纵长走向SE20°。主要由人工填土、黄土状土及古近系—新近系破碎泥岩组成。滑动带同样位于破碎泥岩中，滑带特征与中部滑体主滑带一致，滑面上擦痕指向SE12°，倾角13°。洼地内受北西方向的泉水补给及本身的储水条件，含水量很高，滑带土厚且均处于软、流塑状态，地面表现为密集裂缝。

东部滑体指滑坡东侧地形较低、呈近三角形的一块滑体，长50m，平均宽40m，平均坡度16°，滑体平均厚5m，主要由黄土状土组成，底部为一层1.5m厚的受老滑坡扰动的古近系—新近系破碎泥岩。由于该块体位于两个老滑坡的交汇部位，滑体破碎，三角形块体受本次滑动影响参与滑动，滑面上擦痕指向SE17°，倾角12°。滑带土相对干燥，为可塑状。

总体来说，滑坡体在地势上西低东高，在滑动顺序上，中部滑体滑动带动两侧滑体参与，就滑带而言，三块体均承袭了老滑坡滑动带而形成统一的新滑坡，属整体性滑动。

8.1.2　滑坡地质环境条件

1. 地形地貌

区域上，天水市地处陇中黄土高原南缘，总地貌为黄土梁峁沟壑及侵蚀型谷地，市区坐落于渭河及其支流耤河的各级阶地上，呈长条形。南北两侧为走向呈NWW的中低山所夹持。南山海拔1300～1500m，北山海拔1300～1600m，市区河谷地带海拔1100～1200m，相对高差200～400m，山坡自然坡度15°～40°，河谷地形由西向东倾斜，其坡降为4.5‰。

椒树湾滑坡位于天水市秦州区北侧黄土梁-冯家山南侧斜坡下部，属黄土梁峁区，低山地形。山坡临空面走向NE67°。山顶海拔1438m，坡脚海拔1178m，山坡自然坡度10°～30°。

2. 地层岩性

滑坡区出露地层（自上而下）如下（图8.3）。

（1）上更新统马兰黄土（Q_3^{eol}）：风积，厚度10m左右，浅黄色、褐黄色，质地均一，具大孔隙和强湿陷性，天然重度17.5kN/m³，天然含水量17%左右。

（2）中更新统离石黄土（Q_2^{eol}）：风积，厚度5m左右，位于马兰黄土之下，节理、裂隙发育，间夹数层棕红色古土壤及钙质结核透镜体，天然重度19kN/m³，天然含水量19%左右。

（3）新近系泥岩（N）：红褐色、灰绿色泥岩，间夹数层灰绿色、灰白色砂质泥岩，致密，较坚硬，呈半成岩状态，节理、裂隙发育，天然重度21.0kN/m³，该层在区内分布较广、厚度大、属断陷湖盆沉积。其顶部普遍有一层厚约 1m 的风化壳，多呈土状，遇水软化后，强度很低，它常成为上覆黄土滑动的滑动带物质。

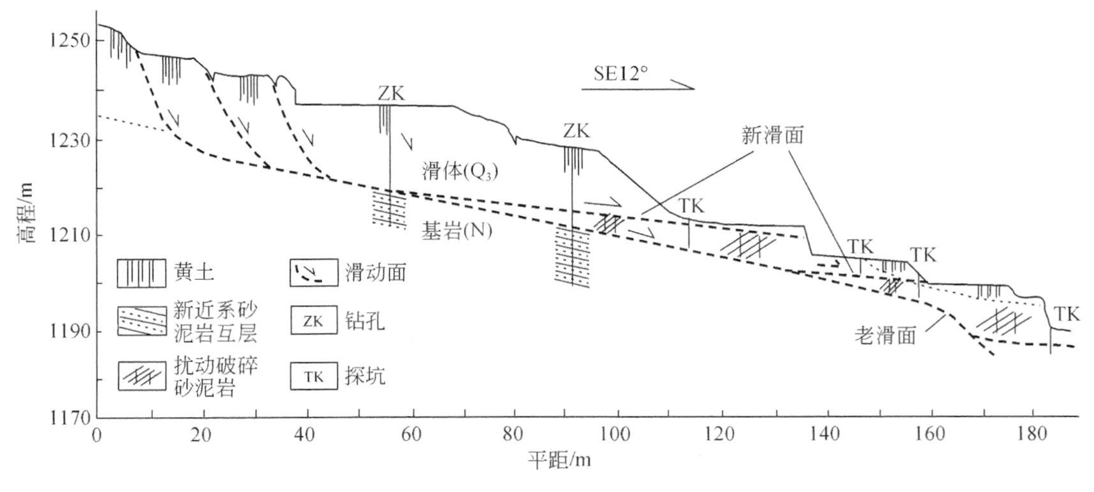

图 8.3　椒树湾滑坡主轴断面图

3. 地质构造、地震及新构造运动

天水市位于西秦岭北缘断裂带中，这是一条长期活动的区域性挤压深大断裂。该断裂在天水市一带分为南北两支发育，北支为凤凰山断裂，南支为耤河-东泉断裂，与这两条压性断裂平行发育有一系列次级压性断裂。与 NNW 向断裂共生的还有 NNE 向、NE 向和 NWW 向的构造。穿过市区的还有天水-武都 NE 向断裂带，它与秦岭北缘断裂带交织叠加，使得区内构造形迹复杂化。

滑坡区内新近系构造主要表现为小的断裂和褶皱；罗峪沟的西侧山坡中上部、泰山庙老滑坡后缘一带为古近系—新近系背斜轴部（图 8.1），走向 NW，沿背斜轴部发育有小的揉皱和压性断裂，产状为 323°∠81°，断裂面上擦痕清晰，估计为罗峪沟次级断裂。另外尚存在与 NW 向断裂相配套的 NE 向张性断裂，这两个方向的断裂在地貌上主要以冲沟的形式出现，如 NW 向的罗峪沟和 NE 向平行发育的近等间距冲沟。泰山庙背斜西翼岩层层理产状为 275°～310°∠14°～31°，东翼层理产状为 16°～46°∠6°～16°，沿层面普遍发育有层间错动带，错动擦痕指向 NE19°～30°。椒树湾滑坡一带位于该背斜的西翼。

天水地区属于甘肃东部强震区，地震烈度为Ⅷ度，据有关资料，有史以来天水共发生 6 级以上地震 52 次，年平均地面升高 0.6～8mm，说明该地区内新构造运动极为强烈。这在一定程度上对滑坡产生了很大的影响。

4. 气象水文

天水市属温带半湿润气候，年均气温 10℃，年均降水量 580mm，年均蒸发量 1294mm，降水多集中在 6～9 月，占全年降水的 70%；1950～1990 年的气候资料表明，7～8 月日最大和小时最大降水量的出现比率最高，占全年的 65%。一般 9 月多阴雨天气，但降水强度较小。降水年际分配 7～8 年的周期，丰水年降水量可达 600～800mm，平均

500 ~ 600mm，枯水年降水量为300 ~ 500mm；1990年降水量为580mm。

该区地下水的来源主要为大气降水入渗及北部、西北部山区地下水侧向径流的补给，埋藏深度在洼地为0 ~ 5m，在黄土斜坡一般为15m左右，地下水主要赋存在古近系—新近系泥岩顶部厚0.5 ~ 2m的风化壳内，仅在洼地西北侧发现一股泉水，水质较好，为当地居民的生活用水，通过调查，泉的动态较稳定，基本上不受季节性降水的控制，说明其地下水的补给源较稳定，且补给源较远。

5. 人类工程活动

滑坡地处秦州区北山，由于城镇的发展，滑坡区人类工程活动强烈，主要包括：

（1）山坡上取土烧砖（西侧洼地）；

（2）坡面民房建设和农田耕作；

（3）坡脚切坡建厂（天水火柴厂）等。

8.1.3　滑坡勘查

为了查明滑坡的基本情况，服务于滑坡整治工程设计，1990年9月 ~ 1991年1月对两处滑坡进行了全面工程地质勘查。具体勘查内容包括：

（1）查明滑坡范围及其危害范围；

（2）查明滑坡特征、性质及滑动带情况；

（3）查明滑坡形成条件等。

完成的工作量见表8.1。

表8.1　椒树湾滑坡勘查工作量汇总表

序号	内容	单位	数量
1	工程地质测绘	km^2	0.1
2	工程地质断面测量	m	3525
3	钻孔	个	11
4	探井	个	37
5	采集岩土样品	组	60
6	采集水样	组	7

土工试验资料汇总表见表8.2。

表8.2　椒树湾滑坡土工试验资料汇总表

取样位置：椒树湾滑坡		物性指标				力学指标			
		重度/(kN/m^3)	含水量/%	液限/%	塑限/%	$c_{峰}$/kPa	$\varphi_{峰}$/(°)	$c_{残}$/kPa	$\varphi_{残}$/(°)
滑带	最大值	19.8	44.1	45.9	22.8	24	15	12.67	8
	最小值	17.5	23.2	30.8	16.8	5	2.53	2.5	1
	平均值	18.65	33.65	38.35	19.8	14.5	10.03	7.59	4.5

续表

取样位置：椒树湾滑坡		物性指标				力学指标			
		重度/(kN/m^3)	含水量/%	液限/%	塑限/%	$c_{峰}$/kPa	$\varphi_{峰}$/(°)	$c_{残}$/kPa	$\varphi_{残}$/(°)
滑体	最大值	18.8	18	32	22.5	17.5	29.5	11.2	18.7
	最小值	16.5	13	23	14.5	8	14	4.7	12
	平均值	17.65	15.5	27.5	18.5	12.75	21.75	7.95	15.35

另外，水质分析报告显示，滑坡区水质均为弱碱性水，pH 为 7.58～8.54，矿化度为 1.21～4.09g/L，水样总硬度为 8.30°dH～50.92°dH。得到结论为此地地下水对混凝土无侵蚀性。

8.1.4　滑坡形成原因分析、稳定性评价及发展趋势预测

1. 滑坡成因分析

椒树湾滑坡的形成原因与人类活动作用的逐渐积累有很大关系。据甘肃省科学院地质自然灾害防治研究所访问当地居民，椒树湾一带自清代年间就有人在此开挖取土、烧砖、修建城墙和房屋，20 世纪 70 年代后期在滑坡前部大规模开挖，建造村落，造成滑坡抗力减弱；另外，在西侧洼地内，原有 20 多眼泉水出露，20 世纪 70～80 年代因居民建房，将洼地修成阶梯状，并在每一阶梯陡坎部位修筑护墙，使原有地下水出口堵塞，坡体内地下水相对增多。这些因素的作用，加之坡体本身地质条件脆弱，故在大暴雨的促发作用下，使本已处于稳定状态的老滑坡局部复活，形成了这次剧烈变形的新滑坡。

2. 滑坡稳定性评价

定性评价：通过大量的地面调查、测量、位移监测和勘探试验工作，经全面的分析论证，认为该滑坡已处于微动阶段，随时有可能剧滑致灾，为了确保坡体上人民群众及坡下城镇厂矿企业的安全，必须对该滑坡进行有效防治。

定量评价：通过断面测量，采用多种方法进行滑坡稳定性计算（计算过程略），稳定系数均小于 1，说明滑坡处于不稳定状态，与定性评价结果一致。

3. 滑坡发展趋势预测

第一，影响滑坡稳定的各种因素，如地下水作用、人为活动、新构造运动等，并没有从根本上消除；第二，滑坡在前期降雨的作用下，各种变形仍在不断发展；第三，应急工程施工不规范，加剧了滑坡的不稳定性。综合判断，该滑坡正在向剧滑阶段发展，如果不采取有效措施，必将引起巨大灾害。

8.1.5　滑坡防治方案

鉴于该滑坡变形的严重性、巨大的危害性、治理的迫切性，以及当地的具体情况，防治工作必须分两步走，即首先对滑坡实施应急工程，暂时稳定滑坡，防止造成大的灾害，

并争取勘查、设计时间；然后实施滑坡治理的永久工程，确保滑坡稳定。

1. 治理原则、方案

根据椒树湾滑坡的具体特征、成因及危害性，同时考虑滑坡防治的基本原则，确定了针对该滑坡综合治理的具体原则、方案：

（1）滑坡的主体——中部滑体是滑坡治理的关键，应在其前缘采用刚性支挡工程——抗滑桩，同时，因天水地区属Ⅷ度地震烈度区，设计时应考虑地震影响。

（2）由于西侧洼地含水丰富，排水是必需的，必须引排洼地西侧坡体内入渗洼地的地下水，并疏干坡体本身的地下水，宜采用截水盲沟工程，保证洼地及滑坡边缘的稳定。

（3）对整体滑坡变形体，应截、排地表水，尽量减少大气降水入渗滑体。

（4）尽快夯填处理已经出现的地表裂缝。

（5）因东部滑体块体较小，且受中部滑体影响，可做临时干砌片石挡墙，如果主体滑坡治理后，该块体稳定，亦可把临时干砌片石挡墙作为永久工程留用。

2. 采用的主要工程措施

1）应急工程措施

1990年9月17日，椒树湾滑坡变形加剧，滑移速度由1～2mm/d增至4～6mm/d，而此时正值雨季，滑坡有可能在永久性整治工程施工前滑落，为保障灾区人民生命财产的安全，采取了应急工程措施，具体包括以下几方面。

（1）干砌片石挡墙：在滑坡前缘剪出口位置设置刚柔结合的抗滑工程——干砌片石挡墙（图8.4），片石挡墙长110m，挡墙截面积45.06m^2。

（2）夯填裂缝（图8.5）：对滑坡区内的地表裂缝，应及时夯填，避免地表水入渗，计夯填裂缝长500m。

（3）排水：在滑坡体后缘裂缝外5～10m，设置浆砌片石排水沟（图8.6），在滑体中前部挖小型集水井8眼，用人力或水泵将水排至滑体以外，达到尽可能把水控制在滑坡体以外的目的。

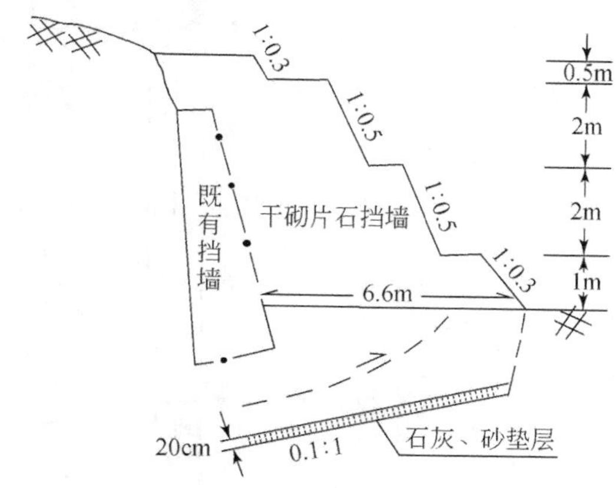

图8.4　干砌片石挡墙大样图

2）永久工程措施

在应急工程实施后，滑坡的日变形量由原来的4～6mm减缓到0～1mm，使进一步的勘探、设计成为可能，为永久整治工程的实施争取了时间。为了确保滑坡的永久稳定，必须进行以综合治理为目的的永久工程（图8.2），具体包括以下几方面。

（1）主体支挡工程：在中部滑体前缘（应急干砌片石抗滑挡墙上部），垂直滑动方向做8根截面2.5m×4m（东侧），桩长27m，以及4根2m×3m（西侧），桩长22m的C20钢筋混凝土抗滑桩。

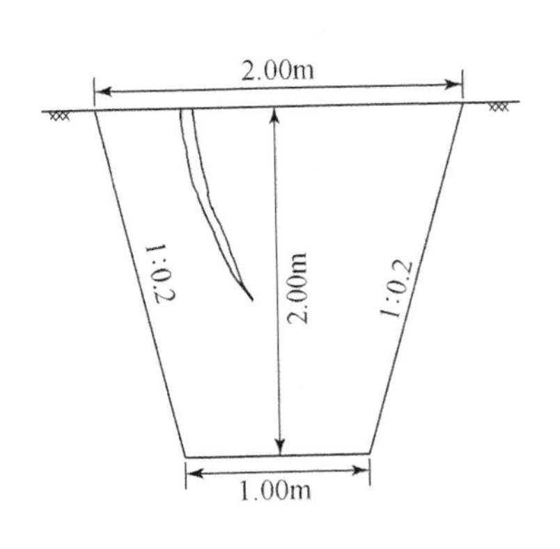

图 8.5　夯填裂缝大样图

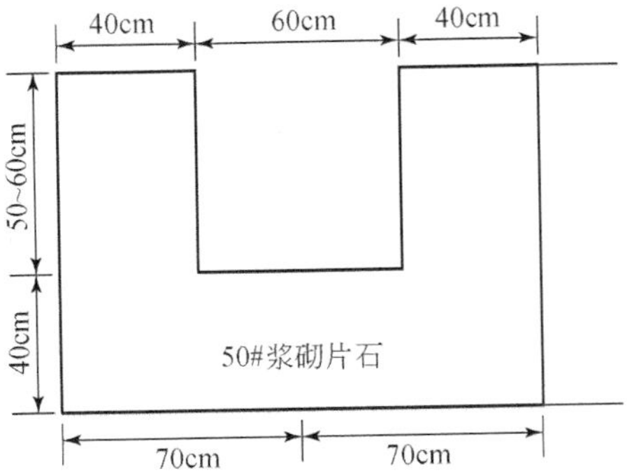

图 8.6　浆砌片石排水沟设计大样图

（2）两级支挡（桩间墙）工程：因西侧洼地滑体有两级剪出口，故垂直沟走向设两级支挡工程，均采用抗滑桩和挡墙结合进行整治，一级桩共 12 根，桩长 12m，二级桩共 14 根，桩长 8m 的钢筋混凝土抗滑桩，桩间做挡墙，桩截面均为 1. 25m×1. 75m。

（3）地下排水工程：在西侧洼地，稳定体与滑动体之间做一条截面 2m×5m，长 129m 的截水盲沟（图 8. 7），将滑坡体外的地下水截堵排出。

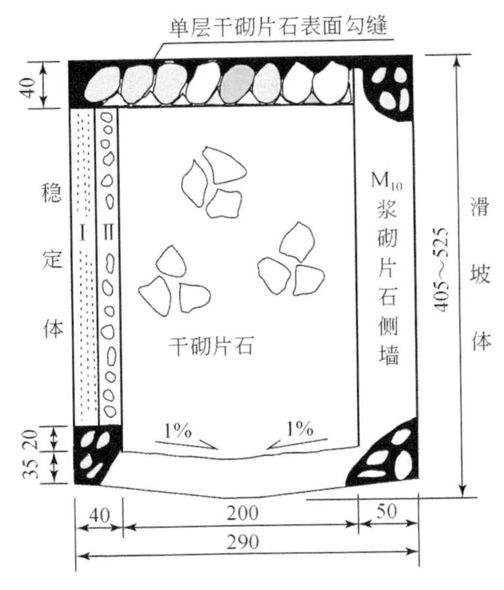

图 8. 7　截水盲沟断面大样图

图中尺寸均以 cm 计；Ⅰ、Ⅱ为反滤层，各厚 20cm，分别为砾、砂及小卵石

（4）地表排水：利用应急工程阶段的地表排水系统，如果被滑动破坏，综合治理工程结束后修复。

（5）裂缝处理：及时夯填滑体上的裂缝，长约 500m。

8.1.6 防治效果分析

1. 工程变形分析

一般认为，滑坡治理工程本身从施工到竣工后一定时间内（即承接滑坡推力后）会发生一定量的变形，随后抗滑工程完全承力并稳定，最终使得滑坡体稳定，达到工程治理的效果。那么抗滑工程本身在承受滑坡推力后的变形量究竟达到多少才能使其自身稳定？设计中考虑了桩体的抗弯变形，抗剪强度等，但对于不同的地区环境条件，桩位变形量尚无确切资料，本书针对椒树湾滑坡进行了一些测量和研究。

通过刚竣工的抗滑桩顶布点监测，得到如图 8.8 和图 8.9 所示的桩顶位移监测曲线。

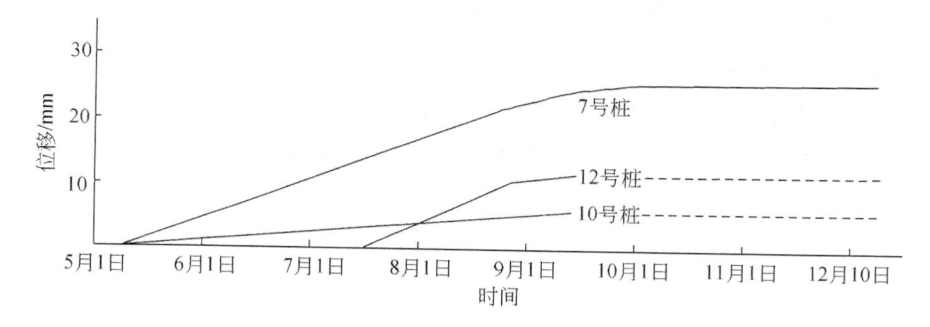

图 8.8　1992 年椒树湾滑坡主体抗滑桩监测成果图

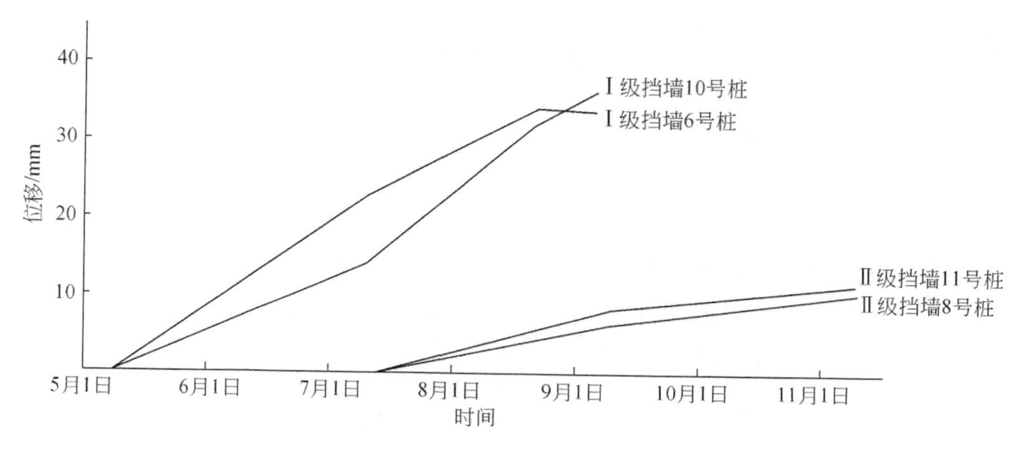

图 8.9　1992 年椒树湾滑坡西侧洼地一、二级支挡工程抗滑桩顶位移监测成果图

由图 8.8 和图 8.9 可以看出，刚性抗滑桩在完工后逐步承接滑坡推力的四个月内，桩体会发生一定量的变形，桩顶最大位移近 4cm，随后逐渐趋于稳定。有关这方面的数据，目前还罕见报道，但仅一个滑坡的测量数据，很难准确说明桩体的变形量。作者认为，桩体变形除与刚性结构物的变形有关外，也与当地岩土条件有关，应视具体情况而定。

结合椒树湾滑坡抗滑桩的实际情况，桩体稳定变形量与桩截面尺寸、桩长、桩位处岩土密度、含水状况、滑坡推力大小等因素有关，需作进一步的研究。

2. 滑坡变形分析

对椒树湾滑坡的变形监测，从滑坡工程地质勘查到治理工程结束，历时两年零三个月。大体可分三个阶段：第一阶段（1990 年 9 月 20 日～1990 年 11 月 20 日），为滑坡工程地质勘查及应急工程竣工前的监测，主要对地裂缝、滑坡体倾斜情况及滑坡体上建筑物裂缝进行监测；第二阶段（1990 年 11 月 21 日～1992 年 4 月 17 日），为应急工程竣工后到主体抗滑桩工程竣工后的监测，主要进行地裂缝监测；第三阶段（1992 年 4 月 8 日～1992 年 11 月 6 日），为主体抗滑桩竣工到综合治理工程完工后的监测，主要进行地裂缝变化及抗滑桩变形监测。

从监测结果看，滑坡变形与抗滑工程有密切关系（下面进行具体分析），具体监测方法、手段及监测结果，在此不再赘述。

3. 防治工程效果分析

为了清晰反映抗滑工程与滑坡变形的关系，选择整个勘查、设计及施工过程中保存完好的 Jg5 号滑坡主裂缝监测点为例，绘制其与降雨量及工程进展之间的关系曲线，如图 8.10 所示。

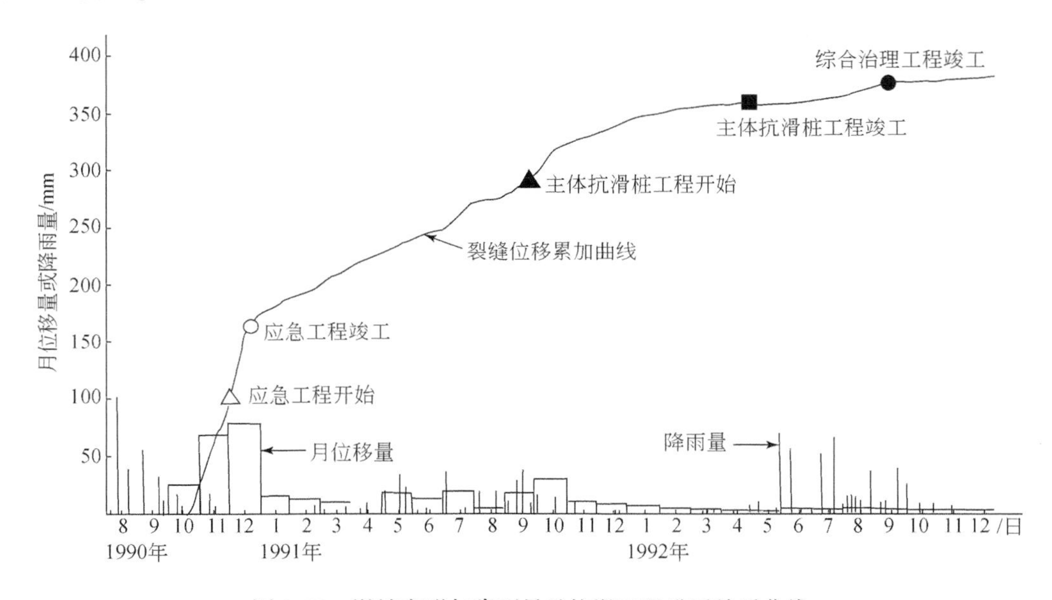

图 8.10　滑坡变形与降雨量及抗滑工程进展关系曲线

图 8.10 清晰地反映了抗滑工程施工与滑坡变形的关系：应急工程开始前，滑坡变形较快，应急工程的开始丝毫未减小滑坡变形，反而加速了变形的速率（未按要求跳槽开挖，而是拉槽开挖），从开始监测到应急工程竣工前，总变形达 175mm，日均 3.02mm，按一般的滑坡时间预报将面临剧滑；然而，有效的（选位判断准确、工程形式合理）应急工程竣工，使滑坡速率明显得到控制；在勘查、设计阶段，滑坡始终处于缓慢变形中，主体抗滑桩工程开始，变形虽稍有加剧（桩孔开挖），但没有明显大滑迹象，从应急工程竣

工到主体抗滑桩工程竣工，滑坡累计变形 181mm，日均 0.351mm，较前期降低了近 9/10；在主体抗滑桩工程竣工后，其他附属工程的进一步施工过程中，滑坡变形非常缓慢，从主体工程竣工到综合治理工程竣工后两个月，滑坡累计变形 18mm，日均 0.089mm，滑坡逐步趋于稳定。

从以上 Jg5 监测点所反映的滑坡变形过程与抗滑工程进展的关系可以看出，椒树湾滑坡经过滑坡应急工程及永久工程的综合治理之后，滑坡变形已得到有效控制。滑坡综合治理工程完工后，该区域一直保持稳定，未发现新的变形迹象，说明综合治理工程是行之有效的、成功的。

8.2　泥石流灾害防治案例

以甘肃省卓尼县上卓沟泥石流为例进行分析。

1987 年 5 月 23 日，卓尼县城区突降暴雨，上卓沟（图 8.11）泥石流涌入县城，造成 2 人死亡，1 人重伤，冲毁公路 600m，损坏高压线 7.2km、河堤超过 1000m，冲走木材超过 60m³，冲毁房屋 86 间、围墙 2200 余米、自来水管 650m，造成电力、通信、客运中断，直接经济损失达 657 万元。

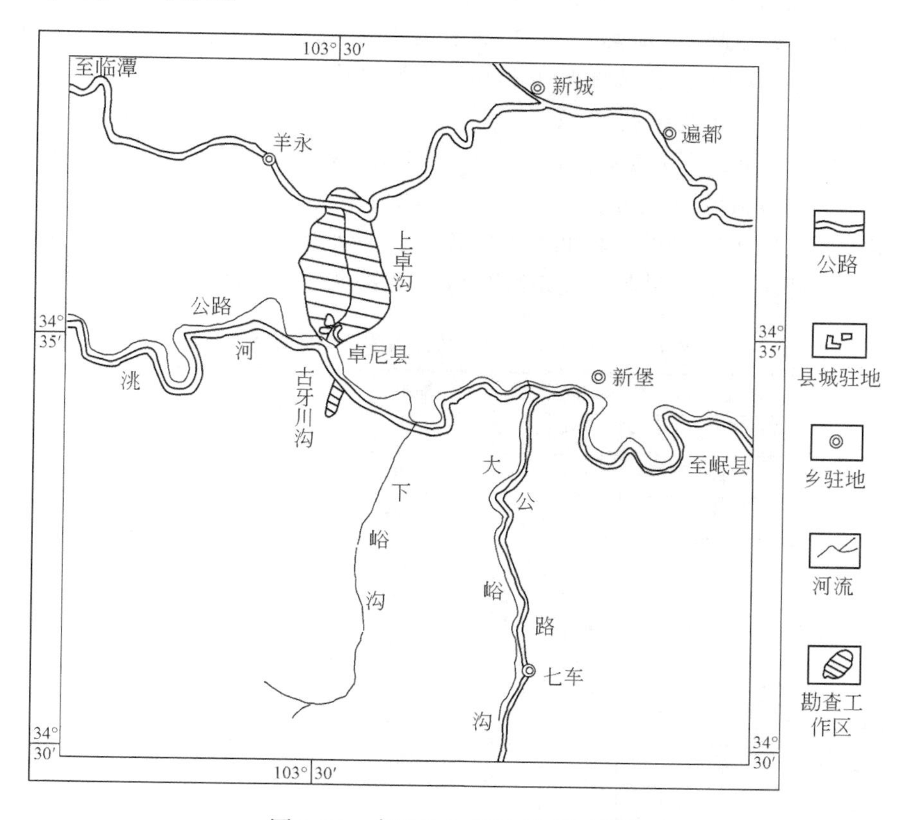

图 8.11　卓尼县上卓沟交通位置图

1988 年 7 月 6 日，卓尼县城区周围再降特大暴雨，持续约 30min，降雨量达 51.3mm，上卓沟爆发泥石流，大部分城区遭受了泥石流的袭击，全城停电停水，交通中断。造成 46 人死亡，冲走牲畜 684 头，冲毁房屋 572 间，有 1394 间房屋遭受不同程度的破坏，损失粮食 58.95 万 kg、木材 255m^3，冲毁公路 7.02km、桥梁 4 座、河堤 5.29km，直接经济损失达 1552 万元。

1989 年 5 月 17 日，县城南部古牙川沟因暴雨诱发泥石流，冲入卓尼县城桥南城区，造成重大灾害损失，有 1 人死亡，冲毁房屋 37 间，3 个单位和 23 户居民住宅被淹，直接经济损失达 100 余万元。

1993 年 7 月 10 日和 1994 年 8 月 5 日卓尼县普降暴雨，上卓沟分别发生两次较大规模的泥石流，在城区十字路泥石流翻堤，进入街区造成一定经济损失，估算这两次的直接经济损失为 2000 余万元。

连续灾害已引起了省、州、县各级政府的高度重视，灾害治理十分迫切和必要。

8.2.1　泥石流概况

上卓沟位于洮河中游左岸，卓尼县城北侧，出口段穿越县城入洮河，属洮河一级支流。流域总面积 8.98km^2，流域长 6.27km，流域内最高海拔 2974.9m，入河口高程 2490m，相对高差 484.9m，流域纵坡降 80‰。流域平均宽度 2.2km，流域平面形态呈椭圆形。主沟道长 5.8km，主沟床坡降 72‰，主沟床平均宽度 8～14m。流域内有大小支沟 12 条（表 8.3 和图 8.12），其中泥石流沟 9 条，呈羽状分布，沟壑密度达 1.66km/km^2，沟道侵蚀切割严重，山坡坡度平均大于 350‰，汇水动力条件优越，植被以草本为主，并有大量梯田，水土流失面积达 54%，坡面表土层松散，下垫面条件差，在局地短历时、高强度降雨条件下，保持水土能力很弱，极易被冲切汇流集中而形成泥石流。

表 8.3　上卓沟主沟道及支沟沟道特征统计表

沟名及沟段		沟道长度/km	高差/m	坡降平均/‰	堆积特征	区段
上卓沟	主沟道	1.24	58	47	堆积区	入河口—沟口
	主沟道	0.6	48	80	流通区	主沟口—大湾沟沟口
	主沟道	3.96	356	90	形成区	大湾沟沟口—上卓村
	西沟	1.4	98	80	形成区	—
	火炸沟	0.8	72	90	形成区	—
	寺轱辘沟	0.82	125	125	形成区	—
	下路沟	0.75	135	180	形成区	—
	出路沟	1	170	170	形成区	—
	上嚓啦沟	0.7	140	200	形成区	—
	下嚓啦沟	0.4	120	300	形成区	—
	无名沟	0.34	126	370	形成区	—
	水池沟	0.36	108	300	形成区	—

续表

沟名及沟段		沟道长度/km	高差/m	坡降平均/‰	堆积特征	区段
上卓沟	大湾沟	0.68	112	165	形成区	—
	牙日道沟	0.56	207	370	形成区	—
	东沟	1.1	266	242	形成区	—

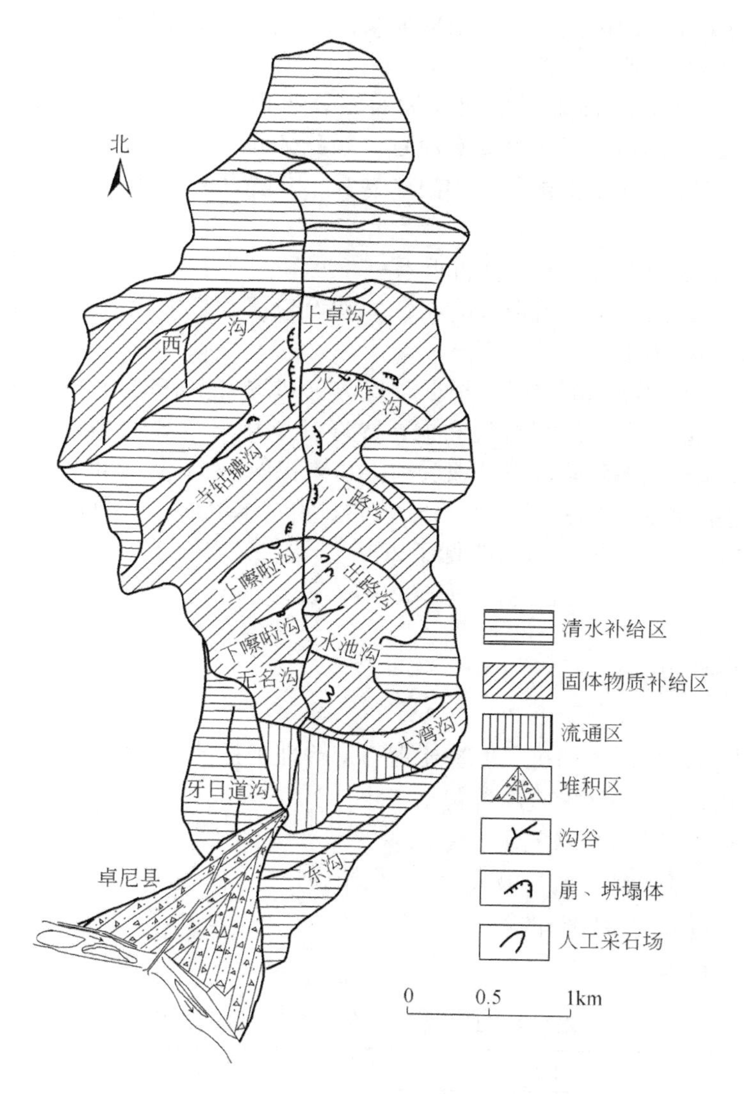

图 8.12　上卓沟流域泥石流发育形态图

根据上卓沟泥石流形成、运移、堆积特征，将其划分为泥石流形成区（清水补给区、固体物质补给区）、流通区和堆积区。上卓沟流域内，形成区面积 8.05km^2，占总面积的89.6%；流通区 0.35km^2，占 3.9%；堆积区 0.58km^2，占 6.5%（图 8.12）。由此可见，该沟泥石流有广阔的形成区，泥石流的补给物质丰富，形成泥石流的地形地貌条件和水动力条件优越；流通区段窄小，卓尼县城的主体布局位于沟口泥石流扇形地上。因此，泥石流来势凶猛、爆发突然、成灾率高。

总体上看，上卓沟主沟道平均坡降较小（72‰），两岸Ⅰ、Ⅱ级沟台地发育，主体形态呈U形。但两岸山坡地形较陡峻，谷坡物质疏松，支沟发育，支沟形态绝大部分呈V形，地形高差大，沟床坡降大，侵蚀下切强烈，尤其上嚓啦沟、下嚓啦沟、出路沟和水池沟等，主沟道平均坡降在150‰以上，沟床松散堆积物厚度平均大于6m，是1987年、1988年泥石流的主要形成区。因此，上卓沟及各支沟的发育处于青壮年期，而流域内泥石流的发育和活动处于旺盛活跃期。

勘查表明，上卓沟泥石流扇呈南北展布，分布面积0.58km^2，长轴1.24km，短轴0.47km，扇前缘深入洮河内。从出露剖面看，颗粒排列无明显规律，以混杂堆积为特征。据已有资料统计，1988年上卓沟年平均固体物质冲出量为3.66万m^3，最大一次冲出量超过10万m^3。

上卓沟冲出物物质组成主要包括古近系—新近系、三叠系的砂砾岩、泥岩、页岩，以及阶地卵砾石及第四系黄土。就粒径来讲，大块石较多，最大块石直径达1.8m，且直径大于1m的巨砾约占10%。

上卓沟泥石流无实际观测资料，根据调查访问1987年、1988年和1989年三次泥石流的十余位目睹者，认为上卓沟泥石流黏稠，1987年、1988年泥石流均见有上层水泥混合物，根据甘肃省水利厅地质队调查，该层约占总体积的1/3，据此推断上卓沟泥石流应属稀性泥石流，即重度在1.7t/m^{3}左右。甘南藏族自治州水电局水电勘测设计队调查1987年泥石流流量为54.7m^3/s，并分析其略低于20年一遇。甘肃省水利厅地质队调查1988年泥石流流量为200～250m^3/s，据分析约为500年一遇。

8.2.2 泥石流勘查

为了查明泥石流的基本情况，服务于泥石流治理工程设计，作者曾对上卓沟泥石流进行全面工程地质勘查。具体勘查内容包括：

（1）查明泥石流沟范围及其危害范围；

（2）查明泥石流特征、性质及发生机制情况；

（3）查明泥石流的形成条件等。

完成的工作量见表8.4。

表8.4 上卓沟泥石流勘查工作量汇总表

序号	项目	单位	工作量
1	工程地质填图 1：10000	km^2	8.98
2	工程地质填图 1：5000	km^2	0.58
3	工程地质剖面图	条	17
4	1：5000 地形图测绘	km^2	0.58
5	沟道纵断面水准测量	km	5

续表

序号	项目	单位	工作量
6	坑探	m	200
7	颗粒分析	组	7
8	排导渠及坝址勘测	处	10

8.2.3　泥石流的形成条件

8.2.3.1　地形、地貌条件

上卓沟流域分水岭山系为侵蚀中山地形，相对高差达 484.9m，沟道切割发育程度处青壮年期，山势陡峻，主沟流域纵坡降 72‰；支沟流域纵坡降 250‰ ~ 450‰。主沟东西北三面的山坡坡度 25° ~ 34°；支沟内山坡坡度 25° ~ 40°，坡降 250‰ ~ 500‰；穿过卓尼县城抵达入洮河口总长 6.27km。支沟流域主沟道长 0.3 ~ 1.4km，其长度与流域面积基本成正比。长度最大的西沟，全长 1.4km，流域面积 1.24km^2；长度最小的为下游段的水池沟，全长 0.36km，流域面积 0.13km^2。在上卓沟流域内测算分析的 13 条流域内（含主沟）有 10 条流域面积小于 1km^2，山坡坡降大；流通区主沟道长度相对短小，则流向主沟的汇流速度较快，坡面水流易迅速集中，峰量和能量成倍增长，从而有利于起动泥沙形成泥石流。在上卓沟，主沟流域坡面长度 0.4km；支沟坡面长度 0.15 ~ 0.5km，除西沟为 0.5km，其余均为 0.4km 以下。因此，在平均坡度大于 30°的坡面上，坡面水流流速亦十分快捷，完全处于“超渗产流”的状态。在暴雨条件下，快速漫流的坡面水流携带表层松散细粒固体物质，迅速汇集到支沟槽；短浅的支沟槽汇集到雨洪及泥沙后，在沿坡降很大的支沟床流动过程中获得更大的能量，起动冲蚀支沟床松散固体物质和两岸，加速冲出支沟口，并加入主沟槽内流动的洪水之中向下游宣泄而下，从而使主沟槽内水体的能量迅速增大，起动冲蚀数量更多的主沟床堆积物，在短时间内形成峰量增值很快的泥石流，汹涌无比地冲出主沟口。当沟口以外排导工程过流能力不足时，即漫溢决堤，瞬间使卓尼县城遭灾。

8.2.3.2　固体物质条件

上卓沟固体物质来源充足，主要来源于中下游段的沟床堆积物和山坡松散层的侵蚀和冲刷。主沟内原有七处采石场废弃堆放在山坡上的碎石砂土，从坡脚已伸进主沟内，堆积体的坡脚易被洪水与泥石流冲走，成为山坡固体物质中最易转化为泥石流的成分，形成高达 3 ~ 8m 的直立陡坎，处于不稳定状态。

上卓沟中下游的几条支沟的沟口段处于溯源侵蚀过程中，支沟汇入主沟处落差大，支沟沟口段侵蚀严重，是泥石流中粗颗粒物质的主要来源之一。

勘查区主要沟谷内固体物质储备总量达 588.5 万 m^3，单位面积上的固体物质储备量达 66 万 m^3/km^2，仅分布于侵蚀下切强烈的沟床内的固体物质达 300 万 m^3 以上，极易被暴雨、洪水所挟带形成泥石流。上卓沟及各支沟可补给泥石流的松散固体物质分布和储备量特征见表 8.5。

表 8.5　勘查区主要沟谷地形及固体物质分布统计表

沟名	流域面积/km²	沟道长度/km	平均坡降/‰	山坡平均坡度/(°)		坡面堆积物分布面积/km²	固体物质储备总量/(10^4m^3)
				左坡	右坡		
上卓沟主沟道	2.27	5.8	72	34	30	1.23	233
西沟	1.24	1.4	80	35	20	0.67	87.4
火炸沟	0.81	0.8	90	18	35	0.44	49.1
寺轱辘沟	0.84	0.82	125	35	20	0.45	47.4
下路沟	0.39	0.75	180	23	38	0.21	28.8
出路沟	0.53	1	170	20	40	0.29	39.8
上嚓啦沟	0.29	0.7	200	38	25	0.16	37.1
下嚓啦沟	0.24	0.4	300	40	28	0.13	24.9
水池沟	0.13	0.36	300	33	36	0.07	13.2
大湾沟	0.5	0.68	165	30	35	0.27	27.8

8.2.3.3　降水条件

相对于地形和固体物质条件，暴雨则为泥石流的触发条件，从多次泥石流形成于暴雨的情况分析，卓尼县城周围的泥石流可称为暴雨型泥石流。尤其历史短、高强度暴雨（10～60min）更容易引发大规模泥石流。

从区内3次灾害性泥石流暴发时的降水量也可得到印证（表8.6）。

表 8.6　勘查区3次灾害性泥石流暴发时的降水量

沟名	发生日期	降雨情况			泥石流性质	危害情况
		总降水量/mm	历时/min	最大10min降水量/mm		
上卓沟	1987年5月	30	360	—	稀性	倒塌房屋3939间，死亡8人，伤64人，致死牲畜624头，直接经济损失657万元
上卓沟	1988年7月	51.3	30	17.1	稀性	柳林镇435间民房倒塌，共丧生42人，直接经济损失1552万元
古牙川沟	1989年5月	40.6	70	15	稀性	桥南冲毁57间房屋，死亡1人，直接经济损失100余万元

8.2.3.4　人类活动的影响

随着卓尼县人口增加和经济发展，人类对自然生态环境的破坏较为严重，主要表现为森林面积减少、开垦指数日益增高、乱挖、乱建和过度放牧、过度开垦，导致水土保持能力普遍下降，山体失稳和泥石流灾害频繁发生，人为因素对形成泥石流的影响越来越大。上卓沟森林大面积减少，坡耕地面积占到流域总面积的 48%，沟内废弃采石场的大量碎石堆放就是明显的例证。

综上所述，地形地貌和地质条件奠定了泥石流形成的基本自然格局，松散固体物质是泥石流形成的物质基础，人为活动影响增加了泥石流频繁形成的机会，暴雨则是泥石流形成的触发因素和水动力来源。

8.2.4 泥石流危害程度预测

8.2.4.1 泥石流危害程度

上卓沟泥石流造成的危害十分严重，卓尼县城曾遭受多次洪水、泥石流淹没（卓尼县志编纂委员会，1994），特别是 1988 年 7 月 6 日暴发的泥石流，给卓尼县城造成了严重损失（图 8.13）。

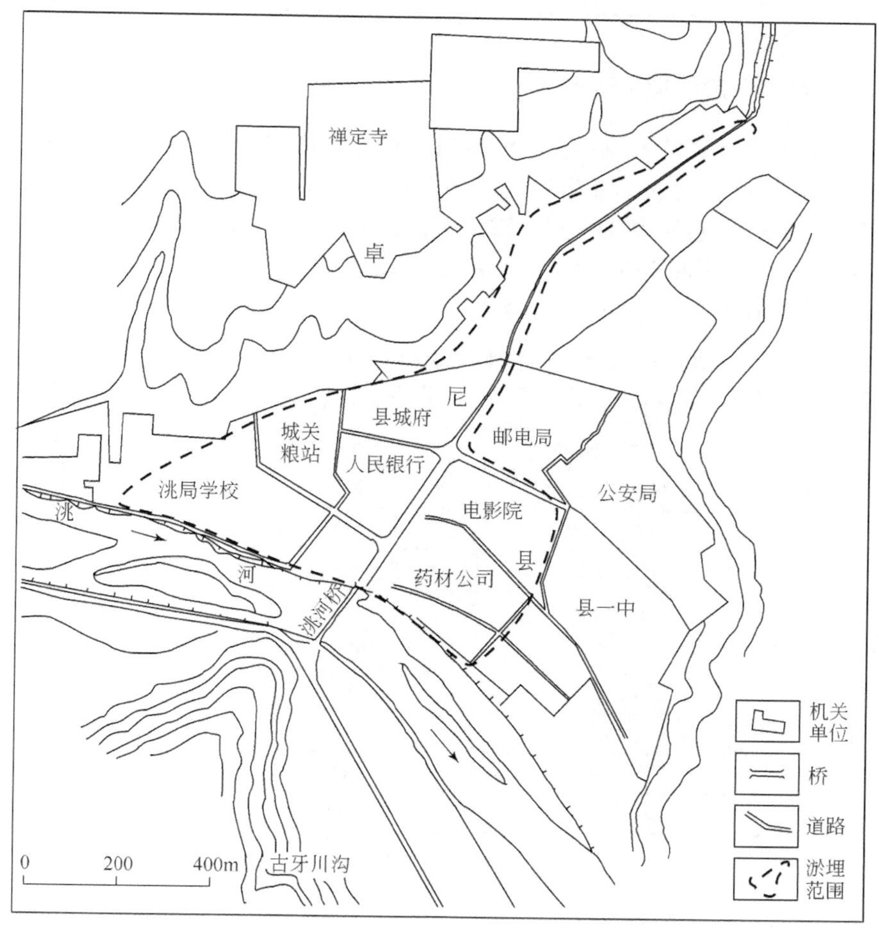

图 8.13　1988 年 7 月 6 日上卓沟泥石流淤埋范围示意图

下面列表汇总近年来勘查区发生的灾害性泥石流，以说明卓尼县城受泥石流危害的程度及严重性（表 8.7）。

表 8.7　勘查区历次灾害性泥石流情况汇总表

沟名	日期	危害程度
上卓沟	1953 年 6 月 20 日	卓尼县城遭受水灾，冲毁房屋 10 间，冲走居民衣物、钱粮和商品等物，损失价值 2.8 万元
上卓沟	1987 年 5 月 23 日	县城死亡 2 人，受重伤 1 人，冲毁公路 600m，损坏高压线 7.2km，河堤 1000 余米，冲走木材 60 多立方米，冲毁房屋 86 间，进水房屋 688 间，冲毁围墙 2200 余米，自来水管 650m，造成电力、通信、客运中断，县城大街小巷淤泥堆积达 6800m^2，直接经济损失达 657 万元
上卓沟	1988 年 7 月 6 日	县城主要街道都被泥石流堆积物堵塞，全城停电、停水、交通中断，有 46 人丧生，冲走牲畜 684 头，冲毁房屋 572 间，损坏房屋 1394 间，损失粮食 58.95 万斤[①]、木材 255m^3，冲毁公路 7.02km、桥梁 4 座、河堤 1.5km，以及水泥 104t、煤炭 103t，直接经济损失达 1552 万元
古牙川沟	1989 年 5 月 17 日	在这次泥石流灾害中，死亡 1 人，冲毁房屋 37 间，有 3 个单位 23 户居民的住宅进水，造成了直接经济损失 100 余万元

8.2.4.2　可能引起的灾情预测

根据实际调查和计算的上卓沟泥石流流量，对可能造成的最大危害及损失进行了灾害评估和预测（表 8.8），其危害分为沟内危害和沟外危害。沟谷发生泥石流时，它除了对本沟沟口造成危害外，县城也将遭到严重灾害。将危及县城 102 个单位、1.54 万人的生命和 1.21 亿元的财产，危害范围占城区的 60%。如前所述，上卓沟历史上几次大的泥石流曾使县城蒙受重大损失，其中 1988 年最为严重。

表 8.8　上卓沟泥石流危害区内主要经济损失估算表

项目	实际单位成本	灾害损失估价/万元	备注
砖混结构房屋	0.07 万元/m^2	5880	8.4 万 m^2
土木结构房屋	0.10 万元/间	280	2800 间
供电设施	100 万元/km	400	4km 线路等
供水设施	0.38 万元/m	950	2500m 管道等
道路	100 万元/km	700	7km
护城河堤	0.25 万元/m	1000	4000m
桥梁	15 万元/座	90	6 座
通信设施	—	800	电话、高压线等线路
其他材料	—	2000	各种设备、物资
合计	—	12100	—

① 1 斤=0.5kg。

8.2.5　泥石流防治方案

根据上卓沟泥石流对卓尼县城的危害程度，以及县城的地形地貌、地质条件、固体物质条件、降水条件和泥石流特征，对上卓沟泥石流拟定综合治理方案，工程量包括：

（1）沟谷拦挡坝6座；

（2）沟底门槛坝80座；

（3）泥石流排导渠1373m；

（4）排导渠改造1200m；

（5）护岸工程1300m；

（6）修造梯田26hm²；

（7）植树造林285hm²；

（8）种草355hm²。

其中，上卓沟沟口以下排导工程有两个方案可供选择：一是自沟口（K1+500）附近改沟沿城区东侧绕山脚斜排入洮河（图8.14）；二是沿现有排导沟直接排入洮河。这两个方案分别简称斜排和直排。以下对两种方案的优缺点进行比较。

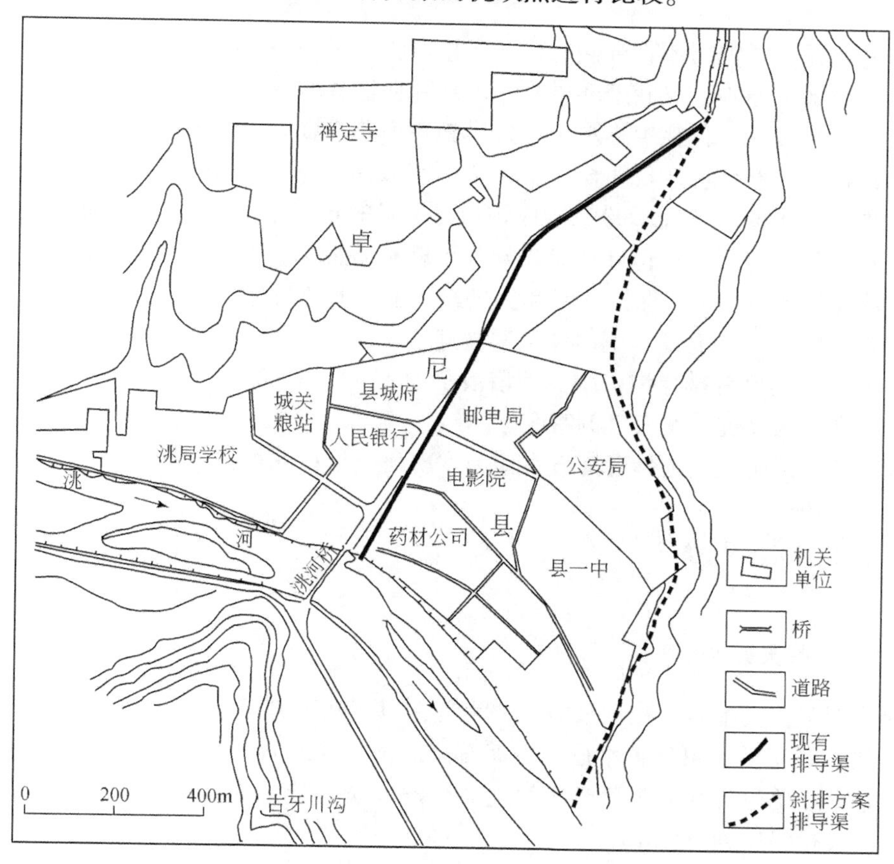

图8.14　上卓沟泥石流斜排方案排导渠布置平面示意图

1. 斜排方案

优点：

（1）泥石流避开城市人口密集区。

（2）沟内可不增设其他固沟、护岸、拦挡、排导工程。

缺点：

（1）以排为主，与治理原则相悖。

（2）改变泥石流的流向，排泄流程长达1700m，排导渠位置比城区高4～15m，一旦工程失事，受灾范围将很大，灾害将更为严重。

（3）开挖土石方工程量大，形成边坡高陡，经估算开挖土石方量达25万m^3；开挖边坡按1∶1计算，最高边坡达23m，施工及运行时容易造成人员伤亡事故，增加施工难度和管理难度。

（4）工程投资大，仅浆砌块石即达1.6万m^3，总投资额达600万元以上。

（5）拆迁量大，废弃原有排导渠造成浪费。

（6）环境效益差。

2. 直排方案

优点：

（1）基本保持了泥石流直进性的特点，排泄流程短，为1500m。

（2）符合治理原则，有利于环境综合治理和促进县城及沟内的经济发展。

（3）工程投资低，包括生物水土保持措施在内总投资为499.357万元。

（4）经济效益和环境效益明显，工程全面完成后，每年可增加经济收入254.7万元；可控制泥沙396万m^3，占流域松散固体物质总储量的67%，可使50年一遇设计洪水流量由105m^3/s降至76.4m^3/s，保证现有排导沟可顺利通过。使上卓沟达到治理水土流失、泥石流，以及提高环境质量、保护县城和促进经济发展的总目标。

（5）拆迁很少，政府及当地居民普遍欢迎。

（6）充分利用已有排导沟，减少无谓浪费。

缺点：排导沟穿过县城人口稠密区。

通过综合分析比较，选择直排方案作为本次研究论证的可行方案。

8.2.6 防治效果分析

8.2.6.1 减灾效益

各项治理工程实施后，减灾效益主要表现在以下几个方面：

（1）工程竣工后，可保护卓尼县城泥石流危害区（0.6km^2）14800人，以及学校、党政机关、企事业单位等共102个单位的生命财产安全，使危害区内1.21亿元固定资产免遭损失，减灾投保比为1∶24。

（2）可保护岷合公路进入卓尼县城区段公路的畅通。

（3）减轻各级政府的抗灾救灾压力，消除城区干部群众的惧灾心理，维护民族团结和社会稳定。

（4）保护流域内 3 个自然村、1411 位人民及 250hm^2 农田的生命财产安全。

8.2.6.2　经济效益

（1）治理后生物水土保持措施运行，每年可增加经济效益 127 万元。

（2）可保护耕地 250hm^2，每年经济效益 20 万元。

（3）治理后，每年可减少排导渠泥沙淤积量 5000m^3，节约 10 万元清淤费。

以上共计产生效益 157 万元，工程运行后 4～6 年即可收回全部投资，其经济效益十分可观。这样在治理流域内，人均年收入将超过 1000 元，达到治理兼顾开发、发展地方经济和扶贫的目标。

8.2.6.3　综合环境改良效益

综合环境改良效益主要包括：

（1）随着生物水土保持、护岸、拦挡、护坎、排导渠等工程的实施，坡面冲刷，沟床冲切将得到有效控制，上卓沟拦截控制泥沙数量达 396 万 m^3，占上卓沟固体物质储量的 67%。

（2）本方案生物水保措施项目完成后，上卓沟流域植被覆盖率将由 15% 提高到 80%。其生态环境质量将得到明显改善。

（3）上卓沟泥石流 50 年一遇设计洪水流量分别为 105m^3/s 和 24m^3/s，其中清水流量为 62m^3/s 和 14m^3/s。本治理方案实施后，沟内固体物质总控制率为 67%，只有原固体物质总储量的 33% 得不到控制，占原 100 年一遇（$P=1\%$）设计洪水流量中固体物质体积的 17.8%。由此推算治理方案实施后上卓沟 K0+500 流体的设计重度 $\gamma_c=1.32\mathrm{t/m^3}$，50 年一遇设计洪水流量降到 76.4m^3/s。可以看出，该治理方案实施后，上卓沟冲出沟口流体已由稀性泥石流转变成高含沙水流，50 年一遇设计洪水流量也明显降低，降低率为 27.2%。

上卓沟泥石流基本设计参数分析计算如下。

1. 暴雨分析

卓尼县城及上卓沟一带原来没有气象站和水文站，县气象站也仅为 1976 年建站，可供利用的气象、水文资料十分短缺。据 1988 年 11 月甘肃省水利厅公开刊印的《甘肃省暴雨洪水图集》统计，县境内实测和调查到的不同历时最大点雨量记录仅大日卡雨量站和多坝雨量站两处，且距上卓沟平均距离大于 30km，这对于西北地区局地暴雨范围往往只有几平方千米或十余平方千米的实际情况而言，在工程设计中直接将其采用就略显勉强。因此，只能通过已有的水文统计分析成果和经验方法综合分析采用。

根据西北地区的降雨特点，泥石流及触发泥石流的暴雨绝大部分发生在流域面积小于 30km^2 的小流域内。降雨，尤其是暴雨，具有短历时、高强度的特征。泥石流与 1h、30min 甚至 10min 的暴雨历时关系最为密切。以 1988 年 7 月 6 日上卓沟泥石流为例，暴雨历时仅 30min，降雨量即达 51.3mm，对相关研究具有十分典型的意义。根据上卓沟位于黄土地区、泥石流以冲蚀沟床物质为主，以及 1988 年泥石流发生的实际情况等，设计暴雨历时采用1h，这与1989年甘肃省水利厅地质队分析的暴雨历时相一致。

暴雨设计雨强根据甘肃省水利厅地质队对1988年7月6日卓尼县气象站暴雨雨量资料，采用PⅢ型频率曲线点绘分析，60min降雨频率约0.2%，即相当于500年一遇，说明十分稀遇。当然，因资料系列短，又缺少大暴雨系列资料，分析结果的准确性较差。根据《甘肃省暴雨洪水图集》，卓尼县城年最大1h点雨量均值为20mm，$C_v=0.6$，频率$P=1\%$的模比系数采用$K_p=2.5$，则100年一遇设计暴雨雨力$S_{p,1\%}=50$mm。这与铁道部第三勘测设计院集团有限公司《铁路工程设计技术手册 桥涵水文》（1984年）中推荐的雨力数量相一致。

2. 洪水、泥石流分析

上卓沟为间歇性流水沟道，无长期观测资料可鉴。卓尼县城自1976年建气象站就连续观测，但水文断面观测资料仍属空白。因此，暴雨洪水分析根据《城市防洪工程设计规范》（GB/T 50805—2012）和《水利水电工程水文计算规范》（SL 278—2002）的规定，可通过洪水调查资料和经验公式或推理公式计算并综合分析应用。

根据甘南藏族自治州水电局水电勘测设计队，甘肃省水利厅地质队和甘肃省科学院地质自然灾害防治研究所的调查访问，卓尼县上卓沟历史上曾于1953年、1987年5月23日和1988年7月6日发生过大洪水和泥石流。因年代久远和沟道变化大，尤其经过1987年5月23日和1988年7月6日泥石流洪水的冲蚀，痕迹已被浸没无遗留，所幸的是甘南藏族自治州水电局水电勘测设计队对1987年5月23日泥石流洪水作过专门调查，甘肃省水利厅地质队对1988年7月6日洪水和泥石流也作了详细的调查。所得结论如下：

1987年5月23日，卓尼县城周围连续降雨历时6h，降雨量根据气象站记录为30mm，降雨中心即在上卓沟内，因无雨量站，估计降雨大于30mm。在较大雨强的促发下，上卓沟发生了自1953年以来34年间最大的一次洪水，在急剧洪水的冲蚀下切作用下，挟带沟内大量泥沙，形成了上卓沟罕见的泥石流。据调查量测，泥石流共冲出泥沙土石2.5万m^3，估计重度大于1.5t/m^3，属稀性泥石流。根据实测泥痕推算，出沟口泥石流流量为54.7m^3/s。这次泥石流造成的直接经济损失达200万元。

1988年7月6日20时，卓尼县城周围突降特大暴雨，持续约30min，降雨量达51.3mm，上卓沟暴发特大规模泥石流。据泥痕推算的沟口流量峰值达200～250m^3/s。冲出泥沙土石达8.4万m^3，城区主要街道被泥石流淤塞，造成46人死亡，直接经济损失达1052万元。据城内60～70岁十余位老人确认，自他们父辈至今未遇到过如此大的“洪水”。据此推断这次泥石流的重现期至少为100年一遇。据调查分析，重现期约5年一遇，泥石流重度为1.5～1.78t/m^3，属稀性泥石流。

1988年7月12日对上卓沟泥石流进行应急考察。考察证实，据气象站雨量记录，1988年7月6日19时30分，卓尼县城附近突降暴雨，前10min降雨量高达18mm，后因雨量计失灵，之后的约20min降雨量未能记录到。经调查核实，估计在全程约30min的降雨历时中，总降水量不低于50mm。就在当天20时许，上卓沟暴发了罕见的大规模泥石流。伴随着大雨，汹涌的泥石流奔腾咆哮冲出沟外，瞬间造成巨大的损失和人员伤亡。据推算，在西沟入主沟道口下游2km处，流量达114m^3/s；到达沟口流量为200m^3/s左右。调查估计固体物质的体积浓度数接近50%，泥石流重度接近1.8t/m^3。

3. 设计重度和设计流量

根据《城市防洪工程设计规范》标准和住房城乡建设部、国家防汛抗旱总指挥部关于2000年县级城市应达到的防汛安全要求，上卓沟防洪设防标准采用50年一遇（$P=2\%$）。

1）设计重度

上卓沟泥石流重度根据固体物质储量，采用单位面积固体物质储量方法估算。

$$\gamma_c = 1.1A_d^{0.11} \tag{8.1}$$

式中，γ_c 为泥石流重度（t/m^3）；A_d 为单位面积固体物质储量（m^3/km^2）。

本沟道单位面积固体物质储量为66万 m^3/km^2，则 $\gamma_c=1.74t/m^3$。

根据实地调查访问和分析计算，1988年7月6日泥石流重度 $\gamma_c=1.7 \sim 1.8t/m^3$。综合分析该次实际发生泥石流中有大量人工采石场的废料，以及施工现场、料场、人工堆积场的土石料，按调查，水石各占五成，将部分固体物质综合考虑减少一成，即水六成（0.6），石四成（0.4），则计算见式（8.2）。

$$\gamma_c = \frac{\gamma_H f_d + 1}{f_d + 1} \tag{8.2}$$

式中，γ_H 为固体物质重度（t/m^3），取 $2.71t/m^3$；f_d 为固体物质体积/水体积，取0.667。

那么 $\gamma_c=1.68t/m^3$。

综合考虑各种因素，上卓沟泥石流设计重度采用 $1.7t/m^3$，即属于较典型的稀性泥石流。

2）设计流量

a. 调查资料分析

上卓沟尚无流量实测资料，洪水调查资料表明，近50年上卓沟有三次大洪水，即1953年、1987年和1988年。其中1988年洪水流量根据访问调查和暴雨频率分析，其重现期相当于500年一遇（$P\approx0.2\%$）；1953年以前无任何资料可利用；1987年流量从时间上判断距1953年为34年，洪水及泥石流发生时基本无人为因素影响，其流量应该与30年一遇重现期大致相当。显然，调查资料不能直接采用，故运用小流域暴雨洪水推理公式铁一院法计算各频率清水流量后，按配方法计算泥石流流量，并与调查流量作对比分析，综合确定各设计频率的流量。

b. 流量计算

铁一院法流量计算见式（8.3）。

$$Q_p = \left[\frac{K_1(1-K_2)P}{(X_1P_1)^{n'}}\right]^{\frac{1}{1-n'y}} \tag{8.3}$$

式中，Q_p 为设计清水流量（m^3/s）；K_1 为产流因子，$K_1=0.278SF$，其中 S 为面平均暴雨参数（mm/h），$S=50mm/h$，F 为流域面积，此处为 $8.98km^2$；K_2 为损失因子，$K_2=R_1S^{\gamma_1-1}$，其中 R_1 和 γ_1 为损失系数和损失指数，取前期土壤中等潮湿，$R_1=1.02$，$\gamma_1=0.69$；P 为汇流面积系数；X_1 为综合汇流因子；P_1 为同时汇水时间系数；n' 为随暴雨递减指数而变的指数；y 为流域特征指数。

上卓沟及其10条支沟同频率清水设计流量见表8.9。

表 8.9　流量计算参数汇总表

沟名	流域面积/km²	沟道长度/km	平均坡降/‰	设计清水流量 Q_p/(m³/s)			泥石流流量 Q_c/(m³/s)		
				1%	2%	5%	1%	2%	5%
上卓沟主沟道（上）	7.8	4.5	72	71	57	36	120	96	61
上卓沟主沟道（下）	8.98	5.8	72	78	62	39	132	105	66
西沟	1.24	1.4	80	25	20	13	42	34	22
火炸沟	0.81	0.8	90	19	15	10	32	25	17
寺轱辘沟	0.84	0.82	125	23	18	12	39	30	20
下路沟	0.39	0.75	180	8	6	4	14	10	7
出路沟	0.53	1	170	9	7	5	15	12	9
上嚓啦沟	0.29	0.7	200	10	8	5	17	14	9
下嚓啦沟	0.24	0.4	300	11	9	6	19	15	10
无名沟	0.14	0.3	370	9	7	5	15	12	9
大湾沟	0.5	0.68	165	16	13	8	27	22	14
水池沟	0.13	0.36	300	7	5.5	4	12	9	7

c. 泥石流流量采用配方法计算

配方法计算见式（8.4）。

$$Q_c=(1+\varphi_d)Q_pD_m \tag{8.4}$$

式中，Q_c 为泥石流流量（m³/s）；φ_d 为泥石流增加系数（按重度推算为 0.69）；D_m 为堵塞系数，取 $D_m=1.0$。

上述沟道按式（8.4）计算的泥石流流量汇总于表 8.9 中。

4. 结论

根据野外调查分析和计算结果综合分析，认为采用表 8.9 计算结果作为泥石流设计流量是合理的，即 $Q_{c,2\%}=105\text{m}^3/\text{s}$ 为上卓沟沟口 $P=0.2\%$ 设防标准流量。其理由有二，一是本地还尚无可直接采用的观测结果；二是按 1988 年 7 月 6 日发生泥石流暴雨频率相当于频率 $P=0.2\%$，且上卓沟为间歇性流水沟道，泥石流发生的变差系数很大。根据甘肃省交通科学研究所和中国科学院兰州冰川冻土研究所（1981），C_v 取 1.57，则模比系数 $K_p=10$。

根据调查流量 $Q_{c,0.2\%}=200\sim250\text{m}^3/\text{s}$，取平均值为 230m³/s，则上卓沟平均泥石流流量 $\overline{Q_c}=23\text{m}^3/\text{s}$。而相应频率的泥石流峰值流量为 $Q_{c,0.2\%}=230\text{m}^3/\text{s}$；$Q_{c,1\%}=142\text{m}^3/\text{s}$；$Q_{c,2\%}=108\text{m}^3/\text{s}$；$Q_{c,5\%}=67\text{m}^3/\text{s}$，与表 8.9 计算结果基本吻合。

至于具体工程设计流量的应用，可在上述标准流量的基础上，根据上下游关系和治理后的拦沙固坡效益，分析容重变化情况后再作适当调整。

参考文献

波波夫 B B. 1957. 工程地质专辑，第 2 辑，黄土与滑坡．北京：地质出版社．

陈崇希，裴顺平．2001. 地下水开采：地面沉降数值模拟及防治对策研究——以江苏省苏州市为例．武汉：中国地质大学出版社．

陈运泰．2018.《纪念汶川大地震十周年》专辑前言．地震学报，40（3）：254.

成世才，郭加朋，马海会，等．2009. 泰安市岩溶地面塌陷动力诱导因素分析．山东国土资源，25（12）：42-45.

程凤楼，李卫华．2012. 浅谈地裂缝地质灾害的危害与防治措施．城市建设理论研究（电子版），（12）：1.

戴俊涛，郭力群，李安露．2011. 福建崩塌、滑坡地质灾害现状及防治措施．福建建筑，（5）：71-72.

董克刚，周俊，于强，等．2007. 天津市地面沉降的特征及其危害．地质灾害与环境保护，18（1）：67-70.

段永侯，罗元华，柳源，等．1993. 中国地质灾害．北京：中国建筑工业出版社．

冯跃封．2011. 广西、四川等西南地区地面塌陷成因分析．城市地质，6（1）：37-39.

甘肃省交通科学研究所，中国科学院兰州冰川冻土研究所．1981. 泥石流地区公路工程．北京：人民交通出版社．

葛中远．1991. 中国地质灾害类型图：1∶5000000. 北京：地质出版社．

耿大玉，李永善，巩守文，等．1992. 西安地裂灾害与对策研究//李永善，耿大玉，卞菊梅，等．西安地裂缝及渭河盆地活断层研究．北京：地震出版社．

郭殿权，刘连喜．1990. 武昌陆家街地面塌陷成因机理分析．工程勘察，18（6）：11-13.

国土资源部地质环境司，国务院法制办公室农业资源环保法制司，国土资源部政策法规司．2004. 地质灾害防治条例释义．北京：中国大地出版社．

何芳，徐友宁，袁汉春，等．2003. 煤矿地面塌陷区的防治对策．煤炭工程，35（7）：10-13.

何庆成．2004. 日本地面沉降灾害监测研究及借鉴．国土资源情报，（5）：4-7.

胡炳南，郭文砚．2018. 我国采煤沉陷区现状、综合治理模式及治理建议．煤矿开采，23（2）：6-9.

胡厚田，白志勇．2001. 土木工程地质．北京：高等教育出版社．

胡厚田，刘涌江，邢爱国，等．2003. 高速远程滑坡流体动力学理论的研究．成都：西南交通大学出版社．

胡厚田．1989. 崩塌与落石．北京：中国铁道出版社．

胡惠民．1987. 天津市地面沉降及有类问题的讨论．水文地质工程地质，14（4）：18-21.

胡凯衡，葛永刚，崔鹏，等．2010. 对甘肃舟曲特大泥石流灾害的初步认识．山地学报，28（5）：628-634.

胡茂焱，刘大军，郑秀华．2002. 地质灾害与治理技术．武汉：中国地质大学出版社．

皇甫行丰，吴孔军，梁会圃．2004. 地质灾害勘查理论与实践．北京：中国大地出版社．

黄江成，杨顺，潘华利，等．2014. 白龙江流域泥石流特征分析．水土保持通报，34（1）：311-315.

蒋爵光．1991. 铁路工程地质学．北京：中国铁道出版社．

李德基，吕儒仁，唐邦兴，等．1983. 四川甘洛利子依达沟泥石流及其防治．重庆：科学技术文献出版社重庆分社．

李海涛，陈邦松，杨雪，等．2015. 岩溶塌陷监测内容及方法概述．工程地质学报，23（1）：126-134.

李明良．2006. 河北省京津以南平原区地面沉降机理及其防治对策．南水北调与水利科技，4（1）：52-53.

李新生，闫文中，李同录，等．2001. 西安地裂缝活动趋势分析．工程地质学报，9（1）：39-43.

李永善，李金正，卞菊梅，等 . 1986. 西安地裂缝 . 北京：地震出版社 .
李智毅，王智济，杨裕云 . 1990. 工程地质学基础 . 武汉：中国地质大学出版社 .
林宗元 . 1996. 岩土工程勘察设计手册 . 沈阳：辽宁科学技术出版社 .
刘传正 . 2000. 地质灾害勘查指南 . 北京：地质出版社 .
刘广润，晏鄂川，练操 . 2002. 论滑坡分类 . 工程地质学报，10（4）：339-342.
刘伦华，王明伟，张金英 . 2009. 地质灾害防治技术 . 北京：地质出版社 .
刘晓文，王璐，王进峰 . 2007. 西安地铁区间隧道通过地裂缝带的施工方案 . 山西建筑，33（32）：316-318.
刘毅 . 1999. 地面沉降加重了 1998 年中国大洪灾 . 中国地质，26（1）：30-32.
刘毅 . 2000. 上海市地面沉降防治措施及其效果 . 华东地质，21（2）：107-111.
刘玉海，陈志新 . 1998. 大同市地面沉降特征及地下水开采的环境地质效应 . 中国地质灾害与防治学报，9（2）：155-160.
卢安民 . 1993. 哈萨克斯坦首都阿拉木图市的泥石流防护系统工程 . 西北水电，（2）：65-66.
美国地质调查局 . 2010. 美国如何应对地面沉降 . 资源与人居环境，（1）：44-46.
莫杰，彭娜娜 . 2018. 世界冰川消融与海平面上升 . 科学，70（5）：52-55.
潘懋，李铁锋 . 2002. 灾害地质学 . 北京：北京大学出版社 .
彭振斌，张可能 . 1997. 深基坑开挖与支护工程设计计算与施工 . 武汉：中国地质大学出版社 .
钱征，李广武，王文奎 . 1980. 强夯法加固松软地基 . 岩土工程学报，2（1）：27-42.
蕊华 . 2008. 杭州地铁工地塌陷 . 广东交通，（6）：56-56.
商真平 . 2009. 滑坡防治技术理论探讨与工程实践 . 郑州：黄河水利出版社 .
尚掩库 . 2012. 岩溶地面塌陷区地质灾害治理及桩基设计探究 . 山西建筑，38（24）：72-73.
舒斯特 R L，克利泽克 R J. 1987. 滑坡的分析与防治 . 北京：中国铁道出版社 .
孙广忠 . 1996. 地质工程理论与实践 . 北京：地震出版社 .
铁道部科学研究院西北研究所 . 1977. 滑坡防治 . 北京：人民铁道出版社 .
王得楷，胡杰 . 2010. 地质灾害预防 . 兰州：兰州大学出版社 .
王恭先 . 2010. 滑坡学与滑坡防治技术论文选集 . 北京：人民交通出版社 .
王国体 . 2012. 边坡稳定和滑坡分析应力状态方法 . 北京：科学出版社 .
王振耀 . 1999. 1998 年水灾中国政府的应急反应和灾害救助 . 中国减灾，9（3）：16-20.
温钦舒，王道杰，王军，等 . 2014. 云南东川深沟泥石流治理效益分析 . 中国地质灾害与防治学报，25（2）：7-12.
吴玮江，王念秦 . 2006. 甘肃滑坡灾害 . 兰州：兰州大学出版社 .
向铭，王新民 . 2006. 岩质山体崩塌的岩土工程设计与治理 . 西部探矿工程，18（12）：22-23.
肖和平 . 2000. 地质灾害与防御 . 北京：地震出版社 .
谢广林 . 1988. 地裂缝 . 北京：地震出版社 .
谢全敏，夏元友 . 2008. 滑坡灾害评价及其治理优化决策新方法 . 武汉：武汉理工大学出版社 .
谢宇 . 2010. 滑坡的防范与自救 . 西安：西安地图出版社 .
徐开祥，黄学斌，付小林，等 . 2005. 滑坡及危岩（崩塌）防治工程措施选择与工程设置 . 中国地质灾害与防治学报，16（4）：130-134.
薛禹群，张云，叶淑君，等 . 2006. 我国地面沉降若干问题研究 . 高校地质学报，12（2）：153-160.
杨金中，聂洪峰，荆青青 . 2017. 初论全国矿山地质环境现状与存在问题 . 国土资源遥感，29（2）：1-7.
袁斌，和法国，李军鹏，等 . 2012. 甘肃武都区泥石流活动与降雨特征关系 . 兰州大学学报（自然科学版），48（6）：15-20.

张家明．1990. 西安地裂缝研究．西安：西北大学出版社．

张家明．2006. 西安地裂缝场地勘察．工程地质学报，14（S1）：233-236.

张景考，韩绪山，刘振祥，等．2002. 塌陷区地基治理的测井检测方法．煤田地质与勘探，30（6）：50-52.

张丽芬，曾夏生，姚运生，等．2007. 我国岩溶塌陷研究综述．中国地质灾害与防治学报，18（3）：126-130.

张梁，张业成，罗元华，等．1998. 地质灾害灾情评估理论与实践．北京：地质出版社．

张庆国，毕秀丽．2003. 强夯法加固机理与应用．济南：山东科学技术出版社．

张文昭．1999. 美国威明顿油田地面下沉与防治．世界石油工业，9（9）：56-60.

张倬元，王士天，王兰生，等．2009. 工程地质分析原理．北京：地质出版社．

赵德深，范学理．2001. 矿区地面塌陷控制技术研究现状与发展方向．中国地质灾害与防治学报，12（2）：86-89.

哲伦．2009. 美国的泥石流预警系统．资源与人居环境，(19)：41-44.

郑铣鑫，武强，应玉飞，等．2001. 中国沿海地区相对海平面上升的影响及地面沉降防治策略．科技通报，17（6）：51-55.

郑铣鑫，武强，应玉飞，等．2002. 21世纪我国沿海地区地面沉降防治问题．科技导报，20（9）：47-50.

中国地质调查局．2016. 中国地质调查百项成果（下册）．北京：地质出版社．

中国国际减灾十年委员会．1998. 中华人民共和国减灾规划．中国减灾，8（3）：1-8.

卓尼县志编纂委员会．1994. 卓尼县志．兰州：甘肃民族出版社．

邹维列，吴国高，安骏勇，等．2003. 强夯加固软土上覆填海砂层的试验研究．岩土力学，24（6）：983-986.

Cruden D M，Varnes D J. 1996. Landslide types and processes//Turner A K，Schuster R L. Landslides-Investigation and mitigation：Transportation Research Board，Special report no. 247. Washington，D. C：National Academy Press.

Larson M K，Pewe T L. 1986. Origin of land subsidence and earth fissuring，Northeast Phoenix，Arizona. Bulletin of the Association of Engineering Geologists，23（2）：139-165.

Xu D Y，Song A，Li D J，et al. 2019. Assessing the relative role of climate change and human activities in desertification of North China from 1981 to 2010. Frontiers of Earth Science，13（1）：43-54.

附　　表

附表 1a　桩尖支立于非岩石地基或岩石面上的系数

h	a_M	$\frac{\psi_1}{1+\psi_1}=1.0$ 时 a_M 的附加项	a_Q	$\frac{\psi_1}{1+\psi_1}=1.0$ 时 a_Q 的附加项	a_P	$\frac{\psi_1}{1+\psi_1}=1.0$ 时 a_P 的附加项	b_M	$\frac{\psi_1}{1+\psi_1}=1.0$ 时 b_M 的附加项	b_Q	b_P
0	0	0	1	0	0	0	1	0	0	0
0.05	0.0496	-0.0003	0.9785	-0.0190	0.84	0.74	0.9995	-0.0005	-0.0285	1.11
0.10	0.0972	-0.0025	0.9180	-0.0720	1.56	1.36	0.9963	-0.0037	-0.1080	2.04
0.15	0.1410	-0.0080	0.8425	-0.1530	2.16	1.86	0.9980	-0.0120	-0.2295	2.79
0.20	0.1792	-0.0180	0.7040	-0.2560	2.64	2.24	0.9728	-0.0272	-0.3840	3.36
0.25	0.2194	-0.0339	0.5625	-0.3750	3.00	2.50	0.9492	-0.0508	-0.5625	3.75
0.30	0.2352	-0.0558	0.4060	-0.5040	3.24	2.64	0.9163	-0.0837	-0.7560	3.96
0.35	0.2514	-0.0843	0.2405	-0.6370	3.38	2.66	0.8735	-0.1265	-0.9555	3.99
0.40	0.2592	-0.1195	0.0720	-0.7680	3.36	2.56	0.8208	-0.1792	-1.1520	3.84
0.45	0.2586	-0.1610	-0.0935	-0.8910	3.24	2.34	0.7585	-0.2415	-1.3365	3.51
0.50	0.2500	-0.2083	-0.2500	-1.0000	3.00	2.00	0.6875	-0.3125	-1.5000	3.00
0.55	0.2339	-0.2607	-0.3915	-1.0890	2.64	1.54	0.6090	-0.3910	-1.6335	2.31
0.60	0.2112	-0.3168	-0.5120	-1.1520	2.16	0.96	0.5248	-0.4752	-1.7280	1.44
0.65	0.1831	-0.3753	-0.6055	-1.1830	1.56	0.26	0.4370	-0.5630	-1.7745	0.39
0.70	0.1512	-0.4345	-0.6660	-1.1760	0.84	-0.56	0.3483	-0.6517	-1.7640	-0.84
0.75	0.1172	-0.4922	-0.6875	-1.1250	0.00	-1.50	0.2617	-0.7383	-1.6875	-2.25
0.80	0.0832	-0.5461	-0.6640	-1.0240	-0.96	-2.50	0.1808	-0.8192	-1.5360	-3.84
0.85	0.0516	-0.5937	-0.5895	-0.8670	-2.04	-3.74	0.1095	-0.8905	-1.3005	-5.61
0.90	0.0252	-0.6318	-0.4580	-0.6480	-3.24	-5.04	0.0523	-0.9477	-0.9720	-7.56
0.95	0.0069	-0.6573	-0.2635	-0.3610	-4.50	-6.46	0.0140	-0.9860	-0.5415	-9.69
1.00	0.0000	-0.6667	0.0000	0.0000	-6.00	-8.00	0.0000	-1.0000	0.0000	-12.00

附表 1b　桩尖嵌入基岩内的系数

h	a_M	$\frac{\psi_2}{1+\psi_2}=1.0$ 时 a_M 的附加项	a_Q	a_P	b_M	b_Q	b_P
0.00	0	0	1.0000	0.00	1.0000	0.0000	0.00
0.05	0.0498	-0.0002	0.9855	0.57	0.9998	-0.0145	0.57
0.10	0.0981	-0.0019	0.9440	1.08	0.9981	-0.0560	1.08
0.15	0.1438	-0.0062	0.8785	1.53	0.9938	-0.1215	1.53
0.20	0.1856	-0.0144	0.7920	1.92	0.9856	-0.2080	1.92
0.25	0.2227	-0.0373	0.6875	2.25	0.9727	-0.3125	2.25
0.30	0.2541	-0.0495	0.5680	2.52	0.9541	-0.4320	2.52
0.35	0.2793	-0.0707	0.4365	2.73	0.9293	-0.5635	2.73
0.40	0.2976	-0.1024	0.2966	2.88	0.8976	-0.7040	2.88
0.45	0.3088	-0.1412	0.1945	2.97	0.8588	-0.8505	2.97
0.50	0.3125	-0.1875	0.0000	3.00	0.8125	-1.0000	3.00
0.55	0.3088	-0.2412	-0.1490	2.97	0.7588	-1.1495	2.97
0.60	0.2976	-0.3024	-0.2960	2.88	0.6976	-1.2960	2.88
0.65	0.2793	-0.3707	-0.4365	2.73	0.6293	-1.4365	2.73
0.70	0.2541	-0.4459	-0.5680	2.52	0.5541	-1.5680	2.52
0.75	0.2227	-0.5273	-0.6750	2.25	0.4727	-1.6875	2.25
0.80	0.1856	-0.6144	-0.7920	1.92	0.3856	-1.7920	1.92
0.85	0.1438	-0.7062	-0.8785	1.53	0.2938	-1.8785	1.53
0.90	0.0981	-0.8019	-0.9940	1.08	0.1981	-1.9440	0.08
0.95	0.0498	-0.9002	-0.9855	0.57	0.0998	-1.9855	0.57
1.00	0.0000	-1.0000	-1.0000	0	0.0000	-2.0000	0.00

注：$\frac{\psi_2}{1+\psi_2}=1.0$ 时 a_Q 的附加项即表中的 b_Q，b_M 的附加项即 a_M 的附加项，故不再列出。

附表 2　换算深度系数表（单因数）

换算深度 $\bar{h}=\alpha y$	A_1	B_1	C_1	D_1	A_2	B_2	C_2	D_2
0.0	1.00000	0.00000	0.00000	0.00000	0.00000	1.00000	0.00000	0.00000
0.1	1.00000	0.10000	0.00500	0.00017	0.00000	1.00000	0.10000	0.00500
0.2	1.00000	0.20000	0.02000	0.00133	−0.00007	1.00000	0.20000	0.02000
0.3	0.99998	0.30000	0.04500	0.00450	−0.00034	0.99996	0.30000	0.04500
0.4	0.99991	0.39999	0.08000	0.01067	−0.00107	0.99983	0.39998	0.08000
0.5	0.99974	0.49996	0.12500	0.02083	−0.00260	0.99948	0.49994	0.12499
0.6	0.99935	0.59987	0.17998	0.03600	−0.00540	0.99870	0.59981	0.17998
0.7	0.99860	0.69967	0.24495	0.05716	−0.01000	0.99720	0.69951	0.24490
0.8	0.99727	0.79927	0.31988	0.08532	−0.01707	0.99454	0.79891	0.31980
0.9	0.99508	0.89852	0.40472	0.12146	−0.02733	0.99016	0.89779	0.40460
1.0	0.99167	0.99722	0.49941	0.16657	−0.04167	0.98333	0.99583	0.49921
1.1	0.93658	1.09508	0.60384	0.20163	−0.06096	0.97317	1.09062	0.60341
1.2	0.97927	1.19171	0.71787	0.28758	−0.08632	0.95855	1.18756	0.71710
1.3	0.96908	1.28660	0.84127	0.36536	−0.11882	0.93817	1.27990	0.84002
1.4	0.95523	1.27910	0.97373	0.45588	−0.15973	0.91047	1.36865	0.97163
1.5	0.93681	1.46839	1.11484	0.55997	−0.21030	0.87365	1.45259	1.11145
1.6	0.91280	1.55346	1.26403	0.67842	−0.27194	0.82565	1.53020	1.25872
1.7	0.88201	1.63307	1.42061	0.81193	−0.34604	0.76413	1.59963	1.41247
1.8	0.84313	1.70575	1.58362	0.96109	−0.43142	0.68645	1.65867	1.57150
1.9	0.76467	1.76972	1.75190	1.12637	−0.53768	0.58967	1.70468	1.73422
2.0	0.73502	1.82294	1.92402	1.30801	−0.65822	0.47061	1.73457	1.89872
2.2	0.57491	1.88709	2.27217	1.72042	−0.95616	0.15217	1.73110	2.22299
2.4	0.34691	1.87450	2.60882	2.19535	−1.33889	−0.30273	1.61286	2.51874
2.6	0.03315	1.75473	2.90670	2.72365	−1.81479	−0.92602	1.33485	2.74972
2.8	−0.38548	1.49037	3.21843	3.23769	−2.38756	−1.75483	0.84177	2.80053
3.0	−0.92809	1.03679	3.22471	3.85838	−3.05319	−2.82410	0.06837	2.80406
3.5	−2.92799	−1.27172	2.46304	4.97982	−4.98062	−6.70806	−3.58647	1.27018
4.0	−5.85333	−5.94097	−0.92677	4.54780	−6.53316	−12.15810	−10.60840	−3.76647

续表

换算深度 $\bar{h}=\alpha y$	A_3	B_3	C_3	D_3	A_4	B_4	C_4	D_4
0. 0	0. 00000	0. 00000	1. 00000	0. 00000	0. 00000	0. 00000	0. 00000	1. 00000
0. 1	−0. 00017	−0. 00001	1. 00000	0. 10000	−0. 00500	−0. 00033	−0. 00001	1. 00000
0. 2	−0. 00133	−0. 00013	0. 99999	0. 20000	−0. 02000	−0. 00267	−0. 00020	0. 99999
0. 3	−0. 00450	−0. 00067	0. 99994	0. 30000	−0. 04500	−0. 00900	−0. 00101	0. 99992
0. 4	−0. 01607	−0. 00213	0. 99974	0. 39998	−0. 08000	−0. 02133	−0. 00320	0. 99966
0. 5	−0. 02083	−0. 00521	0. 99922	0. 49991	−0. 12499	−0. 04167	−0. 00781	0. 99896
0. 6	−0. 03600	−0. 01083	0. 99806	0. 59974	−0. 17997	−0. 07199	−0. 01620	0. 99741
0. 7	−0. 05716	−0. 02001	0. 99580	0. 69935	−0. 24490	−0. 11433	−0. 03001	0. 99440
0. 8	−0. 08532	−0. 03412	0. 99181	0. 79854	−0. 31975	−0. 17060	−0. 05120	0. 98908
0. 9	−0. 12144	−0. 05466	0. 98524	0. 89705	−0. 40443	−0. 24284	−0. 08198	0. 98032
1. 0	−0. 16652	−0. 08329	0. 97501	0. 99445	−0. 49881	−0. 33298	−0. 12493	0. 96667
1. 1	−0. 22152	−0. 12192	0. 95975	1. 09016	−0. 60283	−0. 44292	−0. 18285	0. 94634
1. 2	−0. 28737	−0. 17260	0. 93783	1. 18342	−0. 71573	−0. 57450	−0. 25885	0. 91712
1. 3	−0. 36496	−0. 23760	0. 90272	1. 27320	−0. 83753	−0. 72950	−0. 35631	0. 87638
1. 4	−0. 45515	−0. 31933	0. 86573	1. 35821	−0. 96746	−0. 90954	−0. 47883	0. 82102
1. 5	−0. 55870	−0. 42039	0. 81054	1. 43680	−1. 10468	−1. 11609	−0. 63027	0. 74745
1. 6	−0. 67629	−0. 54348	0. 73859	1. 50695	−1. 24808	−1. 35042	−0. 81466	0. 65165
1. 7	−0. 80848	−0. 69144	0. 64637	1. 56621	−1. 39623	−1. 61346	−1. 03616	0. 52871
1. 8	−0. 95564	−0. 86175	0. 52997	1. 61162	−1. 54728	−1. 90577	−1. 29909	0. 07368
1. 9	−1. 11796	−1. 07357	0. 38503	1. 63969	−1. 69899	−2. 22745	−1. 60770	0. 18071
2. 0	−1. 29535	−1. 31361	0. 20670	1. 64628	−1. 84810	−2. 57798	−1. 96620	−0. 05652
2. 2	−1. 69334	−1. 90567	−0. 27087	1. 57538	−2. 12481	−3. 35952	−2. 84858	−0. 69158
2. 4	−2. 14117	−2. 66329	−0. 94885	1. 35201	−2. 33901	−4. 22811	−3. 97323	−1. 59151
2. 6	−2. 62126	−3. 59987	−1. 87734	0. 91679	−2. 43694	−5. 14023	−5. 35541	−2. 82106
2. 8	−3. 10341	−4. 71748	−3. 10791	0. 19726	−2. 34558	−6. 02299	−6. 99007	−4. 44491
3. 0	−3. 54058	−5. 99979	−4. 68788	−0. 89126	−1. 96928	−6. 76460	−8. 84029	−6. 51972
3. 5	−3. 91921	−9. 54367	−10. 34040	−5. 85402	1. 07408	−6. 78895	−13. 69240	−13. 82610
4. 0	−1. 61428	−11. 73070	−17. 91860	−15. 07550	9. 24368	−0. 35762	−15. 61050	−23. 14040

附表 3　换算深度系数表（多因数）

换算深度 $\bar{h}=\alpha y$	$B_3D_4-B_4D_3$	$A_3B_4-A_4B_3$	$B_2D_4-B_4D_2$	$A_2B_4-A_4B_2$	$A_3D_4-A_4D_3$	$A_2D_4-A_4D_2$	$A_3C_4-A_4C_3$
0.0	0.00000	0.00000	1.00000	0.00000	0.00000	0.00000	0.00000
0.1	0.00002	0.00000	1.00000	0.00500	0.00033	0.00003	0.00500
0.2	0.00040	0.00000	1.00004	0.02000	0.00267	0.00033	0.02000
0.3	0.00203	0.00001	1.00029	0.04500	0.00900	0.00169	0.04500
0.4	0.00640	0.00006	1.00120	0.07999	0.02133	0.00533	0.08001
0.5	0.01563	0.00022	1.00365	0.12504	0.04167	0.01303	0.12505
0.6	0.03240	0.00065	1.00917	0.18013	0.07263	0.02701	0.18020
0.7	0.06006	0.00163	1.01962	0.24535	0.11443	0.05004	0.24559
0.8	0.10248	0.00365	1.03824	0.32901	0.17094	0.08539	0.32150
0.9	0.16426	0.00738	1.06893	0.40709	0.24374	0.13685	0.40842
1.0	0.25062	0.01390	1.11679	0.50436	0.33507	0.20873	0.50714
1.1	0.36747	0.02464	1.18823	0.61351	0.44739	0.30600	0.61893
1.2	0.52158	0.04156	1.29111	0.73565	0.58346	0.43412	0.74562
1.3	0.72057	0.06724	1.43498	0.87244	0.74650	0.59940	0.88991
1.4	0.97317	0.10504	1.63125	1.02612	0.94032	0.80887	1.05550
1.5	1.28938	0.15916	1.89349	1.19981	1.16960	1.07061	1.24752
1.6	1.68091	0.23497	2.23776	1.39771	1.44015	1.39379	1.47277
1.7	2.16145	0.33904	2.68298	1.62522	1.75934	1.78918	1.74019
1.8	2.74734	0.47951	3.25143	1.88946	2.13658	2.26933	2.06147
1.9	3.45833	0.66632	3.95945	2.19944	2.58362	2.84909	2.45147
2.0	4.31831	0.91158	4.86824	2.56664	3.11583	3.54638	2.92905
2.2	6.61044	1.63962	7.36356	3.53366	4.51846	5.38469	4.24806
2.4	9.95510	2.82366	11.13130	4.95288	6.57004	8.02219	6.28800
2.6	14.86800	4.70118	16.74660	7.07178	9.62890	11.82060	9.46294
2.8	22.15710	7.62658	25.06510	10.26420	14.25710	17.33620	14.40320
3.0	33.08790	12.13530	37.38070	15.09220	21.32850	25.42750	22.06800
3.5	92.20900	36.85800	101.36900	41.01820	60.47600	67.49820	64.76960
4.0	266.06100	109.01200	279.99600	114.72200	176.70900	185.99600	190.93400

续表

换算深度 $\bar{h}=\alpha y$	$A_2C_4-A_4C_2$	$\frac{B_3D_4-B_4D_3}{A_3B_4-A_4B_3}$	$\frac{A_3D_4-A_4D_3}{A_3B_4-A_4B_3}=\frac{B_3C_4-B_4C_3}{A_3B_4-A_4B_3}$	$\frac{A_3C_4-A_4C_3}{A_3B_4-A_4B_3}$	$\frac{B_2D_1-B_1D_2}{A_2B_1-A_1B_2}$	$\frac{A_2D_1-A_1D_2}{A_2B_1-A_1B_2}=\frac{B_2C_1-B_1C_2}{A_2B_1-A_1B_2}$	$\frac{A_2C_1-A_1C_3}{A_2B_1-A_1B_2}$
0.0	0.00000	∞	∞	∞	0.00000	0.00000	0.00000
0.1	0.00050	3770.49000	54098.40000	819672.00000	0.00033	0.00500	0.10000
0.2	0.00400	424.77100	2807.28000	21028.60000	0.00269	0.02000	0.20000
0.3	0.01350	169.13500	869.56500	4347.97000	0.00900	0.04500	0.30000
0.4	0.03200	111.93600	372.93000	1399.07000	0.02133	0.07999	0.39996
0.5	0.06251	72.10200	192.21400	576.82500	0.04165	0.12495	0.49988
0.6	0.10804	50.10200	111.17900	278.13400	0.07192	0.17983	0.59962
0.7	0.17161	36.74000	70.00100	150.23600	0.11406	0.24448	0.69902
0.8	0.25632	28.10800	46.88400	88.17900	0.16985	0.31867	0.79783
0.9	0.36533	22.24500	23.00900	55.31200	0.24092	0.40199	0.89562
1.0	0.50194	18.02800	24.10200	36.48000	0.32855	0.49374	0.99179
1.1	0.66965	14.91500	18.16000	25.12200	0.43351	0.59294	1.08560
1.2	0.87232	12.55000	14.03900	17.94100	0.55589	0.69811	1.17605
1.3	1.11429	10.71600	11.10200	13.23500	0.69488	0.80737	1.26199
1.4	1.40059	9.26500	8.95200	10.04900	0.84855	0.91833	1.34213
1.5	1.73720	8.10100	7.34900	7.83800	1.01382	1.02816	1.41516
1.6	2.13135	7.15400	6.12900	6.26800	1.86320	1.13380	1.47990
1.7	2.59200	6.37500	5.18900	5.13300	1.36088	1.23219	1.53540
1.8	3.13039	5.73000	4.45600	4.30000	1.53179	1.32058	1.58115
1.9	3.76049	5.19000	3.87800	3.68000	1.69343	1.39688	1.61718
2.0	4.49999	4.73700	3.41800	3.21300	1.84091	1.45979	1.64405
2.2	6.40198	4.03200	2.75600	2.59100	2.08041	1.54549	1.67790
2.4	9.09220	3.52600	2.32700	2.22700	2.23974	1.58566	1.68520
2.6	12.97190	3.16100	2.04800	2.01300	2.32965	1.59617	1.68665
2.8	18.66360	2.90500	1.86900	1.88900	2.37119	1.59262	1.68717
3.0	27.12570	2.72700	1.75800	1.81800	2.38548	1.58606	1.69051
3.5	72.04850	2.50200	1.64100	1.75700	2.38891	1.58435	1.71100
4.0	200.04700	2.44100	1.62500	1.75100	2.40074	1.59979	1.73218

附表 4　桩尖置于非岩石中或支立于岩石面上的无量纲系数 A_x

$Z=\frac{y}{T}$	$Z_{max}=$						
	5. 0	4. 0	3. 5	3. 0	2. 8	2. 6	2. 4
0. 0	2. 43141	2. 44060	2. 50174	2. 72658	2. 90524	3. 16260	3. 62662
0. 1	2. 26944	2. 27873	2. 33783	2. 55100	2. 71847	2. 95795	2. 29311
0. 2	2. 10846	2. 11773	2. 17492	2. 37640	2. 53269	2. 75429	3. 06159
0. 3	1. 94944	1. 95881	2. 01396	2. 20376	3. 34886	2. 55258	2. 83201
0. 4	1. 79332	1. 80273	1. 85590	2. 03400	2. 16791	2. 35373	2. 60928
0. 5	1. 64098	1. 65042	1. 70161	1. 86800	1. 99069	2. 15859	2. 38223
0. 6	1. 49321	1. 50268	1. 55187	1. 70651	1. 81796	1. 96790	2. 16355
0. 7	1. 35073	1. 36024	1. 40741	1. 55022	1. 65037	1. 78228	1. 94985
0. 8	1. 21416	1. 22370	1. 26882	1. 39970	1. 48847	1. 60223	1. 47157
0. 9	1. 08406	1. 09361	1. 13664	1. 25543	1. 33271	1. 42816	1. 53906
1. 0	0. 96085	0. 97041	1. 01127	1. 11777	1. 18341	1. 26033	1. 34249
1. 1	0. 84486	0. 85441	0. 86303	0. 98696	1. 04074	1. 09886	1. 15190
1. 2	0. 73636	0. 74588	0. 78215	0. 86315	0. 90481	0. 94337	0. 96724
1. 3	0. 63551	0. 64498	0. 67875	0. 74637	0. 77560	0. 79497	0. 78831
1. 4	0. 54238	0. 55175	0. 58285	0. 63665	0. 65396	0. 65223	0. 65477
1. 5	0. 45691	0. 46614	0. 49435	0. 53349	0. 53662	0. 51518	0. 44616
1. 6	0. 37905	0. 38810	0. 41315	0. 43696	0. 42629	0. 38346	0. 28202
1. 7	0. 30862	0. 31741	0. 33901	0. 34660	0. 32152	0. 25654	0. 12174
1. 8	0. 24540	0. 25386	0. 27166	0. 26201	0. 22186	0. 13387	−0. 03529
1. 9	0. 18913	0. 19717	0. 21074	0. 18273	0. 12676	0. 01487	−0. 01897
2. 0	0. 13944	0. 14696	0. 15583	0. 10819	0. 03562	−0. 10114	−0. 31221
2. 2	0. 05855	0. 00461	0. 06243	−0. 02870	−0. 13706	−0. 32469	−0. 64335
2. 4	−0. 00047	0. 00348	−0. 01238	−0. 15330	−0. 30098	−0. 54685	−0. 94316
2. 6	−0. 04086	−0. 03986	−0. 07251	−0. 26999	−0. 46033	−0. 76553	—
2. 8	−0. 06604	−0. 06902	−0. 12202	−0. 38275	−0. 61832	—	—
3. 0	−0. 07923	−0. 08741	−0. 16458	−0. 49434	—	—	—
3. 5	−0. 07737	−0. 10495	−0. 25866	—	—	—	—
4. 0	−0. 05142	−0. 10788	—	—	—	—	—
4. 5	−0. 01943	—	—	—	—	—	—
5. 0	0. 01210	—	—	—	—	—	—

附表 5　桩尖置于非岩石中或支立于岩石面上的无量纲系数 B_x

$Z=\frac{y}{T}$	$Z_{max}=$						
	5.0	4.0	3.5	3.0	2.8	2.6	2.4
0.0	1.62139	1.62100	1.64076	1.75755	1.86940	2.04819	2.32680
0.1	1.45151	1.45094	1.47003	1.58070	1.68555	1.85190	2.10911
0.2	1.29163	1.29088	1.30930	1.41385	1.51169	1.66561	1.90142
0.3	1.14171	1.14079	1.15854	1.25697	1.34780	1.48928	1.70368
0.4	1.00173	1.00064	1.01772	1.11001	1.19383	1.32287	1.51585
0.5	0.87163	0.87036	0.88676	0.97292	1.04971	1.16629	1.33783
0.6	0.75125	0.74981	0.76553	0.84553	0.91528	1.10937	1.16941
0.7	0.64047	0.63885	0.65390	0.72770	0.79037	0.88191	1.01039
0.8	0.53906	0.53727	0.55162	0.61917	0.67472	0.75364	0.96043
0.9	0.44678	0.44481	0.45846	0.51967	0.56802	0.63421	0.71915
1.0	0.36334	0.36119	0.34711	0.42889	0.46994	0.52324	0.58611
1.1	0.28837	0.28606	0.29822	0.34641	0.38004	0.42027	0.46077
1.2	0.22156	0.21908	0.23405	0.27187	0.29791	0.32482	0.34261
1.3	0.16250	0.15985	0.17038	0.20481	0.22306	0.23635	0.23098
1.4	0.11073	0.10793	0.11757	0.14472	0.15494	0.15425	0.12523
1.5	0.06583	0.06288	0.07165	0.09108	0.09299	0.07790	0.02464
1.6	0.02731	0.02422	0.03185	0.04377	0.03663	0.00667	−0.07148
1.7	−0.00525	−0.00847	0.00199	0.00107	−0.01470	−0.06006	−0.16383
1.8	−0.03239	−0.03572	−0.03049	−0.03643	−0.06163	−0.12298	−0.25314
1.9	−0.05455	−0.05798	−0.05413	−0.06965	−0.10475	−0.18272	−0.34007
2.0	−0.07222	−0.07572	−0.07341	−0.09914	−0.14465	−0.23990	−0.42526
2.2	−0.09586	−0.09940	−0.10069	−0.14905	−0.21696	−0.34881	−0.59253
2.4	−0.10687	−0.11030	−0.11601	−0.19023	−0.28275	0.45381	−0.75833
2.6	−0.10826	−0.11136	−0.12246	−0.22600	−0.34523	0.55748	—
2.8	−0.10297	−0.10544	−0.12305	−0.25929	−0.40682	—	—
3.0	−0.09324	−0.09471	0.11999	−0.29185	—	—	—
3.5	−0.06036	−0.05698	−0.10632	—	—	—	—
4.0	−0.02761	−0.01487	—	—	—	—	—
4.5	0.00065	—	—	—	—	—	—
5.0	0.02596	—	—	—	—	—	—

附表 6　桩尖置于非岩石中或支立于岩石面上的无量纲系数 A_{Φ}

$Z=\frac{y}{T}$	$Z_{max}=$						
	5.0	4.0	3.5	3.0	2.8	2.6	2.4
0.0	−1.62319	−1.62100	−1.64076	−1.75755	−1.86940	−2.04819	−2.32680
0.1	−1.61639	−1.61600	−1.63576	−1.75255	−1.86440	−2.04319	−2.32180
0.2	−1.60156	−1.60117	−1.62094	−1.73774	−1.84960	−2.02841	−2.30705
0.3	−1.57715	−1.57676	−1.59654	−1.71341	−1.82531	−2.00418	−2.28290
0.4	−1.54372	−1.54334	−1.56316	−1.68017	1.79219	−1.97122	−2.25018
0.5	−1.50188	−1.50151	−1.52142	−1.63874	−1.75099	−1.93036	−2.20977
0.6	−1.45243	−1.45209	−1.47216	−1.59001	−1.70268	−1.88263	−2.16283
0.7	−1.39622	−1.39593	−1.41624	−1.53495	−1.64828	−1.82914	−2.11060
0.8	−1.33421	−1.33398	−1.34468	−1.47467	−1.58896	−1.77116	−2.05445
0.9	−1.26727	−1.26713	−1.28837	−1.41015	−1.52579	−1.70985	−1.99564
1.0	−1.19647	−1.19647	−1.21845	−1.34266	−1.46009	−1.64662	−1.93571
1.1	−1.12265	−1.12283	−1.14578	−1.27315	−1.39289	−1.58257	−1.87583
1.2	−1.04690	−1.04733	−1.07154	−1.20290	−1.32553	−1.51913	−1.81753
1.3	−0.97004	−0.97078	−0.99657	−1.13286	−1.25902	−1.45734	−1.76180
1.4	−0.89297	−0.84811	−0.99743	−1.06408	−1.19446	−1.39835	−1.71000
1.5	−0.81640	−0.81801	−0.84811	−0.99743	−1.13272	−1.34305	−1.66280
1.6	−0.74118	−0.74337	−0.77630	−0.93387	−1.07480	−1.29241	−1.62116
1.7	−0.66785	−0.67075	−0.70699	−0.87403	−1.02132	−1.24700	−1.58551
1.8	−0.59703	−0.60077	−0.64085	−0.81863	−0.97297	−1.20743	−1.55627
1.9	−0.52919	−0.53393	−0.57842	−0.76818	−0.93020	−1.14700	−1.53348
2.0	−0.46472	−0.47063	−0.52013	−0.72309	−0.89333	−1.14686	−1.51693
2.2	−0.34709	−0.35588	−0.41727	−0.64992	−0.83767	−1.11079	−1.50004
2.4	−0.24581	−0.25831	−0.33411	−0.59979	−0.80513	−1.09559	−1.49729
2.6	−0.16134	−0.17849	−0.27104	−0.57092	−0.79158	−1.09307	—
2.8	−0.09334	−0.11611	−0.22727	−0.55914	−0.78943	—	—
3.0	−0.04053	−0.06987	−0.20056	−0.55721	—	—	—
3.5	0.03663	−0.01206	−0.18372	—	—	—	—
4.0	0.06176	−0.00341	—	—	—	—	—
4.5	0.06452	—	—	—	—	—	—
5.0	0.06387	—	—	—	—	—	—

附表 7　桩尖置于非岩石中或支立于岩石面上的无量纲系数 B_{Φ}

$Z=\frac{y}{T}$	$Z_{max}=$						
	5. 0	4. 0	3. 5	3. 0	2. 8	2. 6	2. 4
0. 0	−1. 74882	−1. 75058	−1. 75728	−1. 81849	−1. 88855	−2. 01289	−2. 22691
0. 1	−1. 64882	−1. 66058	−1. 65728	−1. 71849	−1. 78855	−1. 91289	−2. 12691
0. 2	−1. 54893	−1. 55069	−1. 55739	−1. 61861	−1. 68868	−1. 81303	−2. 02707
0. 3	−1. 44930	−1. 45106	−1. 45777	−1. 51901	−1. 58911	−1. 71351	−1. 92761
0. 4	−1. 35028	−1. 35024	−1. 35876	−1. 42009	−1. 49025	−1. 61476	−1. 82904
0. 5	−1. 25219	−1. 25394	−1. 26069	−1. 32217	−1. 39249	−1. 52723	−1. 73186
0. 6	−1. 15549	−1. 15725	−1. 16405	−1. 22581	−1. 29638	−1. 14252	−1. 66377
0. 7	−1. 06063	−1. 06238	−1. 06926	−1. 13142	−1. 20245	−1. 32822	−1. 54448
0. 8	−0. 96804	−0. 96978	−0. 97678	−1. 03965	−1. 11124	−1. 12395	−1. 45556
0. 9	−0. 87813	−0. 87987	−0. 88704	−0. 95084	−1. 02327	−1. 15127	−1. 37080
1. 0	−0. 79140	−0. 79311	−0. 80053	−0. 86558	−0. 93913	−1. 06885	−1. 29091
1. 1	−0. 70812	−0. 70981	−0. 71753	−0. 78422	−0. 85922	−0. 99112	−1. 21638
1. 2	−0. 62873	−0. 63038	−0. 63851	−0. 70726	−0. 78408	−0. 91869	−1. 14789
1. 3	−0. 55346	−0. 55506	−0. 56370	−0. 63500	−0. 71402	−0. 85192	−1. 08581
1. 4	−0. 48258	−0. 48412	−0. 49338	−0. 56776	−0. 64942	−0. 79118	−1. 03054
1. 5	−0. 41624	−0. 41770	−0. 42771	−0. 50575	−0. 59048	−0. 73671	−0. 98228
1. 6	−0. 35463	−0. 35598	−0. 36689	−0. 44918	−0. 53745	−0. 68873	−0. 94120
1. 7	−0. 29776	−0. 29897	−0. 31093	−0. 39811	−0. 49035	−0. 64723	−0. 90718
1. 8	−0. 24568	−0. 24672	−0. 25990	−0. 35262	−0. 44927	−0. 61224	−0. 88010
1. 9	−0. 19833	−0. 19916	−0. 21374	−0. 31263	−0. 41408	−0. 58353	−0. 85954
2. 0	−0. 15567	−0. 15624	−0. 17240	−0. 27808	−0. 38468	−0. 56088	−0. 34498
2. 2	−0. 08375	−0. 08365	−0. 10355	−0. 22448	−0. 34203	−0. 53179	−0. 83056
2. 4	−0. 02858	−0. 02753	−0. 05196	−0. 18980	−0. 31834	−0. 52008	−0. 82832
2. 6	0. 01181	0. 01415	−0. 01551	−0. 17078	−0. 30888	−0. 52821	—
2. 8	0. 03949	0. 04351	0. 00809	−0. 16335	−0. 30745	—	—
3. 0	0. 56800	0. 06296	0. 02155	−0. 16217	—	—	—
3. 5	0. 06113	0. 08294	0. 02947	—	—	—	—
4. 0	0. 06113	0. 08507	—	—	—	—	—
4. 5	0. 05268	—	—	—	—	—	—
5. 0	0. 05081	—	—	—	—	—	—

附表 8　桩尖置于非岩石中或支立于岩石面上的无量纲系数 A_Q

$Z=\frac{y}{T}$	$Z_{max}=$						
	5. 0	4. 0	3. 5	3. 0	2. 8	2. 6	2. 4
0. 0	1. 00000	1. 00000	1. 00000	1. 00000	1. 00000	1. 00000	1. 00000
0. 1	0. 98838	0. 98833	0. 98803	0. 98695	0. 98609	0. 98487	0. 98314
0. 2	0. 95569	0. 95551	0. 95434	0. 95033	0. 94688	0. 94221	0. 93569
0. 3	0. 90510	0. 90468	0. 90211	0. 89304	0. 88601	0. 87604	0. 86221
0. 4	0. 83973	0. 83898	0. 83452	0. 81902	0. 80712	0. 79034	0. 70724
0. 5	0. 76262	0. 76145	0. 75464	0. 73140	0. 71373	0. 68902	0. 65525
0. 6	0. 67655	0. 67486	0. 66529	0. 63323	0. 60913	0. 57569	0. 53041
0. 7	0. 58432	0. 58201	0. 56931	0. 52760	0. 49664	0. 45405	0. 39700
0. 8	0. 48825	0. 48522	0. 46906	0. 41710	0. 37905	0. 32726	0. 25872
0. 9	0. 39072	0. 38689	0. 36698	0. 30441	0. 25932	0. 19865	0. 11949
1. 0	0. 29375	0. 28901	0. 26512	0. 19185	0. 13998	0. 07114	−0. 01717
1. 1	0. 19912	0. 19338	0. 16532	0. 08154	0. 02340	−0. 05251	−0. 01479
1. 2	0. 10838	0. 10153	0. 06917	−0. 02456	−0. 08828	−0. 16976	−0. 26953
1. 3	0. 02281	0. 01477	−0. 02197	−0. 12508	−0. 19312	−0. 27824	−0. 37903
1. 4	−0. 05655	−0. 06686	−0. 10698	−0. 21818	−0. 28939	−0. 37576	−0. 47356
1. 5	−0. 12886	−0. 13952	−0. 18494	−0. 30297	−0. 37549	−0. 46025	−0. 55031
1. 6	−0. 19348	−0. 20555	−0. 25510	−0. 37800	−0. 44994	−0. 52970	−0. 60654
1. 7	−0. 25005	−0. 26359	−0. 31699	−0. 44249	−0. 51147	−0. 58233	−0. 63967
1. 8	−0. 29840	−0. 31345	−0. 37030	−0. 49562	−0. 55889	−0. 61637	−0. 64710
1. 9	−0. 33842	−0. 35501	−0. 41476	−0. 53660	−0. 59098	−0. 62996	−0. 62610
2. 0	−0. 37979	−0. 38839	−0. 45034	−0. 56480	−0. 60665	−0. 62138	−0. 57406
2. 2	−0. 41007	−0. 43174	−0. 40514	−0. 58052	−0. 58438	−0. 53057	−0. 35692
2. 4	−0. 42319	−0. 44647	−0. 50579	−0. 53789	−0. 48287	−0. 32889	0. 00000
2. 6	−0. 41197	−0. 43651	−0. 48379	−0. 43139	−0. 29184	0. 00001	—
2. 8	−0. 38236	−0. 40641	−0. 43066	−0. 25462	0. 00010	—	—
3. 0	−0. 33979	−0. 36065	−0. 34726	0. 00000	—	—	—
3. 5	−0. 20704	−0. 19975	0. 00001	—	—	—	—
4. 0	−0. 08538	−0. 00002	—	—	—	—	—
4. 5	−0. 00883	—	—	—	—	—	—
5. 0	−0. 00011	—	—	—	—	—	—

附表9　桩尖置于非岩石中或支立于岩石面上的无量纲系数 B_Q

$Z=\frac{y}{T}$	$Z_{max}=$						
	5.0	4.0	3.5	3.0	2.8	2.6	2.4
0.0	0.00000	0.00000	0.00000	0.00000	0.00000	0.00000	0.00000
0.1	−0.00753	−0.07530	−0.00763	−0.08190	−0.00873	−0.00958	−0.01090
0.2	−0.27960	−0.02950	−0.02832	−0.03050	−0.03255	−0.03579	−0.04079
0.3	−0.05823	−0.05820	−0.05903	−0.06373	−0.06814	−0.07506	−0.08567
0.4	−0.09561	−0.09554	−0.09698	−0.10502	−0.11247	−0.12412	−0.14185
0.5	−0.13759	−0.13747	−0.13960	−0.15171	−0.16277	−0.17994	−0.20584
0.6	−0.18210	−0.19191	−0.19498	−0.20159	−0.21668	−0.23991	−0.27464
0.7	−0.22715	−0.22685	−0.23095	−0.25253	−0.27191	−0.30148	−0.34524
0.8	−0.27129	−0.27087	−0.23092	−0.25253	−0.30298	−0.32675	−0.41528
0.9	−0.31304	−0.35059	−0.35822	−0.39609	−0.42856	−0.47634	−0.54405
1.0	−0.35137	−0.35059	−0.35822	−0.39609	−0.42856	−0.47634	−0.54405
1.1	−0.38544	−0.38443	−0.39337	−0.43665	−0.47302	−0.52570	−0.59882
1.2	−0.41464	−0.41335	−0.42364	−0.47207	−0.51187	−0.56841	−0.64486
1.3	−0.43851	−0.43690	−0.44856	−0.50172	−0.54429	−0.60333	−0.68054
1.4	−0.45684	−0.48486	−0.46788	−0.52520	−0.56969	−0.62957	−0.70445
1.5	−0.46955	−0.46715	−0.48150	−0.54220	−0.58757	−0.64630	−0.71521
1.6	−0.47664	−0.47378	−0.48939	−0.55250	−0.59749	−0.65272	−0.71143
1.7	−0.47834	−0.47496	−0.49174	−0.55604	−0.59917	−0.64819	−0.69188
1.8	−0.47499	−0.47103	−0.48883	−0.55289	−0.59243	−0.63211	−0.65532
1.9	−0.46685	−0.46227	−0.46839	−0.52644	−0.55254	−0.56243	−0.52562
2.0	−0.45440	−0.44914	−0.48092	−0.54299	−0.57695	−0.60374	−0.60035
2.2	−0.41853	−0.41179	−0.43127	−0.47379	−0.47608	−0.43825	−0.31124
2.4	−0.37147	−0.36312	−0.38101	−0.38538	−0.36078	−0.25325	−0.00002
2.6	−0.31732	−0.30732	−0.32104	−0.29102	−0.20346	−0.00003	—
2.8	−0.26004	−0.24853	−0.25452	−0.15980	−0.00018	—	—
3.0	−0.20319	−0.19052	−0.18411	−0.00004	—	—	—
3.5	−0.07825	−0.06672	−0.00001	—	—	—	—
4.0	0.00252	−0.00045	—	—	—	—	—
4.5	0.03126	—	—	—	—	—	—
5.0	0.00026	—	—	—	—	—	—

附表 10　桩尖置于非岩石中或支立于岩石面上的无量纲系数 A_M

$Z=\frac{y}{T}$	$Z_{max}=$						
	5.0	4.0	3.5	3.0	2.8	2.6	2.4
0.0	0.00000	0.00000	0.00000	0.00000	0.00000	0.00000	0.00000
0.1	0.09960	0.09960	0.09959	0.09955	0.09953	0.09948	0.09942
0.2	0.19698	0.19696	0.19689	0.19660	0.19638	0.19606	0.19561
0.3	0.29015	0.29010	0.28984	0.28891	0.28818	0.28714	0.28569
0.4	0.37749	0.37739	0.37678	0.37463	0.28818	0.37060	0.36732
0.5	0.45771	0.45752	0.45635	0.45227	0.44913	0.44471	0.43859
0.6	0.52972	0.52938	0.52740	0.52057	0.51534	0.50801	0.49795
0.7	0.59282	0.55923	0.58918	0.57867	0.57069	0.55956	0.54439
0.8	0.64641	0.64561	0.64107	0.62588	0.61445	0.59859	0.57713
0.9	0.69041	0.68926	0.68292	0.66200	0.64642	0.62494	0.59608
1.0	0.72462	0.72305	0.71452	0.68681	0.66637	0.63841	0.60116
1.1	0.74923	0.74714	0.73602	0.70045	0.67451	0.63930	0.59285
1.2	0.76456	0.76183	0.74769	0.70324	0.67120	0.62810	0.57187
1.3	0.77108	0.76761	0.75001	0.68570	0.65707	0.60563	0.53934
1.4	0.76931	0.76498	0.74349	0.67845	0.63285	0.57280	0.49654
1.5	0.75999	0.75466	0.72884	0.65232	0.59952	0.53090	0.44520
1.6	0.74381	0.73734	0.70677	0.61810	0.55814	0.48127	0.38718
1.7	0.72156	0.71381	0.67809	0.57707	0.50996	0.42551	0.32466
1.8	0.69406	0.68448	0.64364	0.53005	0.45631	0.36540	0.26008
1.9	0.66215	0.65139	0.60432	0.47834	0.39868	0.30291	0.19617
2.0	0.62663	0.61413	0.56097	0.42314	0.33864	0.24013	0.13588
2.2	0.54801	0.53160	0.46583	0.30766	0.27828	0.12320	0.63942
2.4	0.46418	0.44334	0.36518	0.19480	0.11015	0.03527	0.00000
2.6	0.38023	0.35458	0.26560	0.09667	0.03100	0.00001	—
2.8	0.30050	0.26996	0.17362	0.02680	0.00000	—	—
3.0	0.22814	0.19305	0.09535	0.00000	—	—	—
3.5	0.09079	0.05081	0.00001	—	—	—	—
4.0	0.01946	-0.00005	—	—	—	—	—
4.5	-0.00161	—	—	—	—	—	—
5.0	0.00002	—	—	—	—	—	—

附表 11　桩尖置于非岩石中或支立于岩石面上的无量纲系数 B_M

$Z=\frac{y}{T}$	$Z_{max}=$						
	5.0	4.0	3.5	3.0	2.8	2.6	2.4
0.0	1.00000	1.00000	1.00000	1.00000	1.00000	1.00000	1.00000
0.1	0.99974	0.99974	0.99974	0.99972	0.99970	0.99967	0.99963
0.2	0.99806	0.99806	0.99804	0.99789	0.99775	0.99753	0.99719
0.3	0.99382	0.99382	0.99373	0.99325	0.33279	0.99207	0.99096
0.4	0.98616	0.98617	0.98598	0.98486	0.98382	0.98217	0.97966
0.5	0.97456	0.97458	0.97420	0.97209	0.97012	0.96704	0.96236
0.6	0.95858	0.95861	0.95797	0.95443	0.95056	0.94607	0.93835
0.7	0.93812	0.93817	0.93718	0.93173	0.92674	0.91900	0.90736
0.8	0.91314	0.91324	0.91178	0.90390	0.89674	0.88574	0.86927
0.9	0.88393	0.88407	0.88204	0.87120	0.86145	0.84653	0.82440
1.0	0.85068	0.85089	0.84815	0.83381	0.82102	0.80160	0.77303
1.1	0.81380	0.81410	0.81054	0.76213	0.77589	0.75145	0.71582
1.2	0.77374	0.77415	0.76963	0.74663	0.72658	0.69667	0.65354
1.3	0.73104	0.73161	0.72599	0.69791	0.67373	0.63803	0.58720
1.4	0.68621	0.68694	0.68009	0.64648	0.61794	0.57627	0.51781
1.5	0.63986	0.64081	0.63259	0.59307	0.56003	0.51242	0.44673
1.6	0.59251	0.59373	0.58401	0.53829	0.50072	0.44739	0.37528
1.7	0.54471	0.54625	0.53490	0.48280	0.44082	0.38224	0.30497
1.8	0.49696	0.49889	0.48582	0.42729	0.38115	0.31812	0.23745
1.9	0.44986	0.45219	0.43729	0.37244	0.32261	0.25621	0.17450
2.0	0.40376	0.40658	0.39878	0.38900	0.26605	0.19779	0.11803
2.2	0.31624	0.32025	0.29956	0.21844	0.16255	0.09750	0.03282
2.4	0.23709	0.24262	0.21815	0.13110	0.07820	0.02654	−0.00002
2.6	0.16810	0.17546	0.14778	0.06199	0.02101	−0.00004	—
2.8	0.11028	0.11979	0.09007	0.01638	−0.00023	—	—
3.0	0.06401	0.07595	0.04619	−0.00007	—	—	—
3.5	−0.00479	0.01354	0.00004	—	—	—	—
4.0	−0.02119	0.00009	—	—	—	—	—
4.5	−0.01060	—	—	—	—	—	—
5.0	0.00010	—	—	—	—	—	—

附表 12　桩尖置于非岩石中或支立于岩石面上的无量纲系数 A_P

$Z=\frac{y}{T}$	$Z_{max}=$						
	5. 0	4. 0	3. 5	3. 0	2. 8	2. 6	2. 4
0. 0	0. 00000	0. 00000	0. 00000	0. 00000	0. 00000	0. 00000	0. 00000
0. 1	0. 22964	0. 22787	0. 23378	0. 25510	0. 27185	0. 29580	0. 32931
0. 2	0. 42169	0. 42356	0. 43498	0. 47528	0. 50654	0. 55086	0. 61232
0. 3	0. 58483	0. 58764	0. 60419	0. 66113	0. 70466	0. 76577	0. 84960
0. 4	0. 71733	0. 72109	0. 74236	0. 81360	0. 86716	0. 94149	1. 04211
0. 5	0. 82049	0. 82521	0. 85081	0. 93400	0. 99535	1. 07930	1. 19112
0. 6	0. 89593	0. 90161	0. 93112	1. 02391	1. 09078	1. 18074	1. 29813
0. 7	0. 94551	0. 95217	0. 98519	1. 08515	1. 15526	1. 24760	1. 36490
0. 8	0. 97133	0. 97896	1. 01506	1. 11976	1. 19078	1. 28178	1. 39326
0. 9	0. 97565	0. 98425	1. 02298	1. 12989	1. 19944	1. 28534	1. 38515
1. 0	0. 96085	0. 97041	1. 01127	1. 11777	1. 18341	1. 26033	1. 34249
1. 1	0. 92935	0. 93986	0. 98233	1. 08566	1. 14481	1. 20875	1. 26709
1. 2	0. 88363	0. 89506	0. 93585	1. 03576	1. 08577	1. 13252	1. 16096
1. 3	0. 82616	0. 83847	0. 88238	0. 97028	1. 00828	1. 03346	1. 02480
1. 4	0. 75933	0. 77245	0. 81599	0. 89117	0. 91414	0. 91312	0. 80068
1. 5	0. 68537	0. 69921	0. 74153	0. 80024	0. 80493	0. 77277	0. 60924
1. 6	0. 60648	0. 62096	0. 66104	0. 69914	0. 68206	0. 61354	0. 45123
1. 7	0. 52465	0. 53960	0. 57632	0. 58992	0. 54658	0. 43612	0. 20696
1. 8	0. 44172	0. 45695	0. 48890	0. 47162	0. 39935	0. 24097	−0. 06352
1. 9	0. 35935	0. 37462	0. 40041	0. 34719	0. 24084	0. 02825	−0. 36045
2. 0	0. 27888	0. 29392	0. 31166	0. 21638	0. 07124	−0. 20228	−0. 68442
2. 2	0. 28810	0. 14214	0. 13735	0. 06314	−0. 30153	−0. 70828	−1. 41581
2. 4	−0. 00113	0. 00835	−0. 02971	−0. 36792	−0. 72235	−1. 31244	−2. 26358
2. 6	−0. 10624	−0. 10364	−0. 18853	−0. 70197	−1. 19686	−1. 99038	—
2. 8	−0. 18491	−0. 19326	−0. 34166	−1. 07170	−1. 73130	—	—
3. 0	−0. 23769	−0. 26223	−0. 49374	−1. 48302	—	—	—
3. 5	−0. 27080	−0. 36733	−0. 90531	—	—	—	—
4. 0	−0. 20568	−0. 43152	—	—	—	—	—
4. 5	−0. 08744	—	—	—	—	—	—
5. 0	0. 08050	—	—	—	—	—	—

附表 13　桩尖置于非岩石中或支立于岩石面上的无量纲系数 B_P

$Z=\frac{y}{T}$	$Z_{max}=$						
	5.0	4.0	3.5	3.0	2.8	2.6	2.4
0.0	0.00000	0.00000	0.00000	0.00000	0.00000	0.00000	0.00000
0.1	0.14515	0.14509	0.14700	0.15807	0.16857	0.18519	0.21091
0.2	0.25833	0.25818	0.26186	0.28277	0.30234	0.33312	0.38028
0.3	0.34251	0.34224	0.34756	0.37709	0.40434	0.44678	0.51110
0.4	0.40069	0.40026	0.40709	0.44400	0.47753	0.52915	0.60634
0.5	0.43582	0.43518	0.44338	0.48646	0.52486	0.58316	0.66892
0.6	0.45075	0.44989	0.45932	0.50732	0.54917	0.61162	0.70165
0.7	0.44833	0.44720	0.45773	0.50939	0.55326	0.61734	0.70727
0.8	0.43125	0.42982	0.44130	0.49534	0.53978	0.60291	0.68834
0.9	0.40210	0.40033	0.41261	0.46770	0.51122	0.57079	0.64724
1.0	0.36334	0.36119	0.37411	0.42889	0.46994	0.52324	0.58611
1.1	0.31721	0.31467	0.32804	0.38105	0.41804	0.46239	0.50685
1.2	0.26587	0.26290	0.27654	0.32624	0.35749	0.33978	0.41113
1.3	0.21125	0.20781	0.22149	0.26625	0.28998	0.30726	0.20027
1.4	0.15502	0.15110	0.16460	0.20261	0.21692	0.21595	0.17532
1.5	0.09875	0.09432	0.10733	0.13662	0.13949	0.11685	0.03696
1.6	0.04370	0.03875	0.05096	0.06939	−0.05861	0.01067	−0.11437
1.7	−0.00893	−0.01440	−0.00338	0.00182	−0.02499	−0.10210	−0.27851
1.8	−0.05830	−0.06430	−0.05488	−0.06557	−0.11093	−0.22136	−0.45565
1.9	−0.10365	−0.11016	−0.10285	−0.13234	−0.19903	−0.34717	−0.64613
2.0	−0.14444	−0.15144	−0.14682	−0.19928	−0.28930	−0.47980	−0.85052
2.2	−0.21087	−0.21868	−0.22152	−0.32791	−0.47731	−0.76738	−1.30357
2.4	−0.25849	−0.26472	−0.27842	−0.45655	−0.67860	−1.08914	−1.18999
2.6	−0.28148	−0.28954	−0.31840	−0.58760	−0.89760	−1.44945	—
2.8	−0.28832	−0.29523	−0.34454	−0.72601	−1.13910	—	—
3.0	−0.27972	−0.28413	−0.35997	−0.87555	—	—	—
3.5	−0.21126	−0.19943	−0.37212	—	—	—	—
4.0	−0.11044	−0.05948	—	—	—	—	—
4.5	0.00293	—	—	—	—	—	—
5.0	0.12980	—	—	—	—	—	—

附表 14　桩尖嵌入岩石中无量纲系数 A_x

$Z=\frac{y}{T}$	$Z_{max}=$						
	5. 0	4. 0	3. 5	3. 0	2. 8	2. 6	2. 4
0. 0	2. 4257	2. 4007	2. 3888	2. 3854	2. 3711	2. 3296	2. 2396
0. 1	2. 2641	2. 2409	2. 2306	2. 2270	2. 2110	2. 1702	2. 0812
0. 2	2. 1034	2. 0821	2. 0733	2. 0696	2. 0540	2. 0117	1. 9238
0. 3	1. 9447	1. 9253	1. 9180	1. 9141	1. 8978	1. 8555	1. 7684
0. 4	1. 7889	1. 7713	1. 7656	1. 7615	1. 7446	1. 7016	1. 6159
0. 5	1. 6369	1. 6211	1. 6169	1. 6127	1. 5951	1. 5518	1. 4671
0. 6	1. 4895	1. 4755	1. 4729	1. 4684	1. 4503	1. 4066	1. 3230
0. 7	1. 3473	1. 3352	1. 3341	1. 3295	1. 3107	1. 2667	1. 1842
0. 8	1. 2111	1. 2008	1. 2013	1. 1965	1. 1771	1. 1328	1. 0515
0. 9	1. 0813	1. 0729	1. 0749	1. 0700	1. 0500	1. 0054	0. 9254
1. 0	0. 9585	0. 9520	0. 9556	0. 9505	0. 9298	0. 8851	0. 8063
1. 1	0. 8428	0. 8383	0. 8434	0. 8382	0. 8170	0. 7721	0. 6848
1. 2	0. 7347	0. 7321	0. 7388	0. 7835	0. 7117	0. 6668	0. 5912
1. 3	0. 6342	0. 6336	0. 6419	0. 6364	0. 6142	0. 5694	0. 4956
1. 4	0. 5414	0. 5429	0. 5529	0. 5496	0. 5245	0. 4800	0. 4086
1. 5	0. 4563	0. 4599	0. 4714	0. 4657	0. 4428	0. 3986	0. 3297
1. 6	0. 3788	0. 3846	0. 3976	0. 3919	0. 3687	0. 3253	0. 2594
1. 7	0. 3088	0. 3168	0. 3315	0. 3257	0. 3025	0. 2600	0. 1978
1. 8	0. 2460	0. 2563	0. 2726	0. 2668	0. 2437	0. 2025	0. 1446
1. 9	0. 1904	0. 2031	0. 2209	0. 2152	0. 1923	0. 1529	0. 1000
2. 0	0. 1412	0. 1564	0. 1757	0. 1701	0. 1477	0. 1107	0. 0637
2. 2	0. 0613	0. 0817	0. 1039	0. 0987	0. 0782	0. 0476	0. 0157
2. 4	0. 0036	0. 0294	0. 0542	0. 0498	0. 0327	0. 0115	0. 0000
2. 6	−0. 0353	−0. 0039	0. 0227	0. 0196	0. 0078	0. 0000	—
2. 8	−0. 0592	−0. 0221	0. 0054	0. 0042	0. 0000	—	—
3. 0	−0. 0707	−0. 0284	−0. 0014	0. 0000	—	—	—
3. 5	−0. 0651	−0. 0153	0. 0000	—	—	—	—
4. 0	−0. 0374	0. 0000	—	—	—	—	—
4. 5	−0. 0115	—	—	—	—	—	—
5. 0	0. 0000	—	—	—	—	—	—

附表 15　桩尖嵌入岩石中无量纲系数 B_x

$Z=\frac{y}{T}$	$Z_{max}=$						
	5.0	4.0	3.5	3.0	2.8	2.6	2.4
0.0	1.6181	1.5997	1.5843	1.5860	1.5925	1.5961	1.5856
0.1	1.4486	1.4316	1.4183	1.4220	1.4289	1.4325	1.4221
0.2	1.2889	1.2733	1.2621	1.2679	1.2751	1.2789	1.2686
0.3	1.1393	1.1251	1.1160	1.1239	1.1314	1.1351	1.1251
0.4	0.9996	0.9868	0.9799	0.9898	0.9976	1.0013	0.9915
0.5	0.8697	0.8584	0.8536	0.8655	0.8737	0.8775	0.8678
0.6	0.7496	0.7395	0.7370	0.7510	0.7594	0.7633	0.7537
0.7	0.6391	0.6305	0.6630	0.6460	0.6548	0.6588	0.6493
0.8	0.5380	0.5308	0.5324	0.5505	0.5596	0.5636	0.5543
0.9	0.4460	0.4402	0.4440	0.4675	0.4735	0.4741	0.4684
1.0	0.3628	0.3585	0.3644	0.3865	0.3962	0.3855	0.3914
1.1	0.2881	0.2852	0.2933	0.3174	0.3274	0.3375	0.3228
1.2	0.2216	0.2202	0.2304	0.2565	0.2668	0.2709	0.2624
1.3	0.1680	0.1630	0.1753	0.2033	0.2139	0.2180	0.2098
1.4	0.1104	0.1131	0.1275	0.1574	0.1683	0.1724	0.1644
1.5	0.0666	0.0699	0.0866	0.1183	0.1294	0.1334	0.1258
1.6	0.0284	0.0333	0.0522	0.0856	0.0967	0.1007	0.0935
1.7	−0.0039	0.0028	0.0238	0.0588	0.0699	0.0739	0.0671
1.8	−0.0307	−0.0223	0.0008	0.0372	0.0483	0.0522	0.0459
1.9	−0.0524	−0.0423	−0.0170	0.0206	0.0319	0.0354	0.0459
2.0	−0.0697	−0.0577	−0.0304	0.0082	0.0190	0.0226	0.0176
2.2	−0.0927	−0.0769	−0.0457	−0.0061	0.0039	0.0069	0.0037
2.4	−0.1031	−0.0832	−0.0488	−0.0098	−0.0014	0.0008	0.0000
2.6	−0.1037	−0.0798	−0.0451	−0.0070	−0.0010	0.0000	—
2.8	−0.0979	−0.0700	−0.0324	−0.0025	0.0000	—	—
3.0	−0.8760	−0.0560	−0.0197	0.0000	—	—	—
3.5	−0.0445	−0.0184	0.0000	—	—	—	—
4.0	−0.0244	0.0000	—	—	—	—	—
4.5	−0.0056	—	—	—	—	—	—
5.0	0.0000	—	—	—	—	—	—

附表 16　桩尖嵌入岩石中无量纲系数 A_{Φ}

$Z=\frac{y}{T}$	$Z_{max}=$						
	5.0	4.0	3.5	3.0	2.8	2.6	2.4
0.0	−1.6181	−1.5997	−1.5843	−1.5960	−1.5925	−1.5961	−1.5856
0.1	−1.6132	−1.5947	−1.5793	−1.5810	−1.5875	−1.5911	−1.5806
0.2	−1.5983	−1.5799	−1.5645	−1.5662	−1.5727	−1.5763	−1.5658
0.3	−1.5739	−1.5555	−1.5401	−1.5418	−1.5483	−1.5519	−1.5413
0.4	−1.5405	−1.5220	−1.5066	−1.5088	−1.5148	−1.5184	−1.5078
0.5	−1.4986	−1.4802	−1.4647	−1.4664	−1.4729	−1.4764	−1.4657
0.6	−1.4492	−1.4307	−1.4152	−1.4169	−1.4233	−1.4267	−1.4157
0.7	−1.3929	−1.3743	−1.3589	−1.3605	−1.3669	−1.3700	−1.3587
0.8	−1.3309	−1.3122	−1.2966	−1.2983	−1.3045	−1.3074	−1.2954
0.9	−1.2639	−1.2450	−1.2294	−1.2310	−1.2371	−1.2395	−1.2266
1.0	−1.1930	−1.1739	−1.1583	−1.1598	−1.1656	−1.1674	−1.1533
1.1	−1.1191	−1.0997	−1.0840	−1.0855	−1.0909	−1.0919	−1.0762
1.2	−1.0433	−1.0235	−1.0077	−1.0091	−1.0141	−1.0139	−0.9961
1.3	−0.9664	−0.9642	−0.9303	−0.9315	−0.9359	−0.9343	−0.9138
1.4	−0.8892	−0.8684	−0.8525	−0.8535	−0.8571	−0.8538	−0.8298
1.5	−0.8124	−0.7911	−0.7751	−0.7759	−0.7785	−0.7730	−0.7449
1.6	−0.7370	−0.7150	−0.6991	−0.6996	−0.7011	−0.6927	−0.6596
1.7	−0.6634	−0.6407	−0.6248	−0.6250	−0.6250	−0.6134	−0.5742
1.8	−0.5924	−0.5689	−0.5532	−0.5529	−0.5511	−0.5356	−0.4893
1.9	−0.5243	−0.5000	−0.4845	−0.4837	−0.4799	−0.4597	−0.4051
2.0	−0.4596	−0.4344	−0.4194	−0.4179	−0.4116	−0.3859	−0.3218
2.2	−0.3412	−0.3145	−0.3008	−0.2978	−0.2852	−0.2460	−0.1584
2.4	−0.2393	−0.2114	−0.2002	−0.1951	−0.1740	−0.1173	0.0000
2.6	−0.1542	−0.1258	−0.1185	−0.1107	−0.0788	0.0000	—
2.8	−0.0857	−0.0583	−0.0569	−0.0458	0.0000	—	—
3.0	−0.0324	−0.0080	−0.0152	0.0000	—	—	—
3.5	0.0433	0.0444	0.0000	—	—	—	—
4.0	0.0593	0.0000	—	—	—	—	—
4.5	0.0401	—	—	—	—	—	—
5.0	0.0000	—	—	—	—	—	—

附表 17 桩尖嵌入岩石中无量纲系数 B_{Φ}

$Z=\frac{y}{T}$	$Z_{max}=$						
	5. 0	4. 0	3. 5	3. 0	2. 8	2. 6	2. 4
0. 0	−1. 7461	−1. 7321	−1. 7109	−1. 6904	−1. 6871	−1. 6866	−1. 6865
0. 1	−1. 6461	−1. 6321	−1. 6109	−1. 5904	−1. 5871	−1. 5866	−1. 5851
0. 2	−1. 5643	−1. 5323	−1. 5111	−1. 4906	−1. 4873	−1. 4868	−1. 4853
0. 3	−1. 4466	−1. 4326	−1. 4114	−1. 3909	−1. 3876	−1. 3871	−1. 3856
0. 4	−1. 3477	−1. 3336	−1. 3124	−1. 2919	−1. 2886	−1. 2881	−1. 2866
0. 5	−1. 2496	−1. 2355	−1. 2143	−1. 1938	−1. 1822	−1. 1900	−1. 1885
0. 6	−1. 1529	−1. 1388	−1. 1175	−1. 0971	−1. 0938	−1. 0933	−1. 0918
0. 7	−1. 0579	−1. 0438	−1. 0225	−1. 0021	−1. 9989	−1. 9984	−1. 9968
0. 8	−0. 9654	−0. 9511	−0. 9298	−0. 9094	−0. 9063	−0. 9058	0. 9054
0. 9	−0. 8755	−0. 8611	−0. 8397	−0. 8194	−0. 8163	−0. 8159	−0. 8162
1. 0	−0. 7887	−0. 7742	−0. 7527	−0. 7326	−0. 7296	−0. 7293	−0. 7274
1. 1	−0. 7054	−0. 6907	−0. 6691	−0. 6492	−0. 6464	−0. 6461	−0. 6440
1. 2	−0. 6259	−0. 6109	−0. 5893	−0. 5697	−0. 5671	−0. 5670	−0. 5646
1. 3	−0. 5506	−0. 5353	−0. 5135	−0. 5136	−0. 4946	−0. 4922	−0. 4895
1. 4	−0. 4796	−0. 4640	−0. 4422	−0. 4238	−0. 4218	−0. 4220	−0. 4189
1. 5	−0. 4133	−0. 3972	−0. 3754	−0. 3579	−0. 3563	−0. 3567	−0. 3531
1. 6	−0. 3516	−0. 3550	−0. 3134	−0. 2969	−0. 2859	−0. 2965	−0. 2924
1. 7	−0. 2947	−0. 2776	−0. 2561	−0. 2410	−0. 2407	−0. 2416	−0. 2368
1. 8	−0. 2425	−0. 2249	−0. 2036	−0. 1903	−0. 1909	−0. 1921	−0. 1865
1. 9	−0. 1951	−0. 1769	−0. 1568	−0. 1450	−0. 1465	−0. 1481	−0. 1416
2. 0	−0. 1523	−0. 1336	−0. 1135	−0. 1050	−0. 1077	−0. 1098	−0. 1022
2. 2	−0. 0803	−0. 0606	−0. 0427	−0. 0412	−0. 0469	−0. 0503	−0. 0400
2. 4	−0. 0251	−0. 0047	−0. 0095	−0. 0010	−0. 0087	−0. 1360	0. 0000
2. 6	0. 0152	0. 0356	0. 0440	0. 0219	0. 0070	0. 0000	—
2. 8	0. 0424	0. 0618	0. 0613	0. 0213	0. 0000	—	—
3. 0	0. 0591	0. 0758	0. 0619	0. 0000	—	—	—
3. 5	0. 0675	0. 0653	0. 0000	—	—	—	—
4. 0	0. 0503	0. 0000	—	—	—	—	—
4. 5	0. 0252	—	—	—	—	—	—
5. 0	0. 0000	—	—	—	—	—	—

附表 18　桩尖嵌入岩石中无量纲系数 A_Q

$Z=\frac{y}{T}$	$Z_{max}=$						
	5. 0	4. 0	3. 5	3. 0	2. 8	2. 6	2. 4
0. 0	1. 0000	1. 0000	1. 0000	1. 0000	1. 0000	1. 0000	1. 0000
0. 1	0. 9884	0. 9885	0. 9886	0. 9887	0. 9888	0. 9889	0. 9893
0. 2	0. 9558	0. 9562	0. 9564	0. 9565	0. 9568	0. 9577	0. 9594
0. 3	0. 9053	0. 6063	0. 9067	0. 9068	0. 9075	0. 9094	0. 9134
0. 4	0. 8401	0. 8417	0. 8423	0. 8427	0. 8439	0. 8473	0. 8543
0. 5	0. 7632	0. 7655	0. 7664	0. 7669	0. 7689	0. 7743	0. 7851
0. 6	0. 6773	0. 6805	0. 6815	0. 6823	0. 6853	0. 6930	0. 7085
0. 7	0. 5853	0. 5393	0. 5905	0. 5915	0. 5985	0. 6064	0. 6272
0. 8	0. 4895	0. 4944	0. 4955	0. 4969	0. 5026	0. 5165	0. 5435
0. 9	0. 3922	0. 3979	0. 3989	0. 4007	0. 4081	0. 4257	0. 4596
1. 0	0. 2955	0. 3018	0. 3020	0. 3049	0. 3142	0. 3361	0. 3775
1. 1	0. 2011	0. 2080	0. 2084	0. 2112	0. 2227	0. 2493	0. 2989
1. 2	0. 1101	0. 1179	0. 1176	0. 1210	0. 1349	0. 1667	0. 2251
1. 3	0. 0252	0. 0327	0. 0314	0. 0355	0. 0522	0. 0896	0. 1573
1. 4	−0. 0540	−0. 0466	−0. 0491	−0. 0422	−0. 0245	−0. 0189	−0. 0965
1. 5	−0. 1263	−0. 1192	−0. 1232	−0. 1176	−0. 0945	−0. 0447	−0. 0431
1. 6	−0. 1909	−0. 1845	−0. 1905	−0. 1839	−0. 1573	−0. 1006	−0. 0025
1. 7	−0. 2472	−0. 2420	−0. 2502	−0. 2428	−0. 2123	−0. 1485	−0. 0398
1. 8	−0. 0296	−0. 2922	−0. 3031	−0. 2946	−0. 2601	−0. 1890	−0. 0698
1. 9	−0. 3359	−0. 3345	−0. 3485	−0. 3390	−0. 3002	−0. 2217	−0. 0922
2. 0	−0. 3682	−0. 3694	−0. 3871	−0. 3764	−0. 3332	−0. 2473	−0. 1080
2. 2	−0. 4096	−0. 4183	−0. 4447	−0. 4318	−0. 3796	−0. 2793	−0. 1233
2. 4	−0. 4235	−0. 4429	−0. 4801	−0. 4650	−0. 4041	−0. 2918	−0. 1257
2. 6	−0. 4149	−0. 4486	−0. 4987	−0. 4817	−0. 4134	−0. 2938	—
2. 8	−0. 3884	−0. 4406	−0. 5055	−0. 4872	−0. 4146	—	—
3. 0	−0. 3504	−0. 4256	−0. 5063	−0. 4881	—	—	—
3. 5	−0. 2345	−0. 3863	−0. 5036	—	—	—	—
4. 0	−0. 1379	−0. 3756	—	—	—	—	—
4. 5	−0. 0864	—	—	—	—	—	—
5. 0	−0. 0748	—	—	—	—	—	—

附表 19　桩尖嵌入岩石中无量纲系数 B_Q

$Z=\frac{y}{T}$	$Z_{max}=$						
	5.0	4.0	3.5	3.0	2.8	2.6	2.4
0.0	0.0000	0.0000	0.0000	0.0000	0.0000	0.0000	0.0000
0.1	−0.0075	−0.0074	−0.0074	−0.0074	−0.0074	−0.0074	−0.0074
0.2	−0.0275	−0.0264	−0.0269	−0.0270	−0.0272	−0.0272	−0.0270
0.3	−0.0561	−0.0554	−0.0549	−0.0552	−0.0555	−0.0556	−0.0552
0.4	−0.0890	−0.0878	−0.0871	−0.0876	−0.0882	−0.0885	−0.0877
0.5	−0.1217	−0.1200	−0.1189	−0.1200	−0.1209	−0.1214	−0.1202
0.6	−0.1817	−0.1792	−0.1782	−0.1800	−0.1814	−0.1820	−0.1803
0.7	−0.2267	−0.2238	−0.2224	−0.2252	−0.2271	−0.2281	−0.2257
0.8	−0.2707	−0.2672	−0.2659	−0.2700	−0.2725	−0.2738	−0.2707
0.9	−0.3124	−0.3083	−0.3073	−0.3129	−0.3164	−0.3179	−0.3141
1.0	−0.3507	−0.3461	−0.3455	−0.3532	−0.3575	−0.3595	−0.3548
1.1	−0.3847	−0.3798	−0.3799	−0.3900	−0.3854	−0.3978	−0.3921
1.2	−0.4139	−0.4987	−0.4099	−0.4229	−0.4294	−0.4323	−0.4256
1.3	−0.4377	−0.4326	−0.4351	−0.4515	−0.4593	−0.4627	−0.4550
1.4	−0.4561	−0.4511	−0.4555	−0.4757	−0.4850	−0.4890	−0.4802
1.5	−0.4690	−0.4643	−0.4709	−0.4957	−0.5065	−0.5111	−0.5011
1.6	−0.4763	−0.4722	−0.4815	−0.5114	−0.5240	−0.5292	−0.5181
1.7	−0.4780	−0.4749	−0.4876	−0.5231	−0.5375	−0.5433	−0.5311
1.8	−0.4750	−0.4732	−0.4898	−0.5315	−0.5479	−0.5544	−0.5410
1.9	−0.4672	−0.4671	−0.4882	−0.5367	−0.5551	−0.5624	−0.5479
2.0	−0.4553	−0.4573	−0.4835	−0.5395	−0.5600	−0.5680	−0.5524
2.2	−0.4206	−0.4285	−0.4670	−0.5395	−0.5644	−0.5737	−0.5565
2.4	−0.3751	−0.3912	−0.4448	−0.5355	−0.5646	−0.5752	−0.5570
2.6	−0.3231	−0.3503	−0.4217	−0.5312	−0.5646	−0.5754	—
2.8	−0.2684	−0.3096	−0.4011	−0.5286	−0.5637	—	—
3.0	−0.2147	−0.2731	−0.3862	−0.5283	—	—	—
3.5	−0.0989	−0.2138	−0.3742	—	—	—	—
4.0	−0.0284	−0.2035	—	—	—	—	—
4.5	0.0031	—	—	—	—	—	—
5.0	0.0089	—	—	—	—	—	—

附表 20　桩尖嵌入岩石中无量纲系数 A_M

$Z=\frac{y}{T}$	$Z_{max}=$						
	5.0	4.0	3.5	3.0	2.8	2.6	2.4
0.0	0.0000	0.0000	0.0000	0.0000	0.0000	0.0000	0.0000
0.1	0.0996	0.0996	0.0996	0.0996	0.0996	0.0996	0.0996
0.2	0.1970	0.1970	0.1970	0.1970	0.1970	0.1971	0.1972
0.3	0.2902	0.2903	0.2903	0.2903	0.2904	0.2906	0.2910
0.4	0.3775	0.3778	0.3779	0.3779	0.3781	0.3785	0.3795
0.5	0.4578	0.4582	0.4584	0.4585	0.4588	0.4597	0.4615
0.6	0.5299	0.5306	0.5309	0.5310	0.5316	0.5331	0.5362
0.7	0.5931	0.5941	0.5945	0.5947	0.5957	0.5981	0.6031
0.8	0.6468	0.6483	0.6488	0.6491	0.6506	0.6542	0.6616
0.9	0.6909	0.6929	0.6935	0.6941	0.6961	0.7014	0.7117
1.0	0.7253	0.7279	0.7286	0.7293	0.7322	0.7395	0.7536
1.1	0.7501	0.7534	0.7542	0.7551	0.7591	0.7687	0.7874
1.2	0.7656	0.7696	0.7704	0.7716	0.7769	0.7894	0.8135
1.3	0.7724	0.7771	0.7778	0.7794	0.7862	0.8022	0.8326
1.4	0.7708	0.7763	0.7768	0.7789	0.7875	0.8076	0.8452
1.5	0.7618	0.7680	0.7682	0.7708	0.7815	0.8062	0.8521
1.6	0.7450	0.7528	0.7525	0.7557	0.7689	0.7989	0.8541
1.7	0.7239	0.7314	0.7303	0.7343	0.7503	0.7864	0.8519
1.8	0.6966	0.7046	0.7026	0.7073	0.7266	0.7694	0.8463
1.9	0.6650	0.6732	0.6699	0.6755	0.6985	0.7488	0.8381
2.0	0.6296	0.6378	0.6330	0.6396	0.6667	0.7252	0.8280
2.2	0.5516	0.5589	0.5497	0.5587	0.5953	0.6724	0.8048
2.4	0.4676	0.4722	0.4566	0.4684	0.5164	0.6148	0.7795
2.6	0.3834	0.3827	0.3584	0.3735	0.4344	0.5561	—
2.8	0.3029	0.3937	0.2580	0.2766	0.3516	—	—
3.0	0.2288	0.2069	0.1567	0.1789	—	—	—
3.5	0.0824	0.0048	−0.0955	—	—	—	—
4.0	−0.0089	−0.1844	—	—	—	—	—
4.5	−0.0631	—	—	—	—	—	—
5.0	−0.1017	—	—	—	—	—	—

附表 21 桩尖嵌入岩石中无量纲系数 B_M

$Z=\frac{y}{T}$	$Z_{max}=$						
	5. 0	4. 0	3. 5	3. 0	2. 8	2. 6	2. 4
0. 0	1. 0000	1. 0000	1. 0000	1. 0000	1. 0000	1. 0000	1. 0000
0. 1	0. 9997	0. 9997	0. 9997	0. 9997	0. 9997	0. 9997	0. 9997
0. 2	0. 9981	0. 9981	0. 9981	0. 9981	0. 9981	0. 9981	0. 9981
0. 3	0. 9938	0. 9939	0. 9940	0. 9939	0. 9939	0. 9939	0. 9939
0. 4	0. 9862	0. 9864	0. 9865	0. 9864	0. 9863	0. 9863	0. 9864
0. 5	0. 9746	0. 9749	0. 9751	0. 9750	0. 9748	0. 9747	0. 9750
0. 6	0. 9587	0. 9592	0. 9595	0. 9592	0. 9589	0. 9588	0. 9592
0. 7	0. 9382	0. 9390	0. 9395	0. 9390	0. 9385	0. 9383	0. 9389
0. 8	0. 9133	0. 9144	0. 9150	0. 9142	0. 9135	0. 9132	0. 9140
0. 9	0. 8842	0. 8856	0. 8864	0. 8850	0. 8841	0. 8836	0. 8848
1. 0	0. 8510	0. 8529	0. 8537	0. 8517	0. 8503	0. 8497	0. 8513
1. 1	0. 8142	0. 8166	0. 8174	0. 8145	0. 8127	0. 8118	0. 8139
1. 2	0. 7742	0. 7771	0. 7778	0. 7738	0. 7714	0. 7703	0. 7730
1. 3	0. 7316	0. 7350	0. 7356	0. 7301	0. 7269	0. 7255	0. 7290
1. 4	0. 6868	0. 6907	0. 6910	0. 6847	0. 6796	0. 6778	0. 6821
1. 5	0. 6405	0. 6449	0. 6446	0. 6351	0. 6300	0. 6278	0. 6331
1. 6	0. 5932	0. 5981	0. 5970	0. 5847	0. 5785	0. 5735	0. 5821
1. 7	0. 5455	0. 5507	0. 5485	0. 5329	0. 5254	0. 5221	0. 5296
1. 8	0. 4978	0. 5032	0. 4995	0. 4801	0. 4711	0. 4672	0. 4759
1. 9	0. 4506	0. 4561	0. 4506	0. 4267	0. 4159	0. 4116	0. 4214
2. 0	0. 4044	0. 4098	0. 4019	0. 3728	0. 3600	0. 3547	0. 3663
2. 2	0. 3168	0. 3212	0. 3069	0. 2650	0. 2477	0. 2406	0. 2556
2. 4	0. 2369	0. 2390	0. 2155	0. 1573	0. 1346	0. 1256	0. 1440
2. 6	0. 1671	0. 1649	0. 1289	0. 0507	0. 2177	0. 0105	—
2. 8	0. 1079	0. 0989	0. 0467	−0. 0553	−0. 0910	—	—
3. 0	0. 0596	0. 0407	−0. 0320	−0. 1610	—	—	—
3. 5	−0. 0168	−0. 0783	−0. 2203	—	—	—	—
4. 0	−0. 0466	−0. 1811	—	—	—	—	—
4. 5	−0. 0514	—	—	—	—	—	—
5. 0	−0. 0486	—	—	—	—	—	—

附表 22　桩尖嵌入岩石中无量纲系数 A_P

$Z=\frac{y}{T}$	$Z_{max}=$						
	5. 0	4. 0	3. 5	3. 0	2. 8	2. 6	2. 4
0. 0	0. 0000	0. 0000	0. 0000	0. 0000	0. 0000	0. 0000	0. 0000
0. 1	0. 2264	0. 2241	0. 2231	0. 2227	0. 2212	0. 2170	0. 2081
0. 2	0. 4207	0. 4164	0. 4147	0. 4139	0. 4108	0. 4024	0. 3848
0. 3	0. 5834	0. 5776	0. 5754	0. 5742	0. 5694	0. 5566	0. 5305
0. 4	0. 7156	0. 7085	0. 7062	0. 7046	0. 6979	0. 6807	0. 6464
0. 5	0. 8185	0. 8106	0. 8085	0. 8064	0. 7976	0. 7759	0. 7336
0. 6	0. 8937	0. 8853	0. 8837	0. 8811	0. 8702	0. 8440	0. 7938
0. 7	0. 9432	0. 9347	0. 9339	0. 9307	0. 9175	0. 8867	0. 8290
0. 8	0. 9689	0. 9607	0. 9611	0. 9573	0. 9417	0. 9063	0. 8412
0. 9	0. 9732	0. 9657	0. 9675	0. 9631	0. 9450	0. 9049	0. 8328
1. 0	0. 9585	0. 9520	0. 9556	0. 9505	0. 9298	0. 8851	0. 8063
1. 1	0. 9271	0. 9221	0. 9277	0. 9220	0. 8986	0. 8493	0. 7643
1. 2	0. 8816	0. 8786	0. 8866	0. 8802	0. 8541	0. 8002	0. 7094
1. 3	0. 8244	0. 8237	0. 8345	0. 8274	0. 7985	0. 7402	0. 6443
1. 4	0. 7580	0. 7601	0. 7740	0. 7694	0. 7343	0. 6719	0. 5720
1. 5	0. 6845	0. 6899	0. 7071	0. 6986	0. 6641	0. 5979	0. 4946
1. 6	0. 6061	0. 6153	0. 6362	0. 6270	0. 5900	0. 5204	0. 4151
1. 7	0. 5250	0. 5386	0. 8635	0. 5537	0. 5142	0. 4420	0. 3362
1. 8	0. 4429	0. 4614	0. 4906	0. 4803	0. 4386	0. 3646	0. 2602
1. 9	0. 3617	0. 3858	0. 4197	0. 4088	0. 3654	0. 2906	0. 1900
2. 0	0. 2824	0. 3127	0. 3514	0. 3402	0. 2955	0. 2213	0. 1273
2. 2	0. 1349	0. 1797	0. 2285	0. 2172	0. 1721	0. 1047	3. 0344
2. 4	0. 0087	0. 0706	0. 1300	0. 1195	0. 0784	0. 0276	0. 0000
2. 6	−0. 0919	−0. 0101	0. 0519	0. 0511	0. 0202	0. 0000	—
2. 8	−0. 1657	−0. 0619	−0. 0152	0. 0118	0. 0000	—	—
3. 0	−0. 2121	−0. 0853	−0. 0043	0. 0000	—	—	—
3. 5	−0. 2278	−0. 0535	0. 0000	—	—	—	—
4. 0	−0. 1496	0. 0000	—	—	—	—	—
4. 5	−0. 0518	—	—	—	—	—	—
5. 0	0. 0000	—	—	—	—	—	—

附表 23　桩尖嵌入岩石中无量纲系数 B_P

$Z=\frac{y}{T}$	$Z_{max}=$						
	5.0	4.0	3.5	3.0	2.8	2.6	2.4
0.0	0.0000	0.0000	0.0000	0.0000	0.0000	0.0000	0.0000
0.1	0.1449	0.1437	0.1418	0.1422	0.1429	0.1433	0.1422
0.2	0.2578	0.2547	0.2524	0.2536	0.2550	0.2558	0.2537
0.3	0.3418	0.3375	0.3318	0.3372	0.3394	0.3405	0.3375
0.4	0.3998	0.3947	0.3919	0.3959	0.3990	0.4006	0.3966
0.5	0.4349	0.4292	0.4268	0.4328	0.4368	0.4388	0.4339
0.6	0.4498	0.4438	0.4422	0.4506	0.4557	0.4580	0.4522
0.7	0.4474	0.4414	0.4410	0.4522	0.4584	0.4611	0.4545
0.8	0.4304	0.4247	0.4259	0.4404	0.4477	0.4509	0.4435
0.9	0.4014	0.3962	0.3996	0.4208	0.4262	0.4267	0.4216
1.0	0.3628	0.3585	0.3644	0.3865	0.3962	0.3965	0.3914
1.1	0.3169	0.3138	0.3226	0.3491	0.3602	0.3647	0.3551
1.2	0.2659	0.2643	0.2765	0.3078	0.3202	0.3251	0.3149
1.3	0.2116	0.2118	0.2279	0.2643	0.2780	0.2834	0.2727
1.4	0.1546	0.1683	0.1785	0.2204	0.2356	0.2414	0.2302
1.5	0.0999	0.1049	0.1300	0.1775	0.1941	0.2001	0.1887
1.6	0.0454	0.0535	0.0835	0.1370	0.1547	0.1612	0.1496
1.7	−0.0065	0.0047	0.0405	0.1000	0.1188	0.1257	0.1141
1.8	−0.0553	−0.0402	0.0015	0.0670	0.0870	0.0940	0.0827
1.9	−0.0996	−0.0869	−0.0323	0.0392	0.0601	0.0673	0.0564
2.0	−0.1395	−0.1155	−0.0608	0.0164	0.0380	0.0451	0.0351
2.2	−0.2040	−0.1692	−0.1005	−0.0134	0.0085	0.0152	0.0081
2.4	−0.2474	−0.1997	−0.1172	−0.0235	−0.0033	0.0020	0.0000
2.6	−0.2697	−0.2074	−0.1120	−0.0183	−0.0027	0.0000	—
2.8	−0.2742	−0.1959	−0.0208	−0.0071	0.0000	—	—
3.0	−0.2628	−0.1680	−0.0592	0.0000	—	—	—
3.5	−0.1906	−0.0643	0.0000	—	—	—	—
4.0	−0.0976	0.0000	—	—	—	—	—
4.5	−0.0252	—	—	—	—	—	—
5.0	0.0000	—	—	—	—	—	—

附表 24　桩尖置于非岩石中或支立于岩石面上 C_1

换算深度 $\bar{h}=\alpha y$	$\alpha h=4.0$	$\alpha h=3.5$	$\alpha h=3.0$	$\alpha h=2.8$	$\alpha h=2.6$	$\alpha h=2.4$
0.0	∞	∞	∞	∞	∞	∞
0.1	131.252	129.489	120.507	112.954	102.805	90.196
0.2	341.186	33.699	31.158	29.090	26.326	22.939
0.3	15.544	15.282	14.013	18.003	11.671	10.064
0.4	8.781	8.605	7.799	7.176	6.368	5.409
0.5	5.539	5.403	4.821	4.385	3.829	3.183
0.6	3.710	3.597	3.141	2.811	2.400	1.931
0.7	2.566	2.465	2.089	1.826	1.506	1.150
0.8	1.791	1.699	1.377	1.160	0.902	0.623
0.9	1.238	1.151	0.867	0.683	0.471	0.248
1.0	0.824	0.740	0.484	0.327	0.149	-0.032
1.1	0.503	0.420	0.187	0.049	-0.100	-0.247
1.2	0.246	0.163	-0.052	-0.172	-0.299	-0.418
1.3	0.034	-0.049	-0.249	-0.353	-0.465	-0.557
1.4	-0.145	-0.229	-0.416	-0.508	-0.597	-0.672
1.5	-0.299	-0.384	-0.559	-0.639	-0.712	-0.769
1.6	-0.434	-0.521	-0.684	-0.753	-0.812	-0.853
1.7	-0.555	-0.645	-0.796	-0.854	-0.898	-0.925
1.8	-0.665	-0.756	-0.896	-0.943	-0.975	-0.987
1.9	-0.768	-0.862	-0.988	-1.024	-1.043	-1.043
2.0	-0.865	-0.961	-1.073	-1.098	-1.105	-1.092
2.2	-1.048	-1.148	-1.225	-1.227	-1.210	-1.176
2.4	-1.230	-1.328	-1.360	-1.338	-1.299	0.000
2.6	-1.420	-1.507	-1.482	-1.434	0.333	—
2.8	-1.635	-1.692	-1.593	0.056	—	—
3.0	-1.893	-1.886	0.000	—	—	—
3.5	-2.994	1.000	—	—	—	—
4.0	-0.045	—	—	—	—	—

注：表中 h 为桩的入土全长。当 $\alpha h>4.0$ 时，按 $\alpha h=4.0$ 计算。

附表 25　桩尖置于非岩石土中或支立于岩石面上 C_{II}

换算深度 $\bar{h}=\alpha y$	$\alpha h=4.0$	$\alpha h=3.5$	$\alpha h=3.0$	$\alpha h=2.8$	$\alpha h=2.6$	$\alpha h=2.4$
0.0	1.000	1.000	1.000	1.000	1.000	1.000
0.1	1.001	1.001	1.001	1.001	1.001	1.000
0.2	1.004	1.004	1.004	1.005	1.005	1.006
0.3	1.012	1.013	1.014	1.015	1.017	1.019
0.4	1.029	1.030	1.033	1.036	1.040	1.047
0.5	1.057	1.059	1.066	1.073	1.083	1.100
0.6	1.101	1.105	1.120	1.134	1.158	1.196
0.7	1.169	1.176	1.209	1.239	1.291	1.380
0.8	1.274	1.289	1.358	1.426	1.549	1.795
0.9	1.441	1.475	1.635	1.807	2.173	3.230
1.0	1.728	1.814	2.252	2.861	5.076	−18.277
1.1	2.299	2.562	4.543	14.411	−5.649	−1.684
1.2	3.876	5.349	−12.716	−3.165	−1.406	−0.714
1.3	23.438	−14.587	−2.093	−1.178	−0.675	−0.381
1.4	−4.596	−2.572	−0.986	−0.628	−0.383	−0.220
1.5	−1.876	−1.265	−0.574	−0.378	−0.233	−0.131
1.6	−1.128	−0.772	−0.365	−0.240	−0.146	−0.078
1.7	−0.740	−0.517	−0.242	−0.157	−0.091	−0.046
1.8	−0.530	−0.366	−0.164	−0.103	−0.057	−0.026
1.9	−0.396	−0.263	−0.112	−0.067	−0.034	−0.014
2.0	−0.304	−0.194	−0.076	−0.042	−0.020	−0.006
2.2	−0.187	−0.106	−0.033	−0.015	−0.005	−0.001
2.4	−0.118	−0.057	−0.012	−0.004	−0.001	0.000
2.6	−0.074	−0.028	−0.003	−0.001	0.000	—
2.8	−0.045	−0.013	−0.001	0.000	—	—
3.0	−0.026	−0.004	0.000	—	—	—
3.5	−0.003	0.000	—	—	—	—
4.0	0.011	—	—	—	—	—

注：表中 h 为桩的入土全长。当 $\alpha h>4.0$ 时，按 $\alpha h=4.0$ 计算。

附表 26　桩尖置于非岩石中或支立于岩石面上 C_{III}

换算深度 $\bar{h}=\alpha y$	$\alpha h=4.0$	$\alpha h=3.5$	$\alpha h=3.0$	$\alpha h=2.8$	$\alpha h=2.6$	$\alpha h=2.4$
0. 0	0. 000	0. 000	0. 000	0. 000	0. 000	0. 000
0. 1	−0. 100	−0. 100	−0. 100	−0. 100	−0. 100	−0. 099
0. 2	−0. 197	−0. 197	−0. 197	−0. 197	−0. 197	−0. 196
0. 3	−0. 292	−0. 292	−0. 291	−0. 290	−0. 289	−0. 288
0. 4	−0. 383	−0. 382	−0. 380	−0. 279	−0. 377	−0. 375
0. 5	−0. 469	−0. 468	−0. 465	−0. 463	−0. 460	−0. 456
0. 6	−0. 552	−0. 551	−0. 545	−0. 542	−0. 537	−0. 531
0. 7	−0. 631	−0. 629	−0. 621	−0. 616	−0. 609	−0. 600
0. 8	−0. 707	−0. 703	−0. 692	−0. 685	−0. 676	−0. 664
0. 9	−0. 780	−0. 774	−0. 760	−0. 750	−0. 738	−0. 723
1. 0	−0. 850	−0. 842	−0. 824	−0. 812	−0. 796	−0. 777
1. 1	−0. 918	−0. 908	−0. 884	−0. 896	−0. 851	−0. 828
1. 2	−0. 984	−0. 971	−0. 942	−0. 924	−0. 902	−0. 875
1. 3	−1. 049	−1. 033	−0. 997	−0. 975	−0. 949	−0. 918
1. 4	−1. 114	−1. 093	−1. 049	−1. 024	−0. 994	−0. 959
1. 5	−1. 178	−1. 152	−1. 102	−1. 071	−1. 036	−0. 997
1. 6	−1. 242	−1. 210	−1. 148	−1. 157	−1. 076	−1. 032
1. 7	−1. 307	−1. 268	−1. 195	−1. 157	−1. 113	−1. 065
1. 8	−1. 373	−1. 325	−1. 240	−1. 197	−1. 149	−1. 095
1. 9	−1. 441	−1. 382	−1. 284	−1. 236	−1. 182	−1. 124
2. 0	−1. 510	−1. 432	−1. 326	−1. 273	−1. 214	−1. 151
2. 2	−1. 660	−1. 555	−1. 408	−1. 343	−1. 273	−1. 201
2. 4	−1. 827	−1. 674	−1. 486	−1. 409	−1. 329	0. 000
2. 6	−2. 021	−1. 797	−1. 559	−1. 475	0. 250	—
2. 8	−2. 254	−1. 928	−1. 636	0. 000	—	—
3. 0	−2. 542	−2. 064	0. 000	—	—	—
3. 5	−3. 753	0. 250	—	—	—	—
4. 0	−0. 556	—	—	—	—	—

注：表中 h 为桩的入土全长。当 $\alpha h>4.0$ 时，按 $\alpha h=4.0$ 计算。

附表 27　桩尖置于非岩石中或支立于岩石面上 C_{IV}

换算深度 $\bar{h}=\alpha y$	$\alpha h=4.0$	$\alpha h=3.5$	$\alpha h=3.0$	$\alpha h=2.8$	$\alpha h=2.6$	$\alpha h=2.4$
0. 0	−1. 056	−1. 525	−1. 551	−1. 554	−1. 554	−1. 515
0. 1	−1. 646	−1. 667	−1. 686	−1. 681	−1. 658	−1. 614
0. 2	−1. 833	−1. 855	−1. 861	−1. 842	−1. 802	−1. 738
0. 3	−2. 106	−2. 128	−2. 109	−2. 068	−2. 001	−1. 908
0. 4	−2. 578	−2. 595	−2. 513	−2. 428	−2. 312	−2. 174
0. 5	−3. 696	−3. 595	−2. 513	−2. 428	−2. 312	−2. 174
0. 6	−11. 385	−9. 964	−6. 838	−5. 794	−5. 036	−4. 622
0. 7	3. 655	4. 399	7. 396	9. 671	10. 490	6. 681
0. 8	0. 656	0. 805	1. 035	1. 014	0. 783	0. 322
0. 9	−0. 135	−0. 067	−0. 041	−0. 115	−0. 275	−0. 499
1. 0	−0. 523	−0. 486	−0. 515	−0. 590	−0. 708	−0. 842
1. 1	−0. 770	−0. 748	−0. 801	−0. 870	−0. 958	−1. 039
1. 2	−0. 951	−0. 940	−0. 006	−1. 067	−1. 031	−1. 173
1. 3	−1. 098	−1. 097	−1. 170	−1. 221	−1. 262	−1. 272
1. 4	−1. 228	−1. 235	−1. 312	−1. 351	−1. 369	−1. 350
1. 5	−1. 350	−1. 365	−1. 442	−1. 466	−1. 460	−1. 414
1. 6	−1. 469	−1. 493	−1. 566	−1. 571	−1. 538	−1. 466
1. 7	−1. 592	−1. 626	−1. 686	−1. 668	−1. 606	−1. 509
1. 8	−1. 725	−1. 770	−1. 805	−1. 757	−1. 665	−1. 544
1. 9	−1. 873	−1. 930	−1. 924	−1. 840	−1. 716	−1. 573
2. 0	−2. 046	−2. 115	−2. 042	−1. 916	−1. 759	−1. 596
2. 2	−2. 534	−2. 604	−2. 269	−2. 042	−1. 824	−1. 630
2. 4	−3. 495	−3. 383	−2. 467	−2. 133	−1. 866	−1. 652
2. 6	−6. 758	−4. 774	−2. 618	−2. 193	−1. 868	—
2. 8	24. 050	−7. 654	−2. 719	−2. 231	—	—
3. 0	3. 154	−13. 846	−2. 783	—	—	—
3. 5	0. 631	−283. 994	—	—	—	—
4. 0	0. 373	—	—	—	—	—

注：表中 h 为桩的入土全长。当 $\alpha h>4.0$ 时，按 $\alpha h=4.0$ 计算。

附表 28　桩尖置于非岩石中或支立于岩石面上 C_V

换算深度 $\bar{h}=\alpha y$	$\alpha h=4.0$	$\alpha h=3.5$	$\alpha h=3.0$	$\alpha h=2.8$	$\alpha h=2.6$	$\alpha h=2.4$
0. 0	0. 000	0. 000	0. 000	0. 000	0. 000	0. 000
0. 1	-0. 011	-0. 011	-0. 011	-0. 011	-0. 011	-0. 011
0. 2	-0. 050	-0. 051	-0. 051	-0. 050	-0. 050	-0. 049
0. 3	-0. 133	-0. 046	-0. 134	-0. 131	-0. 128	-0. 126
0. 4	-0. 311	-0. 314	-0. 302	-0. 292	-0. 282	-0. 276
0. 5	-0. 783	-0. 776	-0. 702	-0. 661	-0. 628	-0. 620
0. 6	-4. 221	-3. 645	-2. 445	-2. 091	-1. 900	-1. 945
0. 7	2. 587	2. 999	4. 853	6. 506	7. 723	6. 090
0. 8	0. 603	1. 370	1. 632	1. 738	1. 754	1. 615
0. 9	0. 930	0. 995	1. 111	1. 141	1. 128	1. 062
1. 0	0. 781	0. 830	0. 897	0. 906	0. 890	0. 849
1. 1	0. 698	0. 737	0. 780	0. 781	0. 766	0. 740
1. 2	0. 645	0. 679	0. 708	0. 704	0. 692	0. 678
1. 3	0. 610	0. 639	0. 659	0. 654	0. 640	0. 643
1. 4	0. 578	0. 613	0. 625	0. 621	0. 617	0. 624
1. 5	0. 572	0. 595	0. 603	0. 600	0. 602	0. 617
1. 6	0. 564	0. 585	0. 591	0. 774	0. 597	0. 619
1. 7	0. 563	0. 582	0. 586	0. 588	0. 600	0. 627
1. 8	0. 568	0. 586	0. 590	0. 594	0. 610	0. 540
1. 9	0. 581	0. 599	0. 602	0. 607	0. 624	0. 656
2. 0	0. 604	0. 622	0. 621	0. 625	0. 642	0. 673
2. 2	0. 696	0. 714	0. 807	0. 673	0. 681	0. 709
2. 4	0. 934	0. 912	0. 758	0. 725	0. 720	0. 743
2. 6	1. 853	1. 332	0. 837	0. 772	0. 718	—
2. 8	-7. 293	2. 261	0. 902	0. 811	—	—
3. 0	-1. 158	4. 491	0. 953	—	—	—
3. 5	-0. 493	104. 774	—	—	—	—
4. 0	-0. 454	—	—	—	—	—

注：表中 h 为桩的入土全长。当 αh>4. 0 时，按 $\alpha h=4.0$ 计算。

附表 29　桩尖置于非岩石中或支立于岩石面上 C_{VI}

换算深度 $\bar{h}=\alpha y$	$\alpha h=4.0$	$\alpha h=3.5$	$\alpha h=3.0$	$\alpha h=2.8$	$\alpha h=2.6$	$\alpha h=2.4$
0.0	−1.506	−1.525	−1.551	−1.544	−1.554	−1.515
0.1	−1.571	−1.590	−1.614	−1.613	−1.597	−1.561
0.2	−1.641	−1.661	−1.681	−1.675	−1.654	−1.610
0.3	−1.717	−1.997	−1.753	−1.743	−1.714	−1.662
0.4	−1.802	−1.824	−1.832	−1.816	−1.779	−1.719
0.5	−1.899	−1.919	−1.920	−1.896	−1.951	−1.781
0.6	−2.004	−2.027	−2.018	−1.986	−1.931	−1.850
0.7	−2.129	−2.152	−2.130	−2.008	−2.021	−1.930
0.8	−2.278	−2.300	−2.260	−2.206	−2.126	−2.024
0.9	−2.459	−2.479	−2.416	−2.346	−2.252	−2.140
1.0	−2.687	−2.703	−2.606	−2.518	−2.409	−2.291
1.1	−2.987	−2.995	−2.849	−2.739	−2.615	−2.500
1.2	−3.405	−3.394	−3.175	−3.307	−2.906	−2.823
1.3	−4.035	−3.984	−3.644	−3.477	−3.363	−3.413
1.4	−5.112	−4.957	−4.398	−4.214	−4.228	−4.909
1.5	−7.413	−6.909	−5.857	−5.771	−6.613	−18.107
1.6	−16.025	−12.972	−10.076	11.637	−57.501	3.945
1.7	37.472	170.509	−323.747	21.872	4.272	0.743
1.8	7.107	8.910	7.193	3.600	1.089	−0.139
1.9	3.401	3.893	2.623	1.210	0.081	−0.558
2.0	1.941	2.132	1.091	0.246	−0.422	−0.805
2.2	0.650	0.620	0.193	−0.632	−0.936	−1.080
2.4	0.032	−0.107	−0.806	−1.064	−1.205	−1.244
2.6	−0.358	−0.592	−1.195	−1.333	−1.373	—
2.8	−0.656	−0.992	−1.476	−1.520	—	—
3.0	−0.923	−1.372	−1.694	—	—	—
3.5	−1.842	−2.433	—	—	—	—
4.0	−7.255	—	—	—	—	—

注：表中 h 为桩的入土全长。当 $\alpha h>4.0$ 时，按 $\alpha h=4.0$ 计算。

附表 30　桩尖嵌入岩石内 C_{I}

换算深度 $\bar{h}=\alpha y$	$\alpha h=4.0$	$\alpha h=3.5$	$\alpha h=3.0$	$\alpha h=2.8$	$\alpha h=2.6$	$\alpha h=2.4$
0.0	∞	∞	∞	∞	∞	∞
0.1	133.581	133.595	133.595	133.608	133.635	133.689
0.2	36.220	35.554	35.426	35.176	35.210	35.633
0.3	16.359	16.515	16.428	16.351	16.356	16.547
0.4	9.587	9.670	9.620	9.568	9.574	9.741
0.5	6.379	6.446	6.391	6.360	6.378	6.532
0.6	3.793	3.824	3.791	3.778	3.808	3.930
0.7	2.633	2.655	2.627	2.624	2.658	2.779
0.8	1.850	1.863	1.840	1.844	1.886	2.008
0.9	1.291	1.298	1.281	1.290	1.339	1.463
1.0	0.872	0.876	0.863	0.879	0.935	1.064
1.1	0.548	0.549	0.542	0.563	0.627	0.762
1.2	0.288	0.237	0.286	0.314	0.306	0.529
1.3	0.076	0.072	0.079	0.114	0.194	0.346
1.4	−0.103	−0.108	−0.093	−0.051	−0.039	0.201
1.5	−0.257	−0.262	−0.237	−0.187	−0.088	0.086
1.6	−0.391	−0.396	−0.360	−0.300	−0.190	−0.005
1.7	−0.510	−0.513	−0.464	−0.395	−0.273	−0.075
1.8	−0.617	−0.619	−0.554	−0.475	−0.341	−0.129
1.9	−0.716	−0.714	−0.632	−0.541	−0.391	−0.168
2.0	−0.808	−0.801	−0.698	−0.595	−0.435	−0.196
2.2	−0.976	−0.952	−0.800	−0.673	−0.487	−0.222
2.4	−1.132	−1.079	−0.868	−0.716	−0.507	−0.226
2.6	−1.281	−1.183	−0.907	−0.733	−0.511	—
2.8	−1.432	−1.260	−0.922	−0.735	—	—
3.0	−1.558	−1.311	−0.924	—	—	—
3.5	−1.807	−1.346	—	—	—	—
4.0	−1.846	—	—	—	—	—

注：表中 h 为桩的入土全长。当 $\alpha h>4.0$ 时，按 $\alpha h=4.0$ 计算。

附表 31　桩尖嵌入岩石内 C_{II}

换算深度 $\bar{h}=\alpha y$	$\alpha h=4.0$	$\alpha h=3.5$	$\alpha h=3.0$	$\alpha h=2.8$	$\alpha h=2.6$	$\alpha h=2.4$
0.0	1.000	1.000	1.000	1.000	1.000	1.000
0.1	1.000	1.000	1.000	1.000	1.000	1.000
0.2	1.004	1.004	1.004	1.004	1.004	1.004
0.3	1.012	1.012	1.012	1.012	1.012	1.011
0.4	1.026	1.026	1.026	1.026	1.026	1.025
0.5	1.047	1.047	1.047	1.047	1.047	1.046
0.6	1.099	1.098	1.099	1.100	1.099	1.096
0.7	1.165	1.163	1.165	1.166	1.163	1.156
0.8	1.265	1.263	1.267	1.266	1.260	1.244
0.9	1.423	1.421	1.427	1.424	1.407	1.371
1.0	1.688	1.686	1.697	1.683	1.641	1.560
1.1	2.192	2.192	2.209	2.160	2.038	1.847
1.2	3.445	3.456	3.471	3.244	2.817	2.311
1.3	11.016	11.513	10.644	7.645	4.868	3.134
1.4	−6.824	−6.522	−7.699	−14.910	−20.217	4.888
1.5	−2.347	−2.292	−2.614	−3.559	−8.590	10.540
1.6	−1.329	−1.306	−1.517	−1.983	−3.624	−17.422
1.7	−0.885	−0.875	−1.049	−1.374	−2.355	−10.838
1.8	−0.638	−0.636	−0.796	−1.059	−1.790	−6.084
1.9	−0.484	−0.488	−0.643	−0.876	−1.488	−4.559
2.0	−0.380	−0.389	−0.544	−0.761	−1.311	−3.869
2.2	−0.251	−0.270	−0.433	−0.637	−1.141	−3.377
2.4	−0.178	−0.208	−0.382	−0.587	−1.086	−3.310
2.6	−0.134	−0.174	−0.361	−0.375	−1.079	—
2.8	−0.107	−0.158	−0.355	−0.569	—	—
3.0	−0.092	−0.152	−0.354	—	—	—
3.5	−0.081	−0.149	—	—	—	—
4.0	−0.081	—	—	—	—	—

注：表中 h 为桩的入土全长。当 $\alpha h>4.0$ 时，按 $\alpha h=4.0$ 计算。

附表 32　桩尖嵌入岩石内 $C_{Ⅲ}$

换算深度 $\bar{h}=\alpha y$	$\alpha h=4.0$	$\alpha h=3.5$	$\alpha h=3.0$	$\alpha h=2.8$	$\alpha h=2.6$	$\alpha h=2.4$
0.0	0.000	0.000	0.000	0.000	0.000	0.000
0.1	−0.100	−0.100	−0.100	−0.100	−0.100	−0.100
0.2	−0.197	−0.197	−0.197	−0.197	−0.198	−0.198
0.3	−0.292	−0.292	−0.292	−0.292	−0.292	−0.293
0.4	−0.383	−0.383	−0.383	−0.383	−0.384	−0.385
0.5	−0.470	−0.470	−0.470	−0.471	−0.472	−0.473
0.6	−0.553	−0.563	−0.554	−0.554	−0.556	−0.559
0.7	−0.633	−0.633	−0.633	−0.635	−0.637	−0.642
0.8	−0.700	−0.709	−0.710	−0.712	−0.716	−0.724
0.9	−0.782	−0.782	−0.784	−0.787	−0.794	−0.804
1.0	−0.853	−0.854	−0.856	−0.861	−0.870	−0.885
1.1	−0.923	−0.923	−0.927	−0.934	−0.947	−0.967
1.2	−0.990	−0.091	−0.997	−1.007	−1.025	−1.052
1.3	−1.057	−1.057	−1.068	−1.082	1.016	−1.142
1.4	−1.124	−1.124	−1.138	−1.159	−1.192	−1.239
1.5	−1.191	−1.192	−1.214	−1.241	−1.284	−1.346
1.6	−1.259	−1.261	−1.293	−1.329	−1.381	−1.467
1.7	−1.328	−1.331	−1.378	−1.428	−1.506	−1.609
1.8	−1.400	−1.407	−1.473	−1.542	−1.647	−1.778
1.9	−1.476	−1.487	−1.583	−1.680	−1.821	−1.989
2.0	−1.556	−1.576	−1.716	−1.852	−2.045	−2.260
2.2	−1.740	−1.791	−2.108	−2.403	−2.795	−3.149
2.4	−1.976	−2.119	−2.978	−3.837	−4.895	−5.413
2.6	−2.321	−2.780	−7.367	−1.995	−52.962	—
2.8	−2.970	−5.524	5.002	−3.864	—	—
3.0	−5.084	4.897	1.111	—	—	—
3.5	0.061	−0.434	—	—	—	—
4.0	−1.018	—	—	—	—	—

注：表中 h 为桩的入土全长。当 $\alpha h>4.0$ 时，按 $\alpha h=4.0$ 计算。

附表 33　桩尖嵌入岩石内 C_{IV}

换算深度 $\bar{h}=\alpha y$	$\alpha h=4.0$	$\alpha h=3.5$	$\alpha h=3.0$	$\alpha h=2.8$	$\alpha h=2.6$	$\alpha h=2.4$
0.0	−1.501	−1.508	−1.504	−1.489	−1.469	−1.413
0.1	−1.641	−1.649	−1.638	−1.617	−1.579	−1.522
0.2	−1.827	−1.873	−1.811	−1.780	−1.728	−1.658
0.3	−2.098	−2.102	−2.054	−2.004	−1.933	−1.841
0.4	−2.564	−2.557	−2.449	−2.361	−2.251	−2.124
0.5	−3.662	−3.590	−3.374	−3.038	−2.880	−2.685
0.6	−10.961	−9.381	−6.667	−5.784	−5.131	−4.803
0.7	3.725	4.463	6.795	7.970	7.673	4.806
0.8	0.654	0.776	0.894	0.807	0.540	0.090
0.9	−0.142	−0.101	−0.140	−0.243	−0.424	−0.671
1.0	−0.534	−0.522	−0.605	−0.707	−0.848	−1.033
1.1	−0.783	−0.788	−0.897	−0.998	−1.131	−1.268
1.2	−0.967	−0.987	−1.118	−1.221	−1.343	−1.479
1.3	−1.119	−1.153	−1.307	−1.414	−1.529	−1.623
1.4	−1.259	−1.303	−1.480	−1.600	−1.710	−1.784
1.5	−1.382	−1.451	−1.668	−1.790	−1.894	−1.950
1.6	−1.511	−1.605	−1.868	−1.999	−2.095	−2.127
1.7	−1.647	−1.775	−2.100	−2.240	−2.324	−2.320
1.8	−1.798	−1.978	−2.386	−2.534	−2.594	−2.540
1.9	−1.974	−2.222	−2.761	−2.919	−2.929	−2.799
2.0	−2.193	−2.576	−3.299	−3.439	−3.356	−3.104
2.2	−2.903	−3.996	−5.755	−5.531	−4.755	−3.948
2.4	−5.058	−5.954	−56.541	−17.260	−8.491	—
2.6	25.939	4.003	5.375	11.452	—	—
2.8	1.799	1.106	2.172	—	—	—
3.0	0.306	0.283	—	—	—	—
3.5	−0.667	—	—	—	—	—
4.0	—	—	—	—	—	—

注：表中 h 为桩的入土全长。当 $\alpha h>4.0$ 时，按 $\alpha h=4.0$ 计算。

附表 34　桩尖嵌入岩石内 C_V

换算深度 $\bar{h}=\alpha y$	$\alpha h=4.0$	$\alpha h=3.5$	$\alpha h=3.0$	$\alpha h=2.8$	$\alpha h=2.6$	$\alpha h=2.4$
0.0	0.000	0.000	0.000	0.000	0.000	0.000
0.1	−0.011	−0.011	−0.010	−0.010	−0.009	−0.003
0.2	−0.049	−0.048	−0.045	−0.043	−0.04	−0.036
0.3	−0.130	−0.128	−0.119	−0.111	−0.102	−0.091
0.4	−0.304	−0.296	−0.265	−0.244	−0.221	−0.196
0.5	−0.761	−0.724	−0.611	−0.530	−0.488	−0.431
0.6	−3.979	−0.264	−2.123	−1.766	−1.506	−1.378
0.7	2.579	2.902	4.003	4.571	4.425	3.013
0.8	1.239	1.292	1.351	1.303	1.150	0.881
0.9	0.909	0.927	0.904	0.842	0.724	0.550
1.0	0.761	0.765	0.717	0.65	0.549	0.402
1.1	0.677	0.673	0.609	0.539	0.437	0.314
1.2	0.623	0.614	0.536	0.463	0.364	0.244
1.3	0.587	0.572	0.482	0.405	0.307	0.202
1.4	0.562	0.541	0.473	0.357	0.259	0.161
1.5	0.545	0.519	0.403	0.317	0.219	0.127
1.6	0.535	0.502	0.371	0.281	0.183	0.097
1.7	0.531	0.492	0.344	0.248	0.150	0.072
1.8	0.534	0.488	0.321	0.218	0.121	0.050
1.9	0.557	0.492	0.301	0.190	0.094	0.032
2.0	0.566	0.508	−0.286	0.165	0.070	0.018
2.2	0.671	0.630	0.294	0.125	0.032	0.011
2.4	1.081	0.827	1.488	0.135	0.011	—
2.6	−5.390	0.389	−0.047	−0.011	—	—
2.8	−0.414	−0.085	−0.004	—	—	—
3.0	−0.137	−0.021	—	—	—	—
3.5	−0.011	—	—	—	—	—
4.0	—	—	—	—	—	—

注：表中 h 为桩的入土全长。当 $\alpha h>4.0$ 时，按 $\alpha h=4.0$ 计算。

附表 35　桩尖嵌入岩石内 C_{VI}

换算深度 $\bar{h}=\alpha y$	$\alpha h=4.0$	$\alpha h=3.5$	$\alpha h=3.0$	$\alpha h=2.8$	$\alpha h=2.6$	$\alpha h=2.4$
0. 0	-1. 501	-1. 508	-1. 504	-1. 489	-1. 460	-1. 412
0. 1	-1. 565	-1. 573	-1. 566	-1. 548	-1. 514	-1. 463
0. 2	-1. 635	-1. 643	-1. 632	-1. 611	-1. 573	-1. 517
0. 3	-1. 711	-1. 719	-1. 703	-1. 678	-1. 635	-1. 572
0. 4	-1. 795	-1. 802	-1. 780	-1. 749	-1. 699	-1. 691
0. 5	-1. 889	-1. 894	-1. 863	-1. 826	-1. 768	-1. 691
0. 6	-1. 995	-1. 998	-1. 995	-1. 910	-1. 843	-1. 755
0. 7	-2. 118	-2. 118	-2. 058	-2. 002	-1. 923	-1. 824
0. 8	-2. 262	-2. 257	-2. 174	-2. 103	-2. 010	-1. 897
0. 9	-2. 437	-2. 421	-2. 289	-2. 217	-2. 121	-1. 975
1. 0	-2. 656	-2. 622	-2. 459	-2. 347	-2. 232	-2. 060
1. 1	-2. 939	-2. 876	-2. 641	-2. 495	-2. 329	-2. 152
1. 2	-3. 324	-3. 207	-2. 860	-2. 667	-2. 461	-2. 253
1. 3	-3. 889	-3. 662	-3. 131	-2. 872	-2. 612	-2. 363
1. 4	-4. 802	-4. 336	-3. 491	-3. 117	-2. 783	-2. 485
1. 5	-6. 577	-5. 439	-3. 936	-3. 421	-2. 988	-2. 621
1. 6	-11. 544	-7. 619	-4. 577	-3. 814	-3. 228	-2. 775
1. 7	-114. 596	-13. 914	-5. 537	-4. 328	-3. 516	-2. 947
1. 8	11. 478	-327. 067	-7. 168	-5. 041	-3. 879	-3. 146
1. 9	4. 440	12. 994	-10. 429	-6. 080	-4. 318	-3. 369
2. 0	2. 707	5. 780	-20. 744	-7. 776	-4. 907	-3. 627
2. 2	1. 062	2. 274	16. 209	-20. 247	-6. 888	-4. 217
2. 4	0. 354	1. 109	5. 085	23. 758	-13. 800	—
2. 6	-0. 049	0. 528	-2. 792	7. 482	—	—
2. 8	-0. 316	0. 167	1. 662	—	—	—
3. 0	-0. 508	-0. 073	—	—	—	—
3. 5	-0. 832	—	—	—	—	—
4. 0	—	—	—	—	—	

注：表中 h 为桩的入土全长。当 $\alpha h>4.0$ 时，按 $\alpha h=4.0$ 计算。

本书符号列表

第 2 章　崩塌灾害防治技术

符号	描述	单位
K_f	崩塌（危岩）体稳定系数	无量纲
W	崩塌（危岩）体自重	kN/m
β	后缘裂隙倾角	°
P	地震力	kN/m
c	后缘裂隙黏聚力	kPa
φ	后缘裂隙内摩擦角	°
H	后缘裂隙垂直高度	m
P_0	崩塌（危岩）体对锚杆的拔力	kN/m
K_s	安全系数	无量纲
Q	裂隙水压力	kN/m
e_b	裂隙深度	m
e_{b1}	裂隙充水深度	m
a_b	崩塌（危岩）体重心作用点距倾覆点的水平距离	m
h_0	地震力距倾覆点的垂直距离	m
$[\sigma_t]$	崩塌（危岩）体抗拉强度	kPa
l_m	锚杆的锚固长度	m
α	锚杆倾角	°
d	锚杆直径	m
τ_0	锚杆砂浆与围岩的黏结强度	kPa
n_0	崩塌（危岩）体单位长度上所需的锚杆数	根
e_0	倾覆点至最近一根锚杆的垂直距离	m
e'	锚杆间距	m
a_z	崩塌（危岩）体顶宽	m
b_z	崩塌（危岩）体底宽	m
ξ	水平地震系数	无量纲
$[R_c]$	支撑体容许承载力	kPa

第 3 章　滑坡灾害防治技术

符号	描述	单位
Q_p	设计频率地表水汇流量	m^3/s
Φ	径流系数	无量纲
S	设计降雨强度	mm/h
F	汇水面积	km^2
T	流域汇流时间	h
n	降雨强度衰减系数	无量纲
R	水力半径	m
ω	过水断面面积	m^2
X	过水断面中水与沟管相接触部分的周长	m
Q_x	设计的泄水能力	m^3/s
v	平均流速	m/s
I	排水沟（管）坡降	‰
n_c	排水沟（管）壁的糙率	无量纲
i_s	浅三角开沟的横向坡降	‰
I_s	浅三角开沟的纵向坡降	‰
H	水深	m
R_{min}	最小容许半径	m
F_s	抗滑移稳定系数	无量纲
G	挡墙每延米自重	kN/m
G_n	垂直于基底的自重分力	kN/m
G_t	平行于基底的自重分力	kN/m
E_a	挡墙墙背每延米主动土压力合力	kN/m
E_{an}	垂直于基底的土压力分力	kN/m
E_{at}	平行于基底的土压力分力	kN/m
a	挡墙墙背倾角	°
a_0	基底倾斜角	°
μ	挡墙基底与地基岩土间的摩擦系数	无量纲
δ	岩土对挡墙墙背摩擦角	°
F_t	抗倾覆稳定系数	无量纲
E_{ax}	每延米主动土压力的水平分力	kN/m
E_{az}	每延米主动土压力的垂直分力	kN/m
e	基底合力偏心距	m

续表

符号	描述	单位
N_d	作用于挡墙基底上的垂直力组合设计值	kN
M_d	作用于挡土墙基底形心的弯矩组合设计值	kN · m
σ_1	挡墙墙趾的压应力	kPa
σ_2	挡墙墙踵的压应力	kPa
B	挡墙基底宽度，倾斜基底为其斜宽	m
A	挡墙基底每延米的面积，矩形基础为基础宽度×1m	m^2
N	荷载设计值产生的轴向力	kN
f	砌体抗压强度设计值	kPa
Φ_c	高厚比和轴向力的偏心距对受压构件承载力的影响系数	无量纲
N_k	轴向力标准值	kN
$f_{m,k}$	砌体抗弯曲抗拉强度标准值	kPa
$f_{t,m}$	砌体抗弯曲抗拉强度设计值	kPa
V	剪力设计值	kN
f_v	砌体抗剪强度设计值	kPa
σ_k	荷载标准值产生的平均压应力	kPa
B_p	桩的计算宽度	m
C	地基系数	kN/m^3
C'	桩底侧向地基系数	kN/m^3
C_0	桩底竖向地基系数	kN/m^3
h	桩的埋置深度	m
m	水平地基系数随深度变化的比例系数	kN/m^4
m_0	竖向地基系数随深度变化的比例系数	kN/m^4
α	桩的变形系数	1/m
EI	桩的平均抗弯刚度	$kN \cdot m^2$
M_0	将桩上所有外力移至滑面处桩中心的力矩	kN · m
Q_0	将桩上所有外力移至滑面处的剪力	kN
W	桩底截面模量	m^3
N_G	桩身自重	kN
V_T	滑坡推力之竖直分力	kN
d	顺滑动方向桩宽	m
$\sigma_{\frac{h}{3}}$	滑面下 $y=\frac{h}{3}$ 处侧向压应力	kPa
σ_h	滑面下 $y=h$ 处侧向压应力	kPa
h_2'	桩前滑体土换算为滑床土的高度	m

续表

符号	描述	单位
h_1'	桩后滑体土换算为滑床土的高度	m
h_2	滑体土换算为滑床的高度	m
h_1	滑体土层在设桩处的厚度	m
m_1	滑体土的地基系数随深度变化的比例系数	kN/m^4
m_2	滑床土的地基系数随深度变化的比例系数	kN/m^4
E_L	桩底地基土的竖向模量	无量纲
I_a	桩底截面的惯性矩	m^4
I_L	桩竖直截面的惯性矩	m^4

第4章 泥石流灾害防治技术

符号	描述	单位
γ_c	泥石流流体重度	t/m^3
G_c	样品的总重量	t
V	样品的总体积	m^3
V_c	泥石流流速	m/s
γ_H	泥石流固体物质重度	t/m^3
H_c	断面的平均泥深	m
I_c	泥石流水力坡	无量纲
n_c	泥石流沟床的糙率系数	无量纲
φ_v	泥石流泥砂修正系数	无量纲
Q_c	泥石流流量	m^3/s
F_c	泥石流过流断面面积	m^2
Q_B	清水洪峰流量	m^3/s
K_Q	泥石流流量修正系数	无量纲
D_m	堵塞系数	无量纲
ΔH	弯道超高	m
B	泥面宽	m
R	主流中心弯曲半径	m
B_x	排导渠的宽度	m
B_L	流通区沟道宽度	m
I_x	排导渠纵坡降	‰
I_L	流通区沟道纵坡降	‰
H_L	流通区沟道泥石流厚度	m
H_x	排导渠设计泥石流厚度	m
n_x	排导渠的糙率系数	无量纲
n_L	泥石流沟床的糙率系数	无量纲
H_q	排导渠深度	m

续表

符号	描述	单位
H_{c1}	设计泥深	m
ΔH_1	排导渠安全超高	m
H_w	排导渠弯道深度	m
ΔH_w	泥石流弯道超高	m
L_b	防冲肋板间距	m
H_b	防冲肋板埋深	m
ΔH_b	防冲肋板安全超高	m
I_0	排导渠设计纵坡降	‰
I'	肋板下冲刷后的排导渠纵坡降	‰
H_d	溢流坝段坝高	m
q_c	单宽流量	$m^3/(s \cdot m)$
D	排泄孔单孔孔径	m
D_b	排泄孔孔间壁厚	m
D_{max}	过流中最大石块粒径	m
h	非溢流坝坝顶高于溢流口底的安全超高	m
h_s	根据坝的不同等级设计所需的安全超高	m
H_c	溢流坝段的泥深	m
b	拦挡坝坝顶宽度	m
B_d	拦挡坝坝底宽度	m
H'	副坝与主坝重叠高度	m
H'_{d1}	拦挡坝坝顶到冲刷坑底的高度	m
L_d	主、副坝间距	m

第 5 章　地面沉降灾害防治技术

符号	描述	单位
q_g	单位回灌量	$m^3/(d \cdot m)$
Q_g	回灌量	m^3/d
s_g	水位升幅	m
n_g	灌水率	$m^3/(d \cdot m^2)$
M_h	含水层厚度	m
μ_m	潜水层给水度	无量纲
ΔH_m	计算时段内地下水位变幅	m
A_m	回灌区面积	m^2
W_i	计算时段内地下水总补给量	m^3/d
W_0	计算时段内地下水总排泄量	m^3/d

第6章　地面塌陷灾害防治技术

符号	描述	单位
H_h	强夯的有效加固深度	m
W_h	夯锤重	t
h_h	落距	m
a_h	与土的性质和夯击能有关的系数	无量纲
Q_j	设计注浆量	m^3
R_j	浆液扩展半径	m
H_j	基岩注浆深度	m
μ_j	平均岩溶裂隙率	无量纲
γ_j	岩溶填充率	无量纲
α_j	超灌系数	无量纲
λ_j	地区性经验系数	无量纲
β_j	有效充填系数	无量纲
q_j	单位吸水率	m/h
r_j	套管内半径	m
h_{1j}	第一次测定的孔内水柱高度	m
h_{2j}	第二次测定的孔内水柱高度	m
h_{0j}	基岩注浆段高度	m
t_j	两次水位测定间隔时间	h
n_z	桩的数量	个
F_z	作用于桩基承台顶面竖向设计值	kN
G_z	承台及其上覆土自重	kN
R_z	单桩竖向承载力设计值	kN
μ_z	桩基偏心受压系数	无量纲
F_k	相应于荷载效应标准组合时，作用于桩基承台顶面的竖向力	kN
G_k	桩基承台自重及承台上土自重标准值	kN
R_a	单桩竖向承载力特征值	kN
D_z	桩的直径或边长	m
N_s	桩基中单桩所承受的外力设计值	kN
G_s	桩基承台自重设计值和承台上的土自重标准值	kN
γ_0	承台底土阻抗力分项系数	无量纲
N_{smin}^{max}	桩基中单桩所受的最大外力或最小外力设计值	kN
M_x	作用于桩群上的外力，对通过桩群重心的 x 轴的力矩设计值	kN · m
M_y	作用于桩群上的外力，对通过桩群重心的 y 轴的力矩设计值	kN · m
x_i	桩 i 至通过桩群重心的 x 轴线的距离	m
y_i	桩 i 至通过桩群重心的 y 轴线的距离	m

续表

符号	描述	单位
x_{max}	最远桩至通过桩群重心的 x 轴线的距离	m
y_{max}	最远桩至通过桩群重心的 y 轴线的距离	m
λ_0	建筑桩基重要性系数	无量纲
N_z	相应于荷载效应标准组合轴心竖向荷载作用下，单桩所承受的竖向力	kN
N_{zmin}^{max}	相应于荷载效应标准组合偏心竖向荷载作用下单桩所承受的最大或最小竖向力	kN

第 8 章　地质灾害防治案例分析

符号	描述	单位
γ_c	泥石流重度	t/m³
A_d	单位面积固体物质储量	m³/km²
γ_H	固体物质重度	t/m³
f_d	固体物质体积/水体积	无量纲
Q_p	设计清水流量	m³/s
K_1	产流因子	无量纲
S	面平均暴雨参数	mm/h
F	流域面积	km²
K_2	损失因子	无量纲
R_1	损失系数	无量纲
γ_1	损失指数	无量纲
P	汇流面积系数	无量纲
X_1	综合汇流因子	无量纲
P_1	同时汇水时间系数	无量纲
n'	随暴雨递减指数而变的指数	无量纲
y	流域特征指数	无量纲
Q_c	泥石流流量	m³/s
φ_d	泥石流增加系数	无量纲
D_m	堵塞系数	无量纲